Gunter Ziegenhals

Subjektive und objektive Beurteilung von Musikinstrumenten

Eine Untersuchung anhand von Fallstudien

TUDpress

Studientexte zur Sprachkommunikation
Hg. von Rüdiger Hoffmann
ISSN 0940-6832
Bd. 51

Gunter Ziegenhals

Subjektive und objektive Beurteilung von Musikinstrumenten

Eine Untersuchung anhand von Fallstudien

TUD*press*
2010

Die vorliegende Arbeit wurde unter dem Titel »Subjektive und objektive Beurteilung von Musikinstrumenten – Eine Untersuchung anhand von Fallstudien« von der Fakultät Elektrotechnik und Informationstechnik der Technischen Universität Dresden zur Erlangung des akademischen Grades eines Doktoringenieurs (Dr.-Ing.) als Dissertation genehmigt.

Gutachter: Prof. Dr.-Ing. habil. Rüdiger Hoffmann
Prof. Dr.-Ing. habil. Helmut Fleischer

Tag der Einreichung: 13. Mai 2009
Tag der Verteidigung: 19. Januar 2010

Bibliografische Information der Deutschen Nationalbibliothek
Die Deutsche Nationalbibliothek verzeichnet diese Publikation in der Deutschen Nationalbibliografie; detaillierte bibliografische Daten sind im Internet über http://dnb.d-nb.de abrufbar.

Bibliographic information published by the Deutsche Nationalbibliothek
The Deutsche Nationalbibliothek lists this publication in the Deutsche Nationalbibliografie; detailed bibliographic data are available in the Internet at http://dnb.d-nb.de.

ISBN 978-3-941298-71-2

Verlag der Wissenschaften GmbH
Bergstr. 70 | D-01069 Dresden
Tel.: 0351/47969720 | Fax: 0351/47960819
http://www.tudpress.de

Gesetzt vom Autor.
Titelbild: Gunter Ziegenhals
Printed in EU.

Danksagung

Ganz herzlich möchte ich mich bei Herrn Prof. Dr. Rüdiger Hoffmann bedanken für die Annahme als Doktorand, die fachlichen Gespräche sowie die zahlreichen Denkanstöße während unserer Diskussionen. Prof. Hoffmann hat es verstanden, mich für diese Arbeit zu motivieren. In jeder Phase machte er mir Mut und gab mir zu erkennen, dass mein eingeschlagener Weg richtig sei. Besonders bedanken möchte ich mich bei meinem Gutachter Herrn Prof. Dr. Helmut Fleischer nicht zuletzt auch für die angenehme und über Jahre währende kollegiale und freundschaftliche Zusammenarbeit.

Eine Vielzahl von Forschungsvorhaben hat das Entstehen dieser Dissertation ermöglicht. Mein Dank gilt deshalb allen Firmen und Geschäftspartnern, die meine Arbeit in vielfältiger Weise unterstützt haben. Insbesondere seien hier die Mitgliedsfirmen der Forschungsgemeinschaft Musikinstrumente e.V. genannt. Die dieser Arbeit zu Grunde liegenden Forschungsarbeiten wurden aus Mitteln des Bundesministeriums für Wirtschaft und Technologie sowie des Bundesministeriums für Bildung und Forschung gefördert.

Des Weiteren bedanke ich mich bei meinen Kolleginnen und Kollegen des Instituts für Musikinstrumentenbau für die konstruktive Zusammenarbeit im Rahmen der Forschungsprojekte. Mein Dank gilt hier sowohl den derzeitigen als auch bereits ausgeschiedenen Mitarbeitern. Besonders bedanken möchte ich mich an dieser Stelle bei Herrn Dipl.-Phys. Walther Krüger, der mich als Absolvent in das Institut aufnahm, mich in die Welt der musikalischen Akustik einführte und meine Arbeiten in vielfältiger Weise förderte.

Nicht zuletzt gilt mein Dank meiner Familie ohne deren Unterstützung ein solches Vorhaben nicht möglich gewesen wäre.

Inhalt

1 Einleitung

Die dieser Arbeit zu Grunde liegenden Forschungen erfolgten im Rahmen meiner Tätigkeit im IfM – Institut für Musikinstrumentenbau e.V. (IfM), vormals Vogtländischer Förderverein für Musikinstrumentenbau und Innovation e.V. (Institut für Musikinstrumentenbau). Der e.V. hat seinen Sitz im vogtländischen Zwota, einer kleinen Gemeinde in unmittelbarer Nachbarschaft zu den Musikstädten Klingenthal und Markneukirchen. Die Wahl des Standortes für das Institut lag darin begründet, dass sich in dieser Region, die auch als „Vogtländischer Musikwinkel" bezeichnet wird, zur Zeit der Gründung des IfM und noch heute mit über 100 Firmen und weit über 1000 Beschäftigten der größte Musikinstrumentenbaustandort Deutschlands befindet. Das Institut für Musikinstrumentenbau wurde im Jahre 1951 als Prüfdienststelle des Deutschen Amtes für Material- und Warenprüfung (DAMW) der damaligen DDR gegründet. Gemäß dem Status einer Prüfstelle bestand die Aufgabe des IfM zunächst vorrangig in der objektiven Beurteilung von Musikinstrumenten. Um diese Aufgabe zu erfüllen, war es notwendig, Forschungen zum besseren Verständnis der Funktionsweise der Instrumente vorzunehmen sowie Verfahren und Vorrichtungen zu ersinnen, die Messungen von wesentlichen (vorrangig akustischen) Qualitätsmerkmalen der Instrumente erlauben. Mit praktisch gleicher Aufgabenstellung wurde in etwa zeitgleich das Labor für Musikalische Akustik an der Physikalisch-Technischen Bundesanstalt in Braunschweig, sozusagen das Pendant in den alten Bundesländern geschaffen.
Mit der Privatisierung des IfM Anfang der 1990er zu einem e.V. und den sich abzeichnenden neuen Aufgaben ergab sich die Notwendigkeit, ein Beurteilungsverfahren für Musikinstrumente zu entwickeln, welches im Gegensatz zu früheren Varianten wirtschaftlich und ggf. auch juristisch belastbar war. Diese Notwendigkeit bildete letztlich die wesentliche Motivation für die dieser Schrift zu Grunde liegenden Arbeiten.
Das Verfahren sollte folgenden Anwendungen dienen:

- Bilden eines Gesamtqualitätsurteils z. B. im Rahmen von Wettbewerben oder auch im Rahmen von Warentests,
- Bewerten von empirischen Entwicklungsschritten eines Herstellers,
- Ausgangsbasis für messtechnisch gestützte Entwicklungsschritte,
- Bewertung der Ergebnisse von Simulationen.

In der Regel erwartet der Auftraggeber einer derartigen Bewertung einen Einzahlwert als Ergebnis. Oft beschränkt sich die Fragestellung sogar auf eine reine ja/nein-Entscheidung: Ist dieser Entwicklungsschritt gelungen? Ist mein Produkt besser als das eines oder mehrerer Wettbewerber? Wird der Kunde mein Produkt bevorzugen?

In der täglichen Praxis des Instrumentenbaus sind Instrumententests, sei es im Rahmen der Produktionskontrolle oder zum Vergleich verschiedener Produkte, an der Tagesordnung. Diese Tests finden jedoch in der Regel nicht unter Laborbedingungen, sondern in Form von (vergleichenden) Anspielen durch Musiker statt. Die Beurteilung der Produkte nimmt dabei teilweise der anspielende Musiker selbst oder eine mehr oder weniger große Anzahl von Zuhörern vor. Nicht wenige Firmen, insbesondere im Bereich des Holzblasinstrumentenbaus, haben Berufsmusiker unter Vertrag, die zum Teil die gesamte Produktion zu Testzwecken anspielen. Im Ergebnis solcher Tests entstehen unter anderem die verbalen Beschreibungen der akustischen Eigenschaften (besser der Klangeigenschaften) der Instrumente, wie man sie üblicherweise in Produktbeschreibungen oder in Instrumententests von Fachzeitschriften wiederfindet. Ein oft diskutiertes Problem der musikalischen Akustik ist es nun, dass man die in solchen Beschreibungen formulierten deutlichen Unterschiede zwischen den Instrumenten mit den üblichen Messmethoden nicht in gleichem Maße oder gar nicht darstellen kann.

Die Problemlage soll an einem selbst erlebten Vorfall weiter beschrieben werden: Ein Erfinderteam wollte seine Entwicklung bei einem Instrumentenhersteller demonstrieren. Wir waren zu der Demonstration hinzugezogen worden. Dazu wurden drei Instrumente erfindungsgemäß modifiziert, während drei andere zum Vergleich im Originalzustand verblieben. Zwei versierte Berufsmusiker spielten die Instrumente im stetigen Wechsel vor ca. 20 Zuhörern. Obwohl hinsichtlich der Beurteilung der Wirkung der Erfindung im Sinne einer Klangverbesserung geteilte Meinungen auftraten, waren sich alle Anwesenden einig zwischen den veränderten und nicht veränderten Instrumenten deutliche Unterschiede im Klang wahrzunehmen. Nachdem die Erfinder den Raum zu Gesprächen mit der Geschäftsleitung verlassen hatten, entstand im Raum eine Diskussion, die die von allen geschilderten Wahrnehmungen zunehmend in Zweifel zog. Es wurde beschlossen, den Test nunmehr in Abwesenheit der Erfinder noch einmal durchzuführen. Im Ergebnis stellten alle Anwesenden einmütig fest, jetzt keine Unterschiede mehr zu hören. Für eine Entscheidungsfindung fehlte ein verfügbares Messverfahren nebst handlichem Gerät, das eindeutig anzeigt, ob hörbare Unterschiede zwischen den Anspielen vorhanden waren und in welchen Wahrnehmungsbereichen diese auftreten, ohne zunächst eine gut/schlecht-Wertung vornehmen zu müssen.
Obwohl Hermann MEINEL (1937), der Gründer des IfM, bereits in den 1930er Jahren die Frequenzkurvenmesstechnik für Streichinstrumente entwickelte und damit die Untersuchungsmethodik auf die Systemanalyse stützte, wurde in der Folgezeit vorrangig auf die Analyse von realen Instrumentenklängen gesetzt. Da die Töne in der Regel für die erforderlichen Analysezeiten zu kurz waren, verlängerte man sie dazu künstlich. Lösungen dafür stellten Endlosbögen für das Anspiel von Streichinstrumenten, Gebläse als Spielhilfe für Harmonikas und nicht zuletzt Bandschleifen, die Einzeltöne immer wiederkehrend der Messapparatur zuführten, dar. Neben der Tatsache, dass Toneinsätze dabei nicht berücksichtigt werden, war das Analysieren auch nur kurzer Musikstücke undenkbar. Man wich zunehmend auf die Systemanalyse aus. Erst mit entsprechenden Entwicklungen der akustischen Messtechnik wurden sinnvolle Analysen von Musikstücken möglich. In den 1970er Jahren ermittelte man „Langzeitmittelwertspektren" von Instrumentenanspielen unter Verwendung der integrierenden Schallpegelmesstechnik. Ende der 1980er sind Untersuchungen des Instituts VUZORT Prag bekannt, bei denen chromatische Tonleitern, gespielt auf Posaunen, analysiert wurden. Von den auf Magnetband vorliegenden Tonleitern wurden über Rechner die mittleren Spektren der Einzeltöne gebildet und anschließend für die weitere Auswertung über die Tonleiter gemittelt, also letztlich wieder Langzeitmittelwertspektren ausgewertet. Insgesamt widerspiegelten die Ergebnisse auch nicht das erwartete Qualitätsspektrum der untersuchten Instrumente.
Um gezielte akustische Entwicklungen an Musikinstrumenten vorzunehmen, ist es aber von entscheidender Bedeutung, die wahrnehmbaren bzw. wahrgenommenen Unterschiede im Klang der Instrumente zu kennen und bewerten zu können. Die Kenntnis der wichtigen Klangunterschiede oder Klangunterscheidungsmerkmale erlaubt es dann, gezielt an der Schallquelle, dem Musikinstrument, zu manipulieren. Der Frage der Bewertung von Instrumenten anhand von bei Anspielen entstehendem Schall widmet sich der zweite Hauptteil dieser Arbeit (Abschnitt 7). Dabei betrachten wir zunächst nur Soloanspiele, um „Störschall" von anderen Instrumenten auszuklammern. Unter realen Bedingungen, dass verschiedene Musiker die Instrumente entsprechend einem vorgegebenen Notenbild, aber eben nicht absolut identisch und in verschiedenen Räumen anspielen, soll ermittelt werden, ob wahrnehmbare Unterschiede, die eindeutig auf die Instrumente zurückzuführen sind, messtechnisch beschrieben werden können und wie.

Moderne systematische Forschungen zu Musikinstrumenten, die auch physikalische und akustische Fragestellungen integrieren, begannen in den 40er Jahren des vorigen Jahrhunderts. Der diese Arbeiten beschreibende Begriff der „Musikalischen Akustik" wurde als

Eigenname erst Mitte der 90er Jahre durch den Fachausschuss „Musikalische Akustik“ der Deutschen Gesellschaft für Akustik e.V. etabliert. Von Anfang an war es eines der Hauptanliegen der Musikalischen Akustik, die Qualität der Musikinstrumente objektiv zu beschreiben. Da die Hauptnutzer dieser Bewertung keine Wissenschaftler oder Ingenieure, sondern die Kunden der Musikinstrumentenbauer und diese selbst sind, muss eine solche Bewertung immer auf eine gut-schlecht-Aussage bzw. eine gut-schlecht-Skala hinauslaufen. Wir können es also drehen und wenden wie wir wollen, es muss in der Auswertung aller Messdaten für die Bewertung ein Einzahlwert entstehen. Häufig wird von Autoren der Einzahlwert kritisiert, aber letztlich geben ihn doch alle an, z. B. als Abstandsbetrag zwischen Merkmalsvektoren. Das Hauptproblem der Bewertung von Musikinstrumenten ist also neben der Messmethodik selbst die sinnvolle Verdichtung der anfallenden Daten.
Nach anfänglichen Versuchen, die abgestrahlten Klänge der Instrumente in Form isolierter Einzeltöne zu untersuchen, nutzt man ab ca. 1960 fast ausschließlich „indirekte Verfahren“ zur Bewertung des Klanges im besonderen und der Qualität von Instrumenten insgesamt. Diese „indirekten Verfahren“ stellen praktisch stets vollständige oder teilweise Systemanalysen dar. Die teilweise Systemanalyse (Es werden z. B. nur Eigenfrequenzen bestimmt.) tritt dabei häufiger auf. Die Systemanalyse basierend auf der Übertragungskurvenmessung in vielfältiger Form kommt praktisch für fast alle Instrumente zum Einsatz. Ausnahmen bilden nur die Instrumente, die sich einfach relativ spielnah erregen lassen. Ein Beispiel dafür ist das Klavier. Schon einfache Anschlagvorrichtungen lassen ein spielernahes, definiertes Anspiel für Messzwecke zu. Ein Gegenbeispiel sind die Rohrblattinstrumente. Hier ist ein künstliches Anblasen sehr schwierig. Ein natürliches Anblasen durch Testmusiker für Messzwecke hat immer den Nachteil, dass die Individualität des Spielers in die Messung eingeht. Ein weiterer, oft angeführter Nachteil ist die Notwendigkeit der zusätzlichen Anwesenheit eines Musikers während der Messungen oder zumindest für die Klangaufzeichnungen. Aber auch aus einem weiteren Grund führten Klangmessungen nicht zu befriedigenden Resultaten. Die verwendete Messtechnik nahm eine rein technische Analyse der Klänge vor. Alle Klanganteile wurden angezeigt, auch die, die man aus verschiedenen psychoakustischen Effekten heraus nicht wahrnimmt. Diese Phänomene sind zwar bereits seit Mitte der 50er bekannt, jedoch stehen erst seit Anfang der 90er Jahre entsprechende Messsysteme kommerziell zur Verfügung. Letztlich ist noch ein Nachteil zu nennen, welcher auch mit der Psychoakustikmesstechnik nicht beseitigt wird: Man benötigt einen akustisch definierten Raum für die Messungen bzw. die Aufzeichnung der Anspiele. Die Übertragungskurvenmesstechnik kommt zum Teil ohne derartige Messräume aus.

2 Zum generellen Stand der Beurteilung von Musikinstrumenten

2.1 Streich- und Zupfinstrumente

In einem akustischen Messraum (Freifeldraum) werden die Instrumente am Steg unter Erregerkraftkontrolle definiert angeregt und der daraus resultierende abgestrahlte Schall im Fernfeld mit einem oder mehreren Mikrofonen gemessen. Das Ergebnis der Messung ist eine mittlere Übertragungskurve (hier meist traditionell Frequenzkurve genannt), die das Verhältnis von Schalldruck und Erregerkraft beschreibt. Für die Messungen sind akustisch definierte Raumbedingungen erforderlich.
In einer zweiten Variante regt man das Instrument ebenfalls am Steg an und zeichnet mit einem Impedanzmesskopf die Eingangsadmittanz auf. Da kein abgestrahlter Schall beobachtet wird, ist der Raum unkritisch. Nachteil: Es ist aus der Kurve nicht eindeutig ersichtlich, wenn Energie in Schwingungen fließt, die keinen Schall abstrahlen.
Sowohl über die Durchführung der Messungen, als auch bzgl. der Auswertung herrscht noch keine einheitliche Meinung vor. So werden die Instrumente im IfM und an der Universität der Bundeswehr „in situ“, also manuell gehalten, gemessen, während sonst das Instrument in spezielle Halterungen eingespannt ist. Die in-situ-Messung ist realitätsnäher, da durch die manuelle Haltung bestimmte feine Unterschiede verdeckt werden, die in der Praxis ohnehin keine Bedeutung hätten und somit gar nicht erst in die Vergleiche oder Unterscheidungen zwischen Instrumenten einfließen. Wesentliche Unterschiede bestehen auch in der Auswertung der Frequenzkurvendaten.
Repräsentativ für den Forschungsstand Streichinstrumente sind die Arbeiten von MEYER (1978, 1982, 1986), DÜNNWALD (1982, 1988, 1990, 1991), SCHLESKE (1996) und JANSSON (1996), für Zupfinstrumente die Arbeiten von MEYER (1985), FLEISCHER (1995, 1997) und ZIEGENHALS (1995, 1996, 2000, 2001).

2.2 Blasinstrumente

Es wird die Eingangsimpedanzkurve der Instrumente aufgenommen. Das Verfahren beruht auf Arbeiten von BACKUS (1974 und 1976). Die Messung geschieht mit speziellen, nach relativ einheitlichen Gesichtspunkten aufgebauten Messköpfen. Erregt wird das Instrument über ein Kopfhörersystem im Messkopf. Die Auswertung der Kurven erfolgt für die Merkmale Stimmung und Ansprache nach einheitlichen Verfahren. Die Klangbewertung anhand der Frequenzkurve ist noch nicht zufriedenstellend geklärt.
Repräsentativ für den Forschungsstand Metallblasinstrumente sind die Arbeiten von WOGRAM (1972, 1976, 1988, 2007) und für Holzblasinstrumente von KRÜGER (1992, 1993, 1994).
Die Eingangsimpedanzmessung stellt eine Niedrigpegelanregung des Instrumentes dar. Man kann davon ausgehen, dass dadurch nicht alle relevanten Effekte zum Tragen kommen. WOGRAM (1972) verwendete eine Lochsirene als Erreger, kam jedoch später davon ab. Neuere Arbeiten (PETIOT u.a. 2003) widmen sich wieder der Entwicklung eines „künstlichen Mundes“, um realitätsnah mit hohen Pegeln anzuregen. Verbesserte Ergebnisse konnten jedoch bislang nicht nachgewiesen werden.
Eine gewisse Sonderstellung nehmen die Flöten ein. Bei den Metallblas- und Rohrblattinstrumenten werden bestimmte, für das Spiel durchaus wichtige Mundstückeigenschaften wie die Bahn oder die Form des Kesselrings nicht in die Messung einbezogen. Das hat aus zwei Gründen seine Berechtigung. Zum Einen kann man die Mundstücke als eigenständige Produkte ansehen. Zum Anderen variieren sie aufgrund von Musikervorstellungen sehr stark, so dass für vergleichbare Messungen auf „Normmundstücke“ zurückgegriffen werden muss. Anders bei Flöten. Hier sind die Mundstücke fester Bestandteil der Instrumente. Um ihre

Qualität vollständig beurteilen zu können, ist eine Impedanz- und Admittanzmessung nicht ausreichend. Es muss angeblasen werden, um Schneide, Kernspalte, Labium und Mundloch beurteilen zu können. Das Anblasen erfolgt künstlich unter definierten Bedingungen (WOGRAM 1985, BORK 1991).

2.3 Klaviere

Klaviere sind der Übertragungskurvenmesstechnik nur bedingt zugänglich. Man kann die Erregersysteme praktisch nicht an den relevanten Orten im Instrument platzieren, ohne es teilweise auseinander zu nehmen. Andererseits kann man mit sehr einfachen Anschlagvorrichtungen ein realitätsnahes Einzeltonanspiel realisieren.

VALENZUELA (1998) untersuchte Einzeltonanspiele von Flügeln und konnte zeigen, dass zwei Merkmale (Schärfe und die Offenheit), die auf hörgerechter Messung beruhen, ausreichen, um die Einzeltöne eindeutig in ihrem Klang zu unterscheiden. Für beide Merkmale gibt sie Optimalbereiche an, die einen als gut beurteilten Klavierklang kennzeichnen.

ZIEGENHALS (2002) gewann Merkmale aus dem bei künstlichen Einzeltonanspielen verschiedener Anschlagstärke abgestrahlten Schall. Als Merkmale dienen die mittleren Pegel über verschiedene Tonbereiche, die mittleren Pegeldifferenzen für verschiedene Anschlagstärken, die mittleren Klangdauerwerte sowie mittlere Pegel für die Bereiche der U-, A-, E- und Ä- Formanten. Weitere Merkmale stellten die jeweiligen Differenzen von Ton zu Ton, als Merkmale für die Gleichmäßigkeit der Eigenschaften der Instrumente, dar. Diese Merkmale weisen eine gute Korrelation zu den bei Fragebogen gestützten Tests mit Musikern erzielten Ergebnissen auf.

Abbildung 1: Übertragungskurvenmessung an einem Klavierresonanzboden

2.4 Harmonikas

Bei Harmonikas sind globale Übertragungs- und Resonanzeffekte von untergeordneter Bedeutung. In erster Linie kommt es auf die Funktion jeder einzelnen Tonzunge an. Da die Systemanalyse also jede Zunge erfassen müsste und deren Anzahl in einem Instrument dafür zu groß ist, hat man seit jeher die Analyse des abgestrahlten Schalls bevorzugt. Stimmung und Ansprache werden über Einzeltonanspiele unter Spieldruckkontrolle beurteilt. Manuelles Spiel und künstliches Anblasen werden hier gleichwertig verwendet. Die Untersuchung der Klangfarbe erfolgt typischerweise durch paralleles Anspiel einer Oktave. Alle Tasten einer Oktave werden dazu festgeklemmt und das Instrument künstlich angeblasen. Das Ergebnis ist eine Art mittleres Spektrum über die Oktave (RICHTER 2003). Neuere, nicht veröffentlichte Arbeiten des IfM zeigen, dass eine oktavweise Mittelung über Einzeltonanspiele nur bedingt vergleichbare Ergebnisse erbringt. Offensichtlich entstehen beim Zusammenklang aller Töne einer Oktave zusätzliche Effekte bzw. werden Einzeltoneffekte unterdrückt, die beim Mitteln von Einzeltonanalysen noch sichtbar sind.

2.5 Erste Versuche einer Melodiebeurteilung

Allen bislang beschrieben Verfahren sind drei Charakteristiken gemeinsam:

- Es werden Einzeltöne künstlich angespielt und analysiert und/oder
- es wird eine Systemanalyse ohne eigentliche Anspiele durchgeführt.
- Der Musiker wird in die Untersuchung nicht einbezogen.

Man kann die Verfahren als reine Labortechniken ansehen, auch wenn sie heute aufgrund kommerziell verfügbarer Messsysteme z. T. Einzug in Werkstätten von Musikinstrumentenbauern gehalten haben. Als besonderer Vorteil und damit Hauptgrund für die Entwicklung der Verfahren wird immer wieder die Unabhängigkeit vom Musiker und seinen Einflüssen aufgeführt. In der Tat ist dies für einen Teil der Untersuchungen unverzichtbar. Andererseits konnte z. B. ZIEGENHALS (2001) nachweisen, dass die im Rahmen der Systemanalyse als sehr wichtig erachtete Hohlraumresonanz von Gitarren in Abhängigkeit von verschiedenen Spielhaltungen (wie sie auch von Musikern praktiziert werden) vollständig unterdrückt werden kann. Damit besteht die Gefahr, dass man im reinen Laborbetrieb Phänomenen hinterherläuft, die in der Spielpraxis ohne oder von untergeordneter Bedeutung sind. Teilweise wird diese Tatsache berücksichtigt, indem einige Labormessungen „in situ" durchgeführt werden. Das allein ist jedoch nicht ausreichend. **Es ist erforderlich, dass in Ergänzung zur Labormessung auch die Analyse gespielter Musik für die Beurteilung von Musikinstrumenten herangezogen wird**. Wir gehen davon aus, dass zum Zeitpunkt der grundlegenden Entwicklungen der Verfahren in den 1950er, 1960er und Anfang der 1970er Jahre keineswegs die Musikerunabhängigkeit im Vordergrund stand, sondern eine sinnvolle Analyse gespielter Musik schlicht technisch nicht möglich war. Andererseits konnte der Pegelschrieb, der im Ergebnis der Frequenzkurvenmessung einer Gitarre entstand, ohne Weiteres ausgewertet werden. Dabei kamen z. B. auch mechanische Verfahren (Planimetrie) zur Ermittlung von Terz- oder andern Bereichspegeln zum Einsatz.
Untersuchungen zu gespielter Musik begannen Mitte der 70er Jahre. JANSSON und SUNDBERG (1975) kreierten die Methode der Langzeitmittelwertspektren. Untersucht wurden Aufzeichnungen von Musikstücken. Die Einspiele fanden in einem reflexionsarmen Raum statt. Der Analyse diente eine 51-Kanal-Filterbank (Absolutbandbreite 250 Hz, Zeitkonstante 13 ms). Die Analogausgänge wurden mit 160 Hz Abtastrate in 1-dB-Stufen digitalisiert, gespeichert und aus den Daten verschiedene Mittelwerte berechnet. Erste Versuche erfolgten mit einzeln gespielten Violinen. Diskutiert wurden die resultierenden Mittelwertspektren, aber keine Merkmale abgeleitet. Die Ergebnisse lassen sich bei unveränderter Aufnahmesituation (gleiche Mikroposition) wie folgt zusammenfassen:

- Die Teststücke sollten den gesamten Tonumfang des Instrumentes umfassen, wobei nicht alle chromatisch verfügbaren Töne vertreten sein müssen.
- Teststücke von ca. 20 s Länge sind ausreichend.
- Die Unterschiede, die bei mehrfachem (gleichem Spiel) eines Stückes auftreten, sind vernachlässigbar.
- Spielt man das Stück in verschiedenen Dynamikstufen, so verschiebt sich näherungsweise das gesamte Spektrum um den gleichen Pegel.
- Wird das Stück auf verschiedenen Instrumenten gespielt, so zeigen sich deutliche Unterschiede.

In einer zweiten Untersuchung verglichen JANSSON und SUNDBERG (1976) mit dieser Methode den Klang einer Orgel vor und nach der Restaurierung. Es zeigte sich hier, dass die Langzeitmittelwertspektren dann hinreichend unabhängig vom Mikrofonaufstellungsort werden, wenn man über mehrere Aufstellungsorte mittelt. Eine dritte Untersuchung (JANSSON 1976) verglich entsprechende Messungen an Violinen in einem reflexionsarmen Raum aus verschiedenen Richtungen und Messungen in einem Hallraum ebenfalls mit verschiedenen Mikrofonpositionen. Es wurde dieses Mal ein Barkband-Filter verwendet. Während im reflexionsarmen Raum eine deutliche Richtungsabhängigkeit der Spektren zu verzeichnen ist, dominieren im Hallraum die Unterschiede durch den Spieler und das Instrument.

Es wird von den Autoren eingeschätzt, dass die Methode der Langzeitmittelwertspektren für die Beurteilung von Instrumenten und in Zusammenhang mit anderen Untersuchungen für die Entwicklung von Instrumenten geeignet ist.

1985 greift BENADE (1985) das Problem auf. Er führte verschiedene Untersuchungen aus, da Ergebnisse von Langzeitmittelwertspektren von Autor zu Autor stark differierten. Bei Klarinetten erzielte er gute Ergebnisse in Bezug auf die Reproduzierbarkeit, indem er in einem Hörsaal den Spieler und das Aufnahmemikrofon kontinuierlich in zwei getrennten Bereichen des Raumes bewegte. Er verwendete Anspiele von 35 s Länge, bei denen der Spieler jeweils zwei Töne im Wechsel spielte.

3 Ein Lösungsansatz für die Beurteilung von Musikinstrumenten

3.1 Merkmale, die Basis der Bewertung

Wir führen die Bewertung von Musikinstrumenten nicht zum Selbstzweck durch. Vielmehr stehen stets Fragen von Instrumentenherstellern in der Regel nach dem Ergebnis ihrer Arbeit dahinter. Ist eine Neuentwicklung besser als der Vorgänger und insbesondere als das Wettbewerbsprodukt? Haben bestimmte Veränderungen am Instrument einen positiven Effekt hinterlassen? Sind von einem Wettbewerber an seinen Produkten vorgenommene Neuerungen sinnvoll, stellen sie eine wirkliche Gebrauchswertsteigerung dar oder ist es nur Kosmetik mit Werbewirkung? Muss man dem nacheifern oder kann man es ignorieren? All diese Fragestellungen laufen letztlich auf eine ja/nein-Entscheidung hinaus. Um diese treffen zu können, benötigt man als Ergebnis der Beurteilungen Einzahlwerte, die man mit einem Schwellwert oder untereinander vergleichen kann. Hier sind wir in der gleichen Situation, die in Zusammenhang mit der Geräuschbeurteilung immer wieder diskutiert wird. Kann man eine komplexe Geräuschsituation mit einem Einzahlwert beschreiben? Für eine nachvollziehbare Entscheidungsfindung erweist er sich am Ende als sehr vorteilhaft.

Eine Beurteilung von Musikinstrumenten kann man prinzipiell auf zwei Arten vornehmen: messtechnisch gestützt oder Fragebogen gestützt. Im ersten Fall entsteht im Ergebnis einer oder mehrerer Messungen in der Regel ein Berg von Messwerten (Primärdaten), die in der vorliegenden Form zunächst im Allgemeinen keine Aussage ermöglichen. Bei der Frequenzkurve einer Gitarre sind das bei einer Auflösung von 1600 Spektrallinien immerhin 1600 Wertepaare (insofern man nur den Betrag betrachtet). Im Falle eines Holzblasinstrumentes, bei dem die Messung für jeden Griff erfolgen muss, kommen wir schon auf 30x1600 Wertepaare. Die gewählte Lösung besteht nun darin, die erfassten Messkurven bzw. die Folgen der Wertepaare durch möglichst wenige Zahlenwerte charakteristisch zu beschreiben. Diese (ggf. dimensionsbehafteten) Zahlenwerte wollen wir als **Merkmale** bezeichnen. Dabei ist es nicht immer notwendig, den gesamten erfassten Kurvenverlauf einzubeziehen. U. U. sind für die wesentliche Beschreibung der Funktion bzw. der Qualität eines Musikinstrumentes nur Teile davon von Interesse. Solche Merkmale können z. B. sein Frequenz und Amplitude der am prägnantesten ausgebildeten Maxima oder auch der mittlere oder summierte Übertragungspegel über einen bestimmten Frequenzbereich. Man kann dabei davon ausgehen, dass selbst wenn die Gewinnung der Messdaten für verschiedene Instrumente sehr ähnlich oder gar völlig gleichartig erfolgt, die relevanten Merkmale nicht identisch sein müssen. Mit der Merkmalsbildung hat man den Satz der Primärdaten auf einen überschaubaren Zahlensatz von Merkmalswerten eingeschränkt. Die Merkmalswerte selbst liefern aber zunächst auch noch keine Aussage über die Qualität des zu bewertenden Objektes. In einem Folgeschritt muss nun jeder Merkmalswert anhand einer gleichartigen Skala (z. B. die Noten 1 bis 5) beurteilt bzw. bewertet werden. Wie das erfolgt, wird in den folgenden Abschnitten beschrieben. Liegen die einheitlichen Bewertungen vor, können diese zu einem Gesamtergebnis zusammengefasst werden.

Im zweiten Fall, der Fragebogen gestützten Bewertung, finden „Messung, Merkmalsbildung und Merkmalsbewertung" im menschlichen Wahrnehmungssystem statt. Was auf dem Fragebogen eingetragen wird, sind immer die Bewertungen der durch den Fragebogen vorgegebenen Merkmale. Auch hier erfolgt im nächsten Schritt eine Zusammenfassung der Bewertungen, sei es in Merkmalsgruppen oder auch zwischen mehreren Versuchspersonen.

Es wurde bereits angemerkt, dass die Bewertung der Musikinstrumente stets ein konkretes Ziel verfolgt. Da sich das IfM als industrienahe Forschungseinrichtung besonders der Produktentwicklung zuwendet, soll aus der Bewertung auf möglichst einfachem Wege auf sinnvolle, anzustrebende Veränderungen am Instrument geschlossen werden. Das erreicht man, wenn man die messtechnisch gewonnenen Merkmale von vorn herein auf gut technisch beschreibbare Eigenschaften der Objekte stützt. Deshalb gehen wir bei der Merkmalssuche nicht den primären Weg über die Statistik. Die Statistik würde z. B. den Weg über die Faktorenanalyse beschreiben. Hier erhalten wir zunächst fiktive Dimensionen (Faktoren), die die Variation des Objektes beschreiben. In einem zweiten Schritt müssen diesen Faktoren technische Details zugeordnet werden. Da man dabei in der Regel auf Mischeinflüsse verschiedener Details stößt, ist die Vorgabe von Änderungen stets sehr schwierig und führt meist nicht auf Anhieb zum Erfolg, was die Akzeptanz im Klientelbereich erfahrungsgemäß deutlich beeinträchtigt. Wir orientieren bei der Merkmalssuche auf technisch möglichst einfach beherrschbare, sei es bei der Simulation oder auch aus Sicht des Instrumentenbaus, Eigenschaften der Instrumente. Dies sind z. B. deren Schwingungseigenzustände.

3.2 Eine diskrete, fünfstufige Bewertung der Merkmale

Die Bewertung zielt immer auf ihre Nutzung durch Menschen ab. Dabei geht es nur in sehr geringem, streng genommen vernachlässigbarem Umfange um wirklich von der Wahrnehmung des Menschen und seiner Fähigkeit diese Wahrnehmungen zu beurteilen unabhängige Sachverhalte. Ein solcher Sachverhalt wäre z. B. die Sicherheit der Produkte im umfassendsten Sinne. Während bei der Beurteilung der Sicherheit die technischen Möglichkeiten zweifellos im Vordergrund stehen, müssen wir die Qualitätsbeurteilung von Musikinstrumenten immer auf die Fähigkeiten der Nutzer abstimmen, sonst erstellen wir rein akademische Rangfolgen die von Musikern oder Zuhören nicht nachvollziehbar und damit sinnlos sind und deren gezielte Beeinflussung die Hersteller vor unlösbare Aufgaben stellt.
Beurteilungen von Objekten, die auf der Wahrnehmung von Personen beruhen, bedienen sich in der Regel Fragebogenaktionen. Solche Fragebogen gestützte Tests basieren immer auf persönlichen Einschätzungen der Befragten, der Testpersonen. Die Gestaltung der Fragebögen sowie die Gestaltung des Ablaufes des Tests, gleich ob er klassisch einen Papierbogen nutzt oder am Bildschirm vorgenommen wird, können den Probanden die Arbeit erleichtern oder auch ihre Aufmerksamkeit in bestimmte Richtungen, auf bestimmte Details lenken, die Entscheidung bei der Beantwortung der einzelnen Fragen kann man ihnen aber nicht abnehmen. Die Beantwortung der Fragen stellen Entscheidungen dar, die Menschen erfahrungsgemäß schwer fallen.
Für die numerische Auswertung der Fragebögen muss man die Antworten in Zahlen umwandeln. Bei der einfachsten Fragestellung ja/nein ist das noch nahe liegend. Fallen die Antworten komplexer aus, so ist die Umwandlung der verbalen Antwort in Zahlenwerte außerordentlich schwierig. Man gestaltet deshalb die Fragebogen so, dass die Antwort bereits in einer Punkte- oder Notenskala gegeben wird. Es wird nun die These vertreten, dass für eine solche Bewertungsskala in Zusammenhang mit Musikinstrumenten fünf Stufen, analog der von den Bell Labs zur Beurteilung der Qualität von Sprachübertragungen entwickelten Mean Opinion Score (MOS) (1 = schlecht ... 5 = hervorragend) ausreichend sind. BLUTNER verwendete Anfang der 1980er Jahre eine solche Skala bei Hörtests im IfM. Für die Hörtests im Paarvergleich, an denen der Autor selbst teilnahm, gab er folgende Bewertungsanweisung:

- Ist das abgefragte Merkmal in Probe A **deutlich wahrnehmbar** stärker (besser) ausgeprägt als in Probe B - Bewertung = 5.
- Ist das abgefragte Merkmal in Probe A **gerade noch wahrnehmbar** stärker (besser) ausgeprägt als in Probe B - Bewertung = 4.
- Man kann hinsichtlich des abgefragten Merkmals **keinen sicheren Unterschied** zwischen Probe A und Probe B **wahrnehmen** - Bewertung = 3.
- Ist das abgefragte Merkmal in Probe B **gerade noch wahrnehmbar** stärker (besser) ausgeprägt als in Probe A - Bewertung = 2.

- Ist das abgefragte Merkmal in Probe B **deutlich wahrnehmbar** stärker (besser) ausgeprägt als in Probe A - Bewertung = 1.

Obwohl die Fragestellung fünf Kategorien enthält, sind es streng genommen nur drei Bewertungsstufen: kein wahrnehmbarer Unterschied, ein gerade noch wahrnehmbarer Unterschied, ein deutlich wahrnehmbarer Unterschied.
Produkte wie die Musikinstrumente können nicht ohne weiteres von „Laien“ bedient werden. Jeder muss sich zunächst zum „Fachmann“ qualifizieren. Wenn nun Fachleute ein Produkt bzw. ein Merkmal eines (einzelnen) Produktes bewerten, so werden sie die Ausprägung des Merkmals mit dem ihnen bekannten Standard vergleichen. Dies ist ein persönlicher, aus eigenen Erfahrungen gewonnener Mittelwert. Bei diesem Vergleich kann nun eine entsprechende fünfstufige Skala entstehen: Das Merkmal ist wenig besser, deutlich besser, wenig schlechter, deutlich schlechter als der persönliche Standard ausgeprägt oder es entspricht diesem.
Im Folgenden wird zunächst die Bewertung/Beurteilung der Merkmale behandelt. Die Definition und Gewinnung der messtechnisch gestützten Merkmalswerte ist späteren Kapiteln vorbehalten.

3.2.1 Grundgedanke des Verfahrens

Die traditionellen Musikinstrumente sind in ihrer heutigen Form das Ergebnis einer evolutionären Entwicklung. Aufbauend auf anerkannt guten Bauformen, Materialien und sonstigen Eigenschaften erfolgte die Entwicklung in kleinen Schritten der Veränderung der bekannten Größen. Für den Schüler ist das Vorbild der Lehrmeister, dessen "Ist-Stand" er zunächst zu erreichen versucht, und nach einer gewissen Zeit (falls der Schüler zu den kreativen seiner Zunft gehört) wird der sicher beherrschte Stand verändert. Die Veränderung geschieht auf der Basis von Versuch und Irrtum. Auch die industriellen Hersteller verfahren durchaus auf diese Weise. Neben Auffassungs- und Wissensunterschieden kommen hier noch Serienfertigungsprobleme hinzu. Diese historisch gewachsene Entwicklungsart ist auch heute noch die Hauptform im Innovationsprozess der Musikinstrumentenhersteller, zumindest was die eigentliche Klang bestimmende Bauform der Instrumente betrifft. Ingenieur- und Naturwissenschaft greifen nur sehr sporadisch in den Prozess ein. Aus diesen Gründen kann man davon ausgehen, dass auf jeweils bestimmten Entwicklungsständen die akustisch relevanten Merkmale häufig normalverteilt sind. Die Normalverteilung wird nur in Etappen extremer Innovation verlassen. Diese Feststellungen werden zur Bewertung ausgenutzt.
Unter einem Merkmal wollen wir einen (in der Regel dimensionsbehafteten) Zahlenwert verstehen, den wir aus einer Messung am zu beurteilenden Objekt und einer ggf. der Messung nach geschalteten Primärauswertung der Messwerte gewinnen. Betrachtet man eine solche Normalverteilung eines Merkmals M, Abbildung 2, so muss es am häufigsten um den Erwartungswert EW liegen. Das leuchtet ein, denn nach einer gewissen Zeit haben die meisten Hersteller gelernt den aktuellen Stand zu reproduzieren. Nachlässigkeit oder bewusste (z. B. Kosten sparende) Vereinfachung wird das Merkmal im Allgemeinen im negativen Sinne vom Erwartungswert wegführen, gelungene Entwicklungsarbeit kann das Merkmal positiv verändern.
Die von der Verteilungsfunktion eingeschlossene Fläche teilen wir in fünf Bereiche. In Abbildung 2 sind die Prozentanteile der Größe eingetragen, die bei Normalverteilung in die Bereiche fallen. Den einzelnen Bereichen wurden Urteilswerte zugeordnet (Es wird in Abbildung 2 angenommen, dass hohe Merkmalswerte positiv bewertet werden. Merkmale, die größer als Erwartungswert + Standardabweichung sind, erhalten dann die Höchstbewertung 5.). Die Beschränkung auf nur 5 Urteilswerte ist im objektiven Fall durchaus berechtigt. Viele subjektive Tests zeigen, dass die Beurteilung einzelner konkreter Merkmale von Instrumenten

(keine globalen Fragestellungen wie Gesamteindruck) mit einer mehr als 5-stufigen Skala für die meisten Testpersonen unmöglich ist. Die Parameter der Verteilung (Erwartungswert und Standardabweichung) eines Merkmals werden anhand einer Stichprobe bestimmt. Das heißt, für eine Gruppe von Instrumenten werden die Merkmalswerte gemessen und die Verteilungsparameter aus den Ergebnissen berechnet.

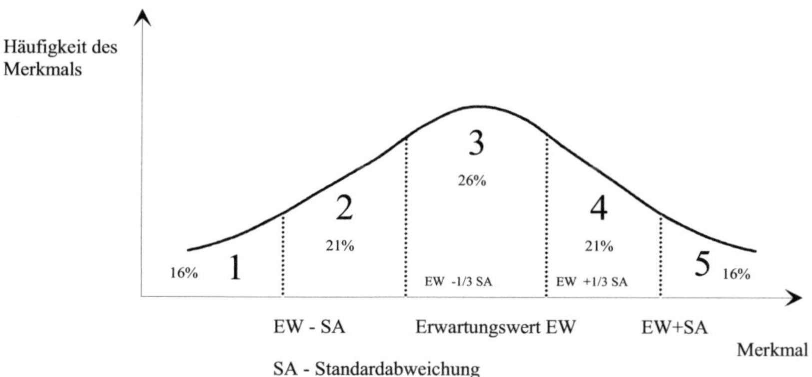

Abbildung 2: Veranschaulichung der Bewertung über die Annahme der Normalverteilung der Merkmale

Werden in die Stichprobe alle Qualitäten einer Instrumentengattung (z. B. Wanderklampfe bis Meistergitarre) einbezogen, so erhält man bei hinreichender Größe der Stichprobe eine absolute Bewertungsskala. In diesem Falle stünde das Urteil 1 praktisch für unbrauchbar. Ist nur eine zu kleine oder in der Qualitätsbreite beschränkte (z. B. nur Instrumente einer bestimmten Preisklasse) Stichprobe verfügbar, so entsteht eine relative Skala. Beide sind für eine vergleichende Bewertung von Instrumenten geeignet.

Nun ist aber die Bestimmung der Merkmale fehlerbehaftet. Man muss dies bei der Beurteilung berücksichtigen. Da Fehler in der Messtechnik unvermeidbar sind, gilt es zu sichern, dass diese bei der Bewertung der Instrumente „keinen Schaden" anrichten. Dies kann man erreichen, indem Fehler immer zu einem „mehr mittleren" Urteil hinführen. Sei F_{max} die bei Reproduzierbarkeitsmessungen für das jeweilige Merkmal gefundene maximale Abweichung und

$$F = \frac{F_{\max}}{2}$$ **Gleichung 1**

so lässt sich die Vorstellung nach Abbildung 2 wie folgt verändern (Abbildung 3):

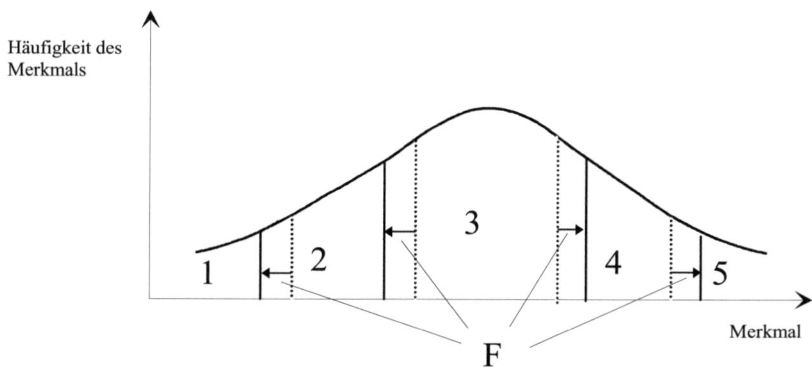

Abbildung 3: Veranschaulichung der Bewertung über die Annahme der Normalverteilung der Merkmale

Die Tendenz des Merkmals, d. h. ob ein hoher Wert positiv oder negativ zu bewerten ist, erhält man aus Korrelationsbetrachtungen in Zusammenhang mit subjektiven Tests. Die Bewertung geschieht für die Merkmale, bei denen ein möglichst hoher Wert angestrebt wird, konkret wie folgt:

MWM + SAM + ***F*** <	Merkmalswert			= überdurchschnittlich	- Urteil 5
MWM + SAM/3 + ***F***≤	Merkmalswert	≤	MWM + SAM + ***F***	= guter Durchschnitt	- Urteil 4
MWM - SAM/3 - ***F*** <	Merkmalswert	<	MWM + SAM/3 + ***F***=	Durchschnitt	- Urteil 3
MWM - SAM - ***F*** ≤	Merkmalswert	≤	MWM - SAM/3 - ***F***	= schlechter Durchschnitt	- Urteil 2
	Merkmalswert	<	MWM - SAM - ***F***	= unterdurchschnittlich	- Urteil 1

(MWM-Mittelwert des Merkmals M, SAM-Standardabweichung des Merkmals M).

Für Merkmale, bei denen kleine Werte eine positive Wertung ergeben, wird analog verfahren.

3.2.2 Beschreibung des Beurteilungsalgorithmus

Nachdem die Merkmale $\boldsymbol{M_i}$ ($\boldsymbol{i}$ = 1 ... N) und die Verfahren zu ihrer Ermittlung festgelegt sind, müssen diese zunächst für die Grundgesamtheit ermittelt werden. Die Grundgesamtheit (Elemente ***j***, Anzahl der Elemente ***G***) kann die aktuelle Stichprobe (Elemente ***j***, Anzahl der Elemente ***S***) selbst (In diesem Falle ist ***G*** = ***S***) oder aber auch eine übergeordnete Menge, deren Teilmenge die Stichprobe ist sein. Nun werden für jedes Merkmal M_i die für die Bewertung erforderlichen Größen MW$\boldsymbol{M_i}$ und SA$\boldsymbol{M_i}$ bestimmt. Handelt es sich um lineare Größen, so erfolgt dies mit den bekannten Verfahren für Mittelwert und Standardabweichung:

$$MWM_i = \frac{1}{G}\sum_{j=1}^{G} M_{i,j}$$ **Gleichung 2**

$$SAM_i = \sqrt{\frac{\sum_{j=1}^{G}\left(M_{i,j} - MWM_i\right)^2}{G-1}}.$$ **Gleichung 3**

Handelt es sich um in dB gemessene Pegelgrößen, die in der Schall- und Schwingungsmesstechnik sehr häufig auftreten, so bestimmen wir den Mittelwert in Anlehnung an die allgemeine Verfahrensweise in der Akustik "energetisch":

$$MWM_i = 10\lg\left(\frac{1}{G}\sum_{j=1}^{G} 10^{\frac{M_{i,j}}{10dB}}\right)\mathrm{dB}.$$ **Gleichung 4**

Die Standardabweichung wird auf dem üblichen Wege unter Verwendung des „energetisch" berechneten Mittelwertes gebildet.
MW$\boldsymbol{M_i}$ und SAM_i bilden zusammen mit dem Fehler $\boldsymbol{F_i}$ die Grundlage für die Bewertung bzw. Beurteilung des Merkmals ***i***. Die Gruppe der Fehler $\boldsymbol{F_i}$ für alle ***N*** Merkmale einer Grundgesamtheit bezeichnen wir als Fehlersatz oder Fehlervektor X bzw. FX. Die Kennzeichnung wird eingeführt, da sich für eine Grundgesamtheit verschiedene Fehler ergeben können, z. B. durch Fortschreibung der Ermittlung der Fehlergrößen oder anderweitige neue Erkenntnisse.

Wie bereits erwähnt, bestimmen wir die Fehlergrößen anhand wiederholter Reproduzierbarkeitsmessungen. Je mehr derartige Messungen vorliegen, desto sicherer kann der unvermeidbare Fehler angegeben werden.

Die für die Bewertung/Beurteilung erforderlichen Größen (MW$\boldsymbol{M_i}$, SA$\boldsymbol{M_i}$, $\boldsymbol{F_i}$) wollen wir als Bewertungssatz bezeichnen.

Die Bestimmung der Urteile $\boldsymbol{U_{i,j}}$ kann nunmehr vorgenommen werden. Die oben dargelegte Beschreibung der Beurteilung lässt sich mit den eingeführten Größen exakt beschreiben:

Lage der Merkmalswerte $\boldsymbol{M_{i,j}}$ in Bezug auf MW$\boldsymbol{M_i}$, SA$\boldsymbol{M_i}$ und $\boldsymbol{F_i}$	Urteile $U_{i,j}$	
	hohe Merkmalswerte positiv	niedrige Merkmalswerte positiv
MW$\boldsymbol{M_i}$ + SA$\boldsymbol{M_i}$ + $\boldsymbol{F_i}$ < $\boldsymbol{M_{i,j}}$	5	1
MW$\boldsymbol{M_i}$ + SA$\boldsymbol{M_i}$/3 + $\boldsymbol{F_i}$ ≤ $\boldsymbol{M_{i,j}}$ ≤ MW$\boldsymbol{M_i}$ + SA$\boldsymbol{M_i}$ + $\boldsymbol{F_i}$	4	2
MW$\boldsymbol{M_i}$ - SA$\boldsymbol{M_i}$/3 - $\boldsymbol{F_i}$ < $\boldsymbol{M_{i,j}}$ < MW$\boldsymbol{M_i}$ + SA$\boldsymbol{M_i}$/3 + $\boldsymbol{F_i}$	3	3
MW$\boldsymbol{M_i}$ - SA$\boldsymbol{M_i}$ - $\boldsymbol{F_i}$ ≤ $\boldsymbol{M_{i,j}}$ ≤ MW$\boldsymbol{M_i}$ - SA$\boldsymbol{M_i}$/3 - $\boldsymbol{F_i}$	2	4
$\boldsymbol{M_{i,j}}$ < MW$\boldsymbol{M_i}$ - SA$\boldsymbol{M_i}$ - $\boldsymbol{F_i}$	1	5

Tabelle 1: Algorithmus zur Bildung der Urteilswerte

Da für die Merkmale $\boldsymbol{M_i}$ jeweils Normalverteilung angenommen wird, ist im Falle $\boldsymbol{F_i} = 0$ für beliebige Merkmale die Verteilung der Urteile gleich, d. h. es gibt jeweils die gleiche Anzahl $\boldsymbol{U_{i,j}} = 1$, 2 usw. wenn man die Grundgesamtheit betrachtet. Ist die Stichprobe nur eine Teilmenge trifft das nicht mehr zu. Die notwendige Einführung von $\boldsymbol{F}$ verschiebt die Verteilung der $\boldsymbol{U_{i,j}}$. Eine wiederum gleiche Verteilung der Urteile tritt ein, wenn die Verhältnisse von SA$\boldsymbol{M_i}$ und $\boldsymbol{F_i}$ für die verschiedenen Merkmale gleich sind.
Wächst der Fehler im Verhältnis zu SA$\boldsymbol{M_i}$ stark an, so wird die Beurteilung immer weniger differenziert. Nehmen wir den Extremfall, dass der Fehler dominiert. Bei der Bestimmung der SA_i finden wir dann einen Wert, der nicht mehr die Streuung der Stichprobe sondern die Fehlerzufälligkeiten der Messung beschreibt. Den Fehler ermitteln wir in einem gesonderten Verfahren und setzen zudem den maximal festgestellten Fehler in den Beurteilungsalgorithmus ein. Das Fenster für das Urteil 3 bestünde nun aus 1/3 Standardabweichung des Fehlers + maximal festgestelltem Fehler. Damit treten praktisch nur noch Urteile 3 auf. Das Merkmal trägt nicht mehr zur Differenzierung der Stichprobe bei. In der Praxis bedeutet das, dass wir bei Verringerung der Streubreite der Stichprobe, z. B. durch Verbesserung der Produktionskonstanz in einer Serie, bei gleich bleibender Messgenauigkeit im Rahmen des Bewertungsverfahrens eine Wanderung hin zu mittleren Urteilen finden werden.
Aus den Urteilen $\boldsymbol{U_{i,j}}$ kann ein Gesamturteil $\boldsymbol{U_j}$ für jedes Exemplar der Stichprobe gewonnen werden:

$$U_j = \sum_{i=1}^{N} U_{i,j}\,, \qquad \textbf{Gleichung 5}$$

N – Anzahl der Merkmale. Man kann folgende Eigenschaften der U_j für eine Grundgesamtheit angeben:

$$\mathrm{MW}U_j = 3N$$

$$\mathrm{MAX}U_j = 5N$$

$$\mathrm{MIN}U_j = N.$$

Alle drei Größen an sich sind von den F_i unabhängig, jedoch wird mit wachsenden F_i die Wahrscheinlichkeit sinken, dass MAXU_j und MINU_j tatsächlich erreicht werden. Wird nur eine Teilmenge der Grundgesamtheit betrachtet, kann MWU_j abweichende Werte annehmen. SAU_j sinkt mit wachsendem Fehler.

Neben der Bestimmung der Fehler ist zweifellos die Wahl der Stichprobe zur Bildung der Grundgesamtheit von großer Bedeutung. Eine vollständige Grundgesamtheit im engen statistischen Sinne, die ja gleich bedeutend wäre z. B. mit der Messung aller weltweit vorhandenen Gitarren, ist für eine realistische Beurteilung der Instrumente nicht sinnvoll. Dies betrifft auch eine Zielstellung, nur alle erreichbaren Instrumente aufzunehmen. Da immer einige Objekte in der Stückzahl dominieren (die Serien der großen Hersteller) würden sie die Stichprobe einseitig beeinflussen und die wahre Vielfalt verschleiern. Vielmehr geht es darum, eine breite, in der Qualität repräsentative Auswahl zu treffen. Eine solche Sammlung von Objekten ist immer eine zeitaufwändige und deshalb permanente Angelegenheit. Das ständige Hinzufügen neuer Objekte führt zwangsläufig zur Veränderung der Bewertungssätze und damit der Bewertung bzw. Beurteilung selbst. Dies muss man in Kauf nehmen. Von Fall zu Fall ist zu entscheiden, ob die Veränderung der Bewertungssätze kumulativ mit jedem Objekt erfolgen sollte oder erst nach einer gewissen Menge neu gewonnener Daten.
Führt man die Bewertung einer abgeschlossenen Stichprobe durch, z. B. innerhalb eines Wettbewerbs, bei dem alle Objekte zu einem Stichtag vorliegen müssen, so sollte die Bewertung an der Stichprobe selbst vorgenommen werden. Sie wird als eigene Grundgesamtheit mit eigenem Bewertungssatz betrachtet.

3.3 Eine kontinuierliche Bewertung der Merkmale

Im Rahmen von Fragebogen gestützten Tests findet man immer wieder Testpersonen, die Probleme haben, ein definiertes Kreuz in eines von fünf (oder auch mehr) Kästchen zu setzen. Sie markieren lieber intuitiv eine Position auf einer kontinuierlichen Skala. Das kann eine Linie in Fragebögen sein oder ein Drehknopf bei elektronischer Urteilserfassung. Eine kontinuierliche Beurteilung kann man natürlich auch im messtechnisch gestützten Bereich realisieren. Eine Möglichkeit besteht darin, die Merkmalswerte in eine normierte Normalverteilung (Erwartungswert = 0, Standardabweichung = 1) umzurechnen. Die Urteilswerte sind dann die normierten Merkmalswerte selbst. Ein Problem dabei ist die Festlegung der Bewertungsgrenzen. Man kann mit der normierten Verteilung genau wie oben beschrieben verfahren, hat dann aber keine wirklich andere Bewertung erzeugt. Es gibt weiterhin statistische Klassierungsverfahren, die Objekte anhand ihrer Merkmale in Gruppen zu fassen. Auch diese Verfahren sind letztlich stark unserem Verfahren verwandt. Im Rahmen der Betrachtung verschiedener Varianten für die angestrebte Beurteilung von Musikinstrumenten realisierten wir eine kontinuierliche Beurteilung der objektiven Merkmale einer Stichprobe an sich selbst wie folgt: Sei $M_{i,j}$ das Merkmal i des Exemplars j der betrachteten Stichprobe, $M_{i,max}$ der Maximalwert und $M_{i,min}$ der Minimalwert des Merkmals so ergibt sich die Bewertung $B_{i,j}$ wenn hohe Merkmalswerte $$B_{i,j} = \frac{M_{i,j} - M_{i,\min}}{M_{i,\max} - M_{i,\min}} 4 + 1,$$ **Gleichung 6**

bzw. niedrige Merkmalswerte $$B_{i,j} = 5 - \frac{M_{i,j} - M_{i,\min}}{M_{i,\max} - M_{i,\min}} 4$$ **Gleichung 7**

positiv zu beurteilen sind. Die Beurteilung verwendet also den gesamten Merkmalsbereich zwischen dem größten und dem niedrigsten vorkommenden Wert. Die Urteile können kontinuierlich Werte zwischen 5 = sehr gut und 1 = sehr schlecht annehmen. Bewertet man eine Stichprobe anhand einer Referenzstichprobe, können im Ausnahmefall Bewertungen > 5 oder < 1 entstehen. In der Anwendung kommt dies aber praktisch nicht vor, da man als Referenzstichprobe stets eine umfassendere Gruppe mit breiter streuenden Eigenschaften wählt. Diese Art der kontinuierlichen Bewertung hat den Nachteil, dass der Wertebereich nicht symmetrisch zum Erwartungswert liegen kann. In unseren Untersuchungen zeigten sich jedoch keine Auswirkungen diesbezüglich. Man kann in die kontinuierliche Bewertung analog zum diskreten Fall in gleicher Weise die Berücksichtigung des aus der Merkmalsermittlung resultierenden Fehlers F_i einbauen:

$$B_{i,j} = \frac{M_{i,j} + \frac{MWM_i - M_{i,j}}{\left|MWM_i - M_{i,j}\right|} F_i - M_{i,\min}}{M_{i,\max} - M_{i,\min}} 4 + 1,$$ **Gleichung 8**

wobei MWM_i den Mittelwert des Merkmals M_i darstellt. Auch hier verschiebt der Fehler die Bewertung hin zu mittleren Urteilen um den Wert 3.

Diskrete und kontinuierliche Verfahren weisen beide Vor- und Nachteile auf: Je nach konkreter Lage der Merkmale bzgl. der Grenzen der diskreten Bewertung kann eine kontinuierliche Bewertung einmal Unterschiede vorgaukeln, die letztlich nicht wahrgenommen werden, andererseits verschleiert die diskrete Bewertung bei bestimmter Merkmalslage Unterschiede, die erst bei kontinuierlicher Bewertung zu Tage treten. Ein Verfahren mit absoluten Wahrnehmungsgrenzen erscheint als das objektivste. Wir müssen aber feststellen, dass bzgl. der Festlegung dieser Wahrnehmungsgrenzen noch erheblicher Forschungsbedarf besteht. Wir entschieden, für unsere Arbeiten zunächst ausschließlich die diskrete Beurteilung anzuwenden.

4 Extraktion von Merkmalen und Anwendung des Verfahrens am Beispiel der Gitarre

4.1 Grundsätzliche Vorgehensweise auf der Basis von Übertragungsmessungen

Wir suchen Merkmale, für die ein möglichst einfacher und bekannter Zusammenhang zu den konstruktiven Details der Instrumente besteht, um Instrumente im Ergebnis der Beurteilung gezielt verändern zu können und aus guten Bewertungen für den Bau zu lernen. Nun ist der Zusammenhang zwischen den Eigenschwingungen der Instrumente und deren Konstruktion zumindest für die einfachen Moden recht gut bekannt. So kann man die erste relevante Mode der Streich- und Zupfinstrumente, die so genannte Helmholtzresonanz, über die Zargenhöhe, das Schallloch und die Deckensteife recht gut einstellen. In höheren Frequenzbereichen ist zwar die Beeinflussung einzelner Moden recht schwierig, z. T. aus heutiger Sicht nicht möglich, aber einen breiteren Frequenzbereich mehr zu betonen oder abzuschwächen ist durchaus ein gebräuchliches Verfahren um Instrumente in der Entwicklung abzustimmen. Die Resonanzen der in der Bohrung eingeschlossenen Luftsäule bei Blasinstrumenten wird durch den Bohrungsverlauf (auch als Mensur der Bohrung bezeichnet) und bei Holzblasinstrumenten zusätzlich durch die Lage, Größe und die Abmessungen des Tonlochkanals bestimmt. Auch hier gibt es bekannte Algorithmen und deren Anwendungen, die den Zusammenhang beschreiben und für den Instrumentenmacher handhabbar machen. Die Bestimmung der Eigenzustände eines Systems bezeichnet man als Modalanalyse und die experimentelle Basis dafür ist die Aufnahme von Übertragungskurven. Es liegt also nahe, derartige Übertragungskurven als Quelle für die Extraktion von Merkmalen für die Beurteilung zu nutzen. Die Aufnahme von Übertragungskurven an Musikinstrumenten ist eine grundlegende Technik in der musikalischen Akustik. Bei Streich- und Zupfinstrumenten erfolgt dies in Form der so genannten Frequenzkurve, bei Blasinstrumenten wird der Verlauf der Eingangsimpedanz aufgezeichnet. Die Einführung und Beschreibung beider Techniken erfolgt in den nachfolgenden Abschnitten. Obwohl die Anwendung beider Techniken seit Jahrzehnten erfolgt, ist bislang kein geschlossenes Bewertungssystem auf deren Basis entstanden. Systematische Untersuchungen zur Ableitung von Merkmalen existieren nur für Gitarre und Violine.
Die in der Einleitung erwähnte Forderung nach einem belastbaren Beurteilungsverfahren entstand zuerst für die Gitarre. Parallel liefen gerade in dieser Zeit mehrere Projekte zur Gitarre, so dass ein entsprechendes Verfahren systematisch und ausführlich entwickelt werden konnte. Die Häufung in Sachen Gitarre ist dabei kein Zufall. Obwohl die Zahl der wissenschaftlichen und populären Veröffentlichungen den Eindruck erweckt, die Violine sei das Objekt der Musikalischen Akustik, liegt der eigentliche Innovationsschwerpunkt der klassischen Instrumente zweifellos seit ca. 30 Jahren bei der Gitarre. Während in Sachen Violine der Blick eher nach rückwärts gewandt ist und wirkliche Innovationen in der sehr konservativen Musikerschar nur geringe Chancen haben, wetteifern Gitarristen und Gitarrenbauer regelrecht um neue Ideen und deren Einführung in die musikalische Praxis. Als eine wesentliche Ursache dafür kann man zweifellos den nach wie vor ungebrochenen Boom der klassischen Gitarre im Fahrwasser der populären Musik ansehen.
Die Entwicklung des Beurteilungsregimes für den Gitarrenfall fand insgesamt über einen Zeitraum von 10 Jahren statt. Dabei wurden wesentliche Details im Sinne einer Entwicklung verändert wie die Art der Erregung oder die Anzahl der eingesetzten Mikrofone. Auch ist eine absolute Kalibrierung der Messwerte nicht von Anfang an gegeben. Andererseits standen nur wenige der insgesamt einbezogenen Instrumente in allen Entwicklungsphasen zur Verfügung. In die folgenden Abschnitte gehen Informationen aus allen Entwicklungsphasen ein. Zu beachten ist, dass die Werte in den einzelnen Tabellen und Diagrammen nicht in jedem Falle ohne weiteres vergleichbar sind.
Die in dieser Arbeit beschriebenen Anwendungen des Verfahrens auf andere Zupf-, Streich- und Blasinstrumente erfolgten im Rahmen eines jährlichen Prüf- und Bewertungsauftrages.

Obwohl das grundsätzliche Verfahren zur Verfügung stand, war jeweils eine spezielle Merkmalsauswahl erforderlich, für die nur eine sehr begrenzte Zeit zur Verfügung stand. Gleichzeitig sollten dabei verschiede Dinge ausprobiert werden, was zur Folge hatte, dass die Merkmalsauswahl nicht nach absolut einheitlichem Schema erfolgte. Es entstand ein Pool wertvoller Daten, der im Rahmen dieser Arbeit ausgewertet wurde. Die Fragebogen gestützten Tests fanden im Gegensatz zum Gitarrenfall ausschließlich als Spieltest, jedoch nach einheitlichem Verfahren statt. Beteiligt waren jeweils fünf namhafte Musiker. Diese Tests mit Musikern werden zusammenfassend in Abschnitt 8.1 beschrieben. In den einzelnen Anwendungen wird darauf nicht eingegangen, lediglich die Korrelation der messtechnisch gestützten Merkmale sowie der Gesamtbewertung mit den Musikerurteilen angeführt.

4.2 Die Entwicklung der Frequenzkurvenmesstechnik

Die gespannte, in Schwingungen versetzte Saite ist aufgrund ihres geringen Durchmessers nicht in der Lage, hinreichend Schall abzustrahlen. Deshalb braucht sie einen Resonanzboden bzw. einen Resonanzkörper als Abstrahlungshilfe. Einem Gitarrenton wird beim Anzupfen bzw. Anschlagen einmalig Energie vom Spieler zugeführt. Diese Energie steckt zunächst vollständig in der Saitenschwingung und wird nach und nach über den Resonanzkörper als Schallenergie an die Umgebung abgegeben oder in Form von innerer Reibung in Saite und Korpus in Wärme umgewandelt. Der Resonanzkörper erhöht die Schalleistung, führt aber gleichzeitig dazu, dass die einmalig zugeführte Energie schneller verbraucht wird. Eine gut abstrahlende, laute Gitarre wird also eine kürzere Klangdauer aufweisen als ein leises Instrument.
Die Saite regt den Korpus an, indem sie am Steg eine Kraft auf ihn ausübt. Das Spektrum dieser Kraft hängt neben dem Material und dem Aufbau der Saite auch von Anschlagort, Anschlagstärke und Anschlagtechnik ab. Das heißt, die Analyse eines real gespielten Klanges beinhaltet immer auch Saite und Spieler, auch eine Anschlagvorrichtung kann die Saite nicht ausschließen. Um nun das Produkt Gitarre unabhängig vom separaten Produkt Saite und dem sehr variablen Spieler zu testen, liegt es nahe, am Steg eine künstliche, definierte Kraft einzuspeisen und die Reaktion des Instrumentes auf diese Kraftwirkung zu beobachten. Das Einspeisen der Kraft kann mit einem Shaker oder Impulshammer jeweils in Verbindung mit einem integrierten Kraftaufnehmer geschehen. Da auf diese Weise unter Verwendung eines Frequenzanalysators für jede Frequenz (entsprechend der gewählten Auflösung) die tatsächlich eingespeiste Kraft, unabhängig von der Art der Erregung, ermittelt werden kann, ist es möglich, jede beobachtete Reaktion auf die Erregerkraft zu beziehen und so Ungleichmäßigkeiten der Erregung über die Frequenz zu kompensieren. Solche Ungleichmäßigkeiten können durch ungenügende Ankopplung, unterschiedliche Eingangsimpedanz, verschiedene Anklopftechniken usw. entstehen. Wichtig ist nur, dass bei der jeweils beobachteten Frequenz noch genügend Kraft eingespeist wird, um das Instrument in Schwingung zu versetzen.
Nachdem die Erregung geklärt ist, stellt sich die Frage, welche Reaktion des Instrumentes beobachtet werden soll. Für die Beurteilung des Instrumentes ist letztlich nur der abgestrahlte Klang von Bedeutung. Erst wenn wir nach der Klangbeurteilung gezielte Änderungen vornehmen wollen, sind Kenntnisse über die dazugehörigen Korpusschwingungen notwendig. Für möglichst vollständige Kenntnisse wären also Schallleistungsmessungen und komplette Modalanalysen oder Ermittlung der jeweiligen Schnelleverteilung auf dem Korpus mit anschließender Schallfeldberechung notwendig. Auch bei den heute verfügbaren Methoden und Verfahren (Software) sind dies aufwendige Prozesse.
Für eine objektive Beurteilung von Streich- und Zupfinstrumenten erscheint es immer noch ausreichend, den eigentlich zweistufigen Prozess – Erregung des Korpus über den Steg und Abstrahlung durch den Korpus – über eine Übertragungsmessung, ausgehend von der treibenden Kraft am Steg, zum entstehenden Schalldruck an einem (bzw. mehreren) definierten

Punkt(en) im Fernfeld des Instrumentes zu beschreiben. Wir betrachten also den Verlauf der Größe

$$\frac{Schalldruck(Pa)}{Kraft(N)}$$

über der Frequenz *f*. Da sich in der Anfangszeit dieser Arbeiten die Messung der Kraft ***F(f)*** und die Ausführung der Division als recht schwierig erwies, ging man von der Annahme $|F(f)| = const.$ aus. Es wurde versucht, diese Annahme über verschiedene Regelverfahren für die Speisung der Anregesysteme zu stützen, ohne dabei aber wirklich eine Kraftmessung vorzunehmen. Aufgezeichnet wurde der Verlauf des Schalldruckes ***p(f)*** mittels eines Pegelschreibers. Man bezeichnet diesen Schrieb in Zusammenhang mit Streich- und Zupfinstrumenten traditionell als **Frequenzkurve**. Die Frequenzkurve stellt also klassisch den Schalldruckpegelverlauf über der Frequenz an einem festen Punkt im Raum, bezogen auf das Instrument, bei konstanter Krafterregung am Steg dar.

Frequenzkurve = $L_p(f)$

Der Beobachtungspunkt für ***p(f)*** wurde in der Regel im Fernfeld der Instrumente gewählt. Da dafür akustische Freifeldbedingungen erforderlich sind, wurde aber auch von diesem Prinzip abgewichen und im Nahfeld gemessen.

Hermann MEINEL (1937), der Gründer des IfM, entwickelte bereits in den 1930er Jahren die Frequenzkurvenmesstechnik für Streichinstrumente, zunächst speziell für Geigen. Später wurde diese Technik prinzipiell auch auf alle anderen Streich- und Zupfinstrumente (einschließlich Klaviere) angewandt. HÄCKER (1968) und nachfolgend KRÜGER (1969 und 1972) experimentierten im IfM an Gitarren mit verschiedenen Anregemechanismen, so mit einem auf den Steg geklebten Metallplättchen, das über eine Spule angeregt wurde, nutzten aber ab 1972 konsequent elektrodynamische Anregesysteme, die in der Mitte des Stegeinschubs ansetzen und deren Krafteintrag senkrecht zur Decke wirkt. Die Reaktion der Gitarre zeichnete man mit einem Mikrofon im Nahfeld der Gitarre, mit kapazitiven Sonden später mit fünf auf die Decke aufgebrachten Schwingungsaufnehmern auf (KRÜGER 1976 und 1982). Als Anregesignal diente ein Gleitsinus. In Ermangelung geeigneter Sensoren für die eingetragene Kraft betrieb man die Anregesysteme über Konstant-Spannungs-Regelverstärker und nahm einen hinreichend konstanten Krafteintrag über die Frequenz an. Betrachtet wurden die Terzpegel der Ausgangsignale der Aufnehmer, im Falle der Schwingungsaufnehmer die jeweils über die fünf Aufnehmer gemittelten Terzpegel. Da sich das Anbringen der Schwingungsaufnehmer (Aufkleben mit speziellem Wachs) als große Fehlerquelle erwies, stellte MEINEL 1980 das Verfahren auf Fernfeldmessung unter Verwendung eines Mikrofons, welches sich in 80 cm Entfernung gegenüber dem Schallloch, senkrecht zur Decke befand, um. Gemessen wurde im reflexionsarmen Raum des IfM.

JANSSON (1981) beurteilt Streichinstrumente anhand der am Steg gemessenen Eingangsadmittanz. Als Krafterreger dient ein kleiner auf dem Steg (Oberkante, Stimmstockseite) befestigter Magnet. Die Erregung erfolgt senkrecht zur Decke, die Kraft wird über der Frequenz als hinreichend konstant angenommen. Die Reaktion des Steges auf die Erregung wird mittels eines mit dem Magneten befestigten Beschleunigungsaufnehmers erfasst. Welche Kurve letztlich wirklich dargestellt wird, ist leider nicht exakt beschrieben.

Eine hinsichtlich der Konstanz der Krafterregung lange Zeit als die beste Lösung angesehene Anregung für Geigen schuf DÜNNWALD (1982). Ein dünner, zwischen den Polen eines Permanentmagneten verlaufender Draht wird seitlich gegen den Geigensteg gedrückt. Schickt man eine Wechselspannung durch den Draht, so führt er Schwingungen aus, die sich auf den

Steg übertragen. Den Krafteintrag nahm DÜNNWALD als hinreichend konstant über der Frequenz an.
MEYER (1985) verwendet ebenfalls ein elektrodynamisches Anregesystem (ein „rückwärts" arbeitendes Abtastsystem eines Studioplattenspielers), das bei Gitarren in der Mitte des Stegeinschubs ansetzt. Den abgestrahlten Schall nehmen sechs, in 1 m Abstand in der Stegebene um das Instrument verteilte Mikrofone auf. Gemessen wird ebenfalls in einem reflexionsarmen Raum. Die Signalspannung der Mikrofone wird in eine Signal proportionale Gleichspannung umgewandelt und analog gemittelt.
Um das Problem der konstanten Kraftanregung zu lösen, verwendete PORVENKOV im Institut NIKTIMP (Moskau) eine Stahlkugel, die er an einem einfachen Fadenpendel aufhängte und unter immer gleichen Bedingungen gegen den Steg prallen ließ. Er arbeitete also mit Impulsanregung und führte die Messungen in einem reflexionsarmen Raum durch. (Bemerkung: Ich konnte diese Anordnung während eines Besuches 1985 in Funktion sehen, fand dazu jedoch keine Veröffentlichung.)
MEYER (1986) führte gemeinsam mit BORK und JANSSON vergleichende Untersuchungen an den Messsystemen für Geigen von DÜNNWALD, der PTB (MEYER), der KTH (Royal Institut of Technology, Stockholm, JANSSON) sowie der Impulsantwortmethode unter Verwendung eines Impulshammers und eines Zweikanalanalysators durch. Im Ergebnis stellen sie u. a. zwei Dinge fest: 1. Die Richtung der Anregung sollte parallel zur Decke orientiert sein; allerdings lassen sich einige spezielle Effekte nur senkrecht zur Decke anregen. 2. Das Verfahren der Impuls-Antwort mit Hammeranregung und 2-Kanal-FFT-Analysator scheint für die meisten Anwendungen mit Ausnahme der Schallabstrahlung hinreichend detaillierte Ergebnisse bei geringem Zeitaufwand zu liefern.
Ebenfalls mit Impulsanregung arbeitete BLUTNER (1991). Auf den Steg einer in einer Haltevorrichtung eingespannten Gitarre schlugen fünf nebeneinander angeordnete Pendel-Hämmer je einmal kurz nacheinander. Der entstehende Klopfklang wurde hinsichtlich Einschwingverhalten, Maximalpegel und Ausschwingverhalten in acht Frequenzbändern (siehe Kapitel 4.4.1) untersucht. Die Klangaufnahme erfolgt mit einem Mikrofon. Gearbeitet wurde in keinem speziellen Messraum.

4.3 Eingesetzte Methodik zur Aufnahme der Frequenzkurven von Gitarren

4.3.1 Vergleich verschiedener grundlegender Messvarianten

In den Jahren 1993 bis 2000 erfolgte im Rahmen einer Reihe kleinerer Arbeiten sowie insbesondere in zwei Forschungsprojekten (ZIEGENHALS 1994 und 2000) eine Überarbeitung der im IfM verwendeten Frequenzkurvenmesstechnik. Diese konnte auf der nunmehr verfügbaren Sensor- und Auswertetechnik aufbauen. Die Möglichkeit der problemlosen Messung der eingespeisten Kraft erübrigte die Anstrengungen zur konstant Haltung der Erregerkraft. Mit Hilfe von Mehrkanalanalysatoren können die Erregungs- und Antwortspektren erfasst und entsprechende Übertragungskurven berechnet werden. Darauf aufbauend sollten zunächst die von MEYER (1986) für die Geigenmesstechnik vorgenommenen Vergleichsuntersuchungen für Gitarren wiederholt werden. Für die Aufnahme der Rohdaten für die Bewertung von Gitarren wurden zwei Variationen in Betracht gezogen:

Die Art der Krafterregung am Steg

- Quasistatisch mittels elektrodynamischem Anregesystem (im weiteren als **Shaker** bezeichnet) unter Verwendung von Gleitsinus, Chirp oder Rauschen als Erregersignalform,
- Impulsanregung mittels Impulshammer.

Die als Rohdaten verwenden Messgrößen

- die Frequenzkurve, also die Abstrahlung des Instrumentes ins Fernfeld als Reaktion auf die Erregung am Steg,
- der Eingangsadmittanzverlauf, also die Aufnahme der angebotenen Erregerkraft durch das Instrument.

Folgende konkrete Messanordnungen kamen zum Einsatz:

Messung mit Shakeranregung

Die Gitarre wird in eine Haltevorrichtung eingespannt. Die Gitarre steht senkrecht auf Schaumstoff mit dem Hals nach oben und wird im 9. Bund festgeklemmt. Der Shaker (Schwingungserreger B&K Typ 4810) wird über einen Impedanzmesskopf (B&K Typ 8001) an den Steg angekoppelt. Der Impedanzmesskopf beinhaltet eine Kraft- und einen Beschleunigungsaufnehmer. Ein Mikrofon nimmt an einem bestimmten Punkt vor der Gitarre den Schalldruck auf. Ein FFT-Analysator (ONO SOKKI CF6400) berechnet aus den Messsignalen des Impedanzmesskopfes und des Mikrofons die Frequenzkurve bzw. den Eingangsadmittanzverlauf. Durch eine Mittelung aus mehreren Messungen werden zufällige Fehler minimal gehalten. Für die Messungen wurden folgende Einstellungen vorgenommen:

- Die Ankopplung der Krafterregung erfolgt auf der Stegmitte und wirkt senkrecht zur Decke.
- Beim Ankoppeln wird der Shaker langsam gegen den Steg gefahren. Dabei liegt ein Chirpsignal mit dem gewünschten Frequenzbereich an. Eine vollständige Ankopplung liegt vor, wenn der Koppelstift des Messkopfes ständig den Steg berührt. Solange dies nicht der Fall ist, werden Klopfgeräusche wahrgenommen. Gegenüber der ersten Berührung des Koppelstiftes mit dem Stegeinschub musste der Shaker ca. 0,8 mm vorgefahren werden. Dabei kommt es zur Deformation der Kalotte und es entsteht eine statische Vorspannkraft. Diese betrug je nach Instrument ca. 5 N … 6 N. Die Lagerung der Gitarrenunterseite (Zarge im Bereich Unterklotz) auf Schaumstoff bewirkte eine allmähliche Reduzierung der Kraft um ca. 0,4 N während einer Messung.
- Das Mikrofon wurde in einem Abstand von 1 m von der Gitarrendecke gegenüber dem Schalloch senkrecht zur Decke positioniert.

Messung mit Impulshammeranregung

Der grundsätzliche Messaufbau ist identisch mit der Shakervariante. Shaker und Impedanzmesskopf entfallen. Der nunmehr erregende Kraftimpuls wird mit Hilfe eines Hammers erzeugt, in dessen Kopf ein Kraftaufnehmer integriert ist. Der Anschlag erfolgt manuell. Das Signal des Kraftaufnehmers im Hammer wird anstelle des Aufnehmers im Impedanzmesskopf dem Analysator zugeleitet. Da mit unserer Anordnung bei Impulsanregung nicht gleichzeitig am Anschlagpunkt die Beschleunigung gemessen werden kann, ist mit dieser Variante die Aufnahme der Eingangsadmittanz nicht möglich. In den Untersuchungen kamen zwei Impulshämmer zu Einsatz:

- Impulshammer PCB 086 B 01 (auch bezeichnet als Hammer groß)
- Miniaturimpulshammer PCB 086 C 80 (auch bezeichnet als Hammer klein).

Auf den Impulshammer PCB 086 B 01 können verschiedene Schlagtips aufgeschraubt werden. Der Hammer PCB 086 C 80 besitzt einen festen Metalltip, über den bei Bedarf eine Vinylkappe gestreift werden kann.

4.3.2 Die Darstellung der Frequenzkurve

Wie in Abschnitt 4.2 eingeführt, stellt die traditionelle Frequenzkurve den Schalldruckpegelverlauf über der Frequenz dar. Unter Verwendung der beschriebenen Messtechnik für die aktuellen Untersuchungen erhalten wir vom Analysator die Übertragungsfunktion zwischen dem beobachteten Ausgangssignal (Schalldruck ***p(t)*** bzw. Beschleunigung ***a(t)***) und der Erregerkraft:

$$Ergebnisfunktion_1(f) = \left. \frac{FFT[p(t)]}{FFT[F(t)]} \right|_f \qquad \textbf{Gleichung 9}$$

bzw.

$$Ergebnisfunktion_2(f) = \left. \frac{FFT[a(t)]}{FFT[F(t)]} \right|_f . \qquad \textbf{Gleichung 10}$$

Beides sind komplexe Funktionen, von denen wir, wenn nicht ausdrücklich anders vermerkt, stets den Betrag betrachten. Nun wurde im Zusammenhang mit der Frequenzkurve traditionell meist der Pegelverlauf dargestellt. Wir wollen deshalb folgende Definition für die Frequenzkurve ***FK*** einführen:

$$FK(f) = 20\lg \frac{\left| \frac{FFT[p(t)]}{FFT[F(t)]} \right|_f}{1 \frac{Pa}{N}} . \qquad \textbf{Gleichung 11}$$

Da bei Kenntnis der Übertragungsfaktoren der Aufnehmer und Mikrofone die Messanordnung problemlos absolut kalibriert werden kann, können wir auch unsere Pegelkurve absolut kalibrieren und definieren **0 dB entspricht 1 Pa/N.**

Die Admittanz ist nicht als Quotient aus Beschleunigung und Kraft, sondern Geschwindigkeit und Kraft definiert. Da wir im Analysator aber nach der ***FFT*** im Frequenzbereich arbeiten, können wir sehr leicht aus der Beschleunigung durch einmalige Integration die Geschwindigkeit berechnen. Dazu ist für jede Frequenz ***f*** der zugehörige FFT-Koeffizient durch ***2πf*** zu dividieren. Wir definieren die Eingangsadmittanzkurve ***AK*** wiederum als Pegelverlauf:

$$AK(f) = 20\lg \frac{\left| \frac{FFT[a(t)]\frac{1}{2\pi f}}{FFT[F(t)]} \right|_f}{1 \frac{m}{Ns}} . \qquad \textbf{Gleichung 12}$$

Die Messungen der Frequenzkurven erfolgten im reflexionsarmen Raum des IfM. Dieser weist ein Volumen zwischen den Keilspitzen von 68 m^3 auf (Maße zwischen den Keilspitzen: h = 3,1 m, Länge in Richtung der Tür 4,5 m, Breite 4,88 m). Die untere Grenzfrequenz der Auskleidung liegt bei f_G = 125 Hz.

4.3.3 Untersuchungen zum Einfluss verschiedener Faktoren auf die Frequenzkurve

Die Beschreibung der Messanordnung zur Aufnahme der Frequenzkurve macht deutlich, dass eine Vielzahl von Faktoren variiert werden kann. Um das Ergebnis der Messungen richtig einordnen zu können, ist die Kenntnis der Wirkung dieser Faktoren auf das Messergebnis wichtig. Wir untersuchten deshalb die entsprechende Wirkung der uns wichtig erschienenen Faktoren. Einen dieser Faktoren stellt die Mikrofonanordnung dar. Alle Untersuchungen zu den Faktoren erfolgten mit einem Mikrofon. Bis auf die Messungen zum Einfluss des Mikrofonstandortes befand sich das Mikrofon in 1 m Abstand senkrecht zur Decke gegenüber dem Schallloch. Aus Erfahrungswerten heraus wurde ein Analysebereich von 0 ... 5000 Hz mit zunächst 800 Frequenzlinien, d. h. einem Linienabstand von 6,25 Hz gewählt.

4.3.3.1 Anregungsart

Für die Anregung der Gitarre kommen verschiedene Signale in Frage. Das sind

- langsam gleitender Sinus, eingebracht mittels Shaker,
- schneller Sinus-Sweep (auch als Chirp bezeichnet), eingebracht mittels Shaker,
- weißes Rauschen, eingebracht mittels Shaker,
- Pseudorauschen, Multisinussignal, eingebracht mittels Shaker,
- Impulserregung mittels Impulshammer.

Prinzipiell sind alle Methoden geeignet. Bei Verwendung eines Shakers zur Erregung des Instrumentes erweist sich die Ankopplung als kritischer Punkt. Die besten Ergebnisse zeigen sich bei Anwendung des langsam gleitenden Sinussignals. Hier entsteht aber ein gravierender Nachteil: Wirklich gute Ergebnisse zeigen sich erst bei Verwendung einer Einschwingphase für das Instrument und der Mittelung über mehrere Messungen. D. h. nach dem Anfahren der Frequenzlinie gibt man dem Instrument eine wählbare Zeit zum Einschwingen. Danach werden mehrere Messungen vorgenommen und gemittelt. Wählt man z. B. 3 s Einschwingzeit und eine Auflösung von 6 Hz, so kommt man pro Frequenzlinie auf eine Messzeit von ca. 3,5 s. Das ergibt bei 800 Linien eine Messzeit von 47 min. Bei Verdoppelung der Auflösung verdoppelt sich die Messzeit. Diese lange Messzeit bewog uns frühzeitig, zur Impulsmethode zu tendieren. Der langsam gleitende Sinus liefert zwar ausgeprägtere Resonanzen in der Frequenzkurve, jedoch stört andererseits die notwendige Shakeranordnung das Schallfeld mehr, als der von Hand gehaltene Impulshammer (Vergleiche hierzu Abbildung 20).

4.3.3.2 Anregungsort

Die schwingende Saite überträgt die Energie über den Stegeinschub und den Steg auf den Gitarrenkorpus. Der Stegeinschub ist ein flaches, in den Steg eingelassenes Bauteil, welches der eigentliche Angriffsort der Saitenkräfte ist. Im Folgenden werden beide Begriffe, Steg und Stegeinschub zur Beschreibung des Erregungsortes bei den Messungen verwendet. Die Krafteinspeisung erfolgt jedoch stets an einem Punkt auf dem Stegeinschub!

Jede Saite hat ihren eigenen Anregungspunkt auf dem Steg. Für die Messung kann jedoch die Saite nicht entfernt und durch eine Kraftanregung ersetzt werden, da sonst durch den fehlenden Saitenzug die Spannungsverhältnisse der Gitarrendecke geändert werden. Die Kraftankopplung auf dem Steg ist also nur zwischen den einzelnen Saiten möglich.
Traditionell wurde im IfM der Shaker immer mittig an den Steg angekoppelt. Nun existieren aber typische Moden der Gitarre, die in der Mittellinie (oder in deren Nähe) Knotenlinien aufweisen (Vergleiche hierzu Abschnitt 4.3.7). Inwieweit eine außermittige Ankopplung sinnvoll ist, war Gegenstand einer Untersuchung. Die Frequenzkurve wurde bei Anregung mittels Impulshammer in der Mitte des Stegeinschubs sowie an beiden Rändern des Stegeinschubs (quasi außerhalb der Saiten) aufgenommen. Ein Beispiel zeigt Abbildung 4. Bis ca. 700 Hz verlaufen die Kurven gleich, danach treten Unterschiede auf, insbesondere im Bereich um 1 kHz.

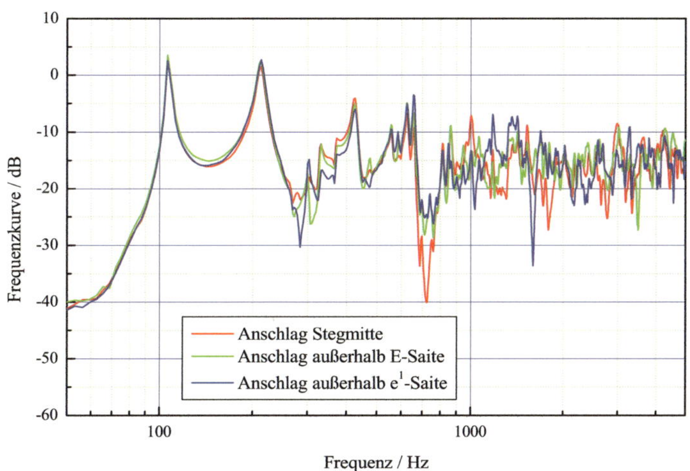

Abbildung 4: Frequenzkurven einer Gitarre im Vergleich verschiedener Anregungsorte am Steg; Anregung mittels Impulshammer

Ein Einfluss auf die Ausprägung sicher erkannter Moden mit Knotenlinien im Bereich der Anschlagorte konnte nicht festgestellt werden. Für die Beurteilung der Frequenzkurve werden im höheren Frequenzbereich stets Bereichssummen bzw. Bereichsmittelwerte verwendet. Für solche Werte ergaben sich nur Differenzen im Bereich der normalen Messfehler. Lediglich im Bereich um 1 kHz traten eindeutige Unterschiede auf. Diese werden allerdings deutlich kleiner, wenn man die äußeren Anschlagorte zwischen die äußeren Saiten verlegt. Wir entschieden deshalb, die Erregung in der Mitte des Steges anzusetzen. Eine Ausnahme bilden nur Instrumente mit unterteiltem Stegeinschub. Die Unterteilung erfolgt, um die Mensurlänge der einzelnen Saiten anzupassen. In diesen Fällen erfolgt die Anregung auf jedem Teilstück des Stegeinschubs.

4.3.3.3 Mikrofonstandort

Die ausgeprägten Abstrahlungscharakteristiken der Musikinstrumente insbesondere ab ca. 1 kHz sind eine bekannte Tatsache (z. B. MEYER 1995). Die Formen der Betriebsschwingungen einer Gitarre sind frequenzabhängig. Die Schallabstrahlung wird durch die konkrete

Form der einzelnen Betriebsschwingungen bestimmt. Die Richtcharakteristik der Schallabstrahlung wird sich also mit der Frequenz verändern. Die gemessene Frequenzkurve muss also vom gewählten Mikrofonstandort im Schallfeld abhängen. Abbildung 5 zeigt die Frequenzkurvenverläufe für fünf Mikrofonpositionen. Als Schalllochposition wird ein Mikrofonstandort in 1 m Abstand zum Instrument, senkrecht zur Decke gegenüber dem Schallloch bezeichnet. Gegenüber der Schalllochposition wurde das Mikrofon in Richtung Hals (+ Werte) und in Richtung Unterklotz (- Werte) bewegt. Wie zu erwarten, sehen wir ab etwa 1 kHz eine deutliche Abhängigkeit von der Mikrofonposition.

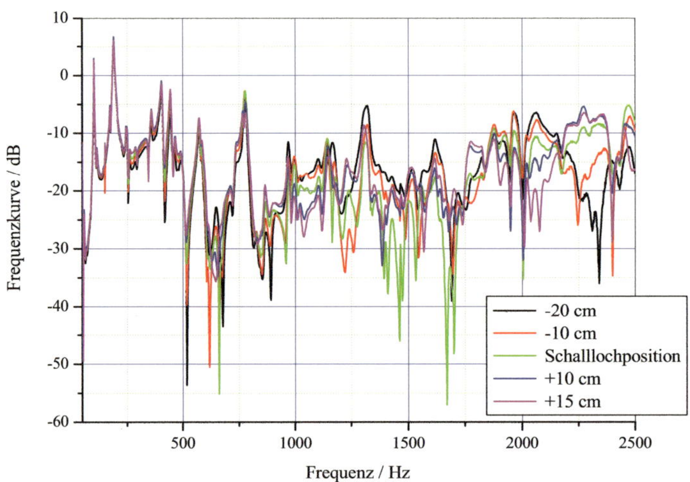

Abbildung 5: Frequenzkurvenverlauf für verschiedene Mikrofonpositionen

Bereits bei relativ geringen Veränderungen der Mikrofonposition zeigen sich deutliche Veränderungen. Der Übergang zu einer Mehrmikrofonanordnung erschien unausweichlich. Die neue Anordnung sollte aber den Bedingungen des IfM Rechnung tragen, d. h. der finanzielle Aufwand sollte nicht zu groß werden und der tägliche Messbetrieb muss zügig, also ohne größere ständige Umbauten, von statten gehen.

Die konsequenteste Lösung wäre eine Analogie zur Schallleistung, d. h. Rundum-Messung und Rückführung auf eine Punktquelle. Im IfM steht zwar ein reflexionsarmer Vollraum zur Verfügung, er weist aber ein Laufgitter auf. Ein Teil der Mikrofone für eine Vollkugel müsste sich unter dem Laufgitter und zudem nahe den Gitterstäben befinden. Testmessungen zeigten, dass an diesen Mikrofonpositionen nicht beherrschbare Störungen im Schallfeld auftreten. Eine Alternative wäre der Aufbau einer Teil-Mikrofonkugel und die Durchführung jeweils mehrerer Teilmessungen, bei denen das Messobjekt entsprechend gedreht wird. Eine Drehvorrichtung, die eine schnelle Ausrichtung einer kompletten Apparatur mit Instrument erlaubt hätte, erschien uns jedoch als zu großer Eingriff in die Akustik des Raumes.

Wir ließen den Gedanken der Rundum-Messung fallen und entschlossen uns, nur in Hauptabstrahlungsrichtung der Instrumente zu messen. Es wurde eine Viertelkugel, Radius 1 m, mit elf festen Mikrofonpunkten geschaffen. Die Mikrofone sind mit ihren Anschlusskabeln an an der Decke gespannten Drahtseilen aufgehängt. Der Mittelpunkt der Kugel (75 cm über dem Laufgitter) ist so gewählt, dass der Instrumentenreferenzpunkt (z. B. Steg bei Geigen) sowohl bei in-situ-Messungen (siehe Abschnitt 4.3.3.6) als auch bei Messungen mit Einspannung für alle Streich- und Zupfinstrumente einfach im Kugelmittelpunkt positioniert werden kann. Die Mikrofonpositionen entsprechen im Wesentlichen einem 45°-Raster. Dies wird zum einen durch die im Raum nicht veränderbar vorhandenen Befestigungspunkte für die Spannseile, zum anderen durch traditionell genutzte Mikrofonpositionen, die weiterhin verfügbar sein sollten, bedingt. Die Mikrofonanordnung entspricht damit nicht den Empfehlungen nach DIN 45635, die von einer 60°-Teilung ausgehen. Da aber unsere Viertelkugel mehr Mikrofone enthält als die DIN vorgibt, können bei entsprechender Drehung der Quelle (Mehrfachmessung) im Bedarfsfall DIN-gerechte Schallleistungsmessungen vorgenommen werden. Für die Drei-Mikrofon-Variante Gitarre wurden folgende Mikrofonpositionen ausgewählt:

Mikrofon 1 befindet sich in 1 m Abstand senkrecht zur Decke gegenüber dem Schallloch. Es handelt sich um die früher im IfM verwendete Ein-Mikrofon-Position, um Vergleiche zu älteren Messungen zu ermöglichen.

Mikrofon 2 ist gegenüber Mikrofon 1 45° in Richtung Hals gedreht; Abstand 1 m zu Schalllochmitte.

Mikrofon 3 ist gegenüber Mikrofon 1 je 45° nach links in Richtung Hals und nach oben (in Richtung E-Saite) gedreht; Abstand 1 m zu Schalllochmitte.

Die Mitte des Schalllochs befindet im Mittelpunkt der Mikrofonkugel. Durch die 45°-Anordnung der elf Mikrofone kann die Gitarre sowohl stehend als auch liegend gemessen werden. Für beides sind Haltevorrichtungen denkbar. „Liegend“ entspricht auch der in-situ-Messung.

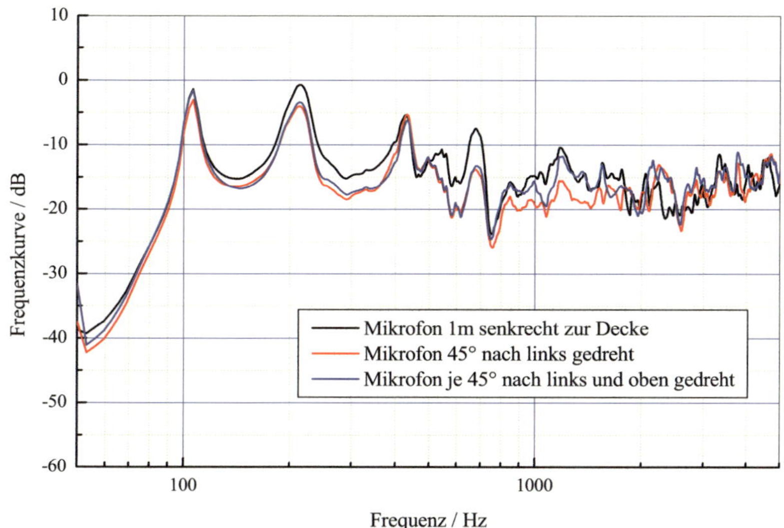

Abbildung 6: Mittlere Frequenzkurven für 120 Gitarren der gleichen Baureihe

Abbildung 6 und Abbildung 7 zeigen die mittleren Frequenzkurven für die drei Mikrofonorte sowie die Mittelung über die drei Mikrofone für 120 Gitarren der gleichen Baureihe. Gemittelt wurden die Beträge der entlogarithmierten Frequenzkurve. Man erkennt, dass die angenommene Hauptabstrahlrichtung (senkrecht zur Decke, Mikrofon 1) im Bereich 120 Hz ... 2 kHz dominiert, dies aber oberhalb 2 kHz nicht mehr der Fall ist. Eher fällt die Hauptrichtung gegenüber den anderen beiden Abstrahlrichtungen etwas ab. Ein deutlicher Abfall existiert zwischen 2 kHz und 3 kHz. Interessant ist, dass sich beim dritten Peak (3. Deckenresonanz) alle drei Kurven treffen.

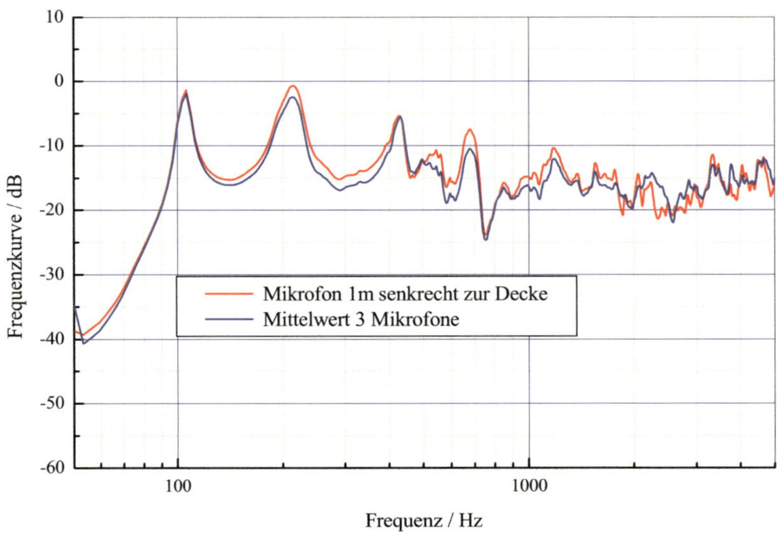

Abbildung 7: Mittlere Frequenzkurven für 120 Gitarren der gleichen Baureihe

Bemerkungen: Es gibt Gitarren, deren Schallloch sich am Deckenrand oder in der Zarge befindet. In diesen Fällen ist der Aufpunkt der Ort im Bereich des Oberbuges, an dem sich im Allgemeinen das Schallloch befindet.
Für die meisten beschriebenen Untersuchungen wurde die eingeführte Drei-Mikrofon-Variante eingesetzt. Für einen Teil der Messungen zu Beginn der Arbeiten nutzten wir nur Mikrofon 1. Dies ist in den Erläuterungen jeweils vermerkt.

4.3.3.4 Saitenabdämpfung

Eine weitere Frage bei Gestaltung des Messregimes besteht darin, ob es notwendig und sinnvoll ist, die Saiten bei der Messung abzudämpfen. Für die Messungen werden die Instrumente am Hauptangriffspunkt der Saitenkräfte, dem Steg, mittels Shaker oder Impulshammer erregt. Diese Erregerkräfte ersetzen in definierter Weise die im Spielfall von den schwingenden Saiten eingetragenen Kräfte. Die Saiten müssen also gedämpft werden, da sonst während der Messung Energie in Saitenschwingungen abfließen kann und dadurch die Ergebnisse verfälscht werden. Vergleicht man Frequenzkurven und Eingangsadmittanzverläufe, gemessen bei frei schwingenden bzw. gedämpften Saiten, so ergeben sich deutliche Unterschiede insbesondere in den Frequenzbereichen, in denen Saitenresonanzen und Korpusresonanzen nahe beieinander liegen. Der vielleicht nahe liegende Gedanke, die Saiten vollständig zu entfernen, stellt keine Alternative dar, da die im Normalfall vorhandene Zugspannung der Saiten auf die Decke entfallen würde.

4.3.3.5 Anregungskraft bei Impulsanregung

Die seit Jahren gebräuchlichste Anregung bei der Strukturanalyse ist der Kraftimpuls, also die Hammeranregung. Durch den Hammer wird für eine sehr kurze Zeitdauer T Energie auf das System, in unserem Falle auf die Gitarre, übertragen. Ein idealer Impuls ist unendlich kurz und von unendlicher Stärke. Er weist ein kontinuierliches Spektrum auf. Reale Impulse besitzen eine endliche Kontaktzeit T und keine unendliche Stärke. Somit fällt ihr Spektrum zu hohen Frequenzen hin ab.

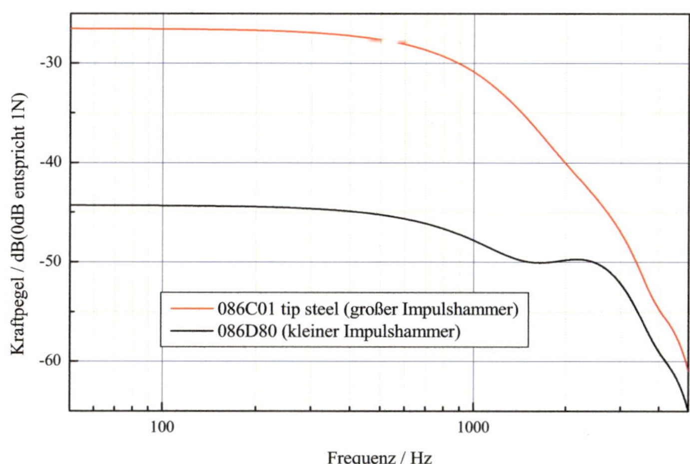

Abbildung 8: In eine Gitarre eingetragenes Kraftspektrum unter Verwendung zweier verschiedener Impulshammer

Wir verwenden für unsere Untersuchungen Impulshämmer der Firma PCB 086C01 und 086D80 sowie deren beide Vorgängertypen. Der PCB 086D80 ist ein Miniaturimpulshammer. Der PCB 086C01 verfügt über eine wechselbare Schlagfläche und es werden „Tips" verschiedener Härte angeboten. Da wir Messungen bis 5kHz anstrebten, kommt nur der „steel-Tip" in Frage. Abbildung 8 zeigt die in den Steg eingetragene Kraft der beiden Impulshämmer im Vergleich. In Hinweisen und Veröffentlichungen zur Impulsmethodik wird empfohlen, maximal bis zu einer Frequenz zu messen, bei der der Kraftpegel um 20 dB abgefallen ist. In unserem Falle käme also nur der Miniaturhammer in Betracht. Der größere Hammer weist einen Kraftabfall bei 5 kHz um 35 dB auf.
Die Nutzung des kleinen Hammers zeigte aber ein großes Problem: Bei manuellem Anschlag, der angestrebt wurde, trifft man nur sehr schwer den Stegeinschub der Gitarre. Wir nahmen deshalb die Unsicherheit des großen Hammers bei Frequenzen oberhalb 4 kHz in Kauf. Die Beobachtung der Kohärenz während jeder Messung bewies, dass bei entsprechender Sorgfalt und Übung Messungen bis 5 kHz ohne weiteres möglich sind (siehe Abschnitt 4.3.5).

4.3.3.6 „Einspannung" des Messobjektes Gitarre

Bei allen bisherigen Untersuchungen war die Gitarre in geeignete Stative eingespannt, die das Instrument bei einer definierten Halsposition und im Bereich des Endknopfes fixierten. Aus Beobachtungen von Gitarrenspielern motivierte Untersuchungen zeigten, dass die Haltung der

Gitarre durch den Spieler erheblichen Einfluss auf das Übertragungsverhalten und damit auf die Frequenzkurve ausüben kann (ZIEGENHALS 2001). In Abbildung 9 werden die Verläufe der Frequenzkurve für verschieden Spielhaltungen, die während der Messungen simuliert wurden, gegenübergestellt.

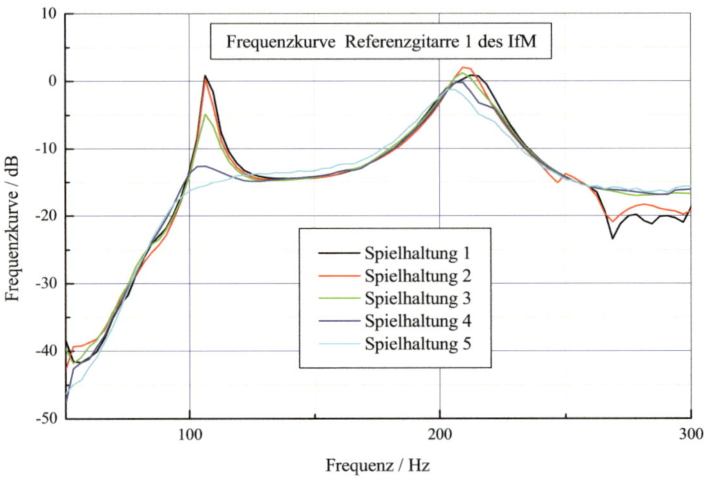

Abbildung 9: Abhängigkeit der Frequenzkurve von der Spielhaltung

Bemühungen, eine spielergerechte Halterung für die Messung an Gitarren zu schaffen, führten zunächst nicht zum gewünschten Erfolg. Es entstand der Gedanke, die Messungen durch den Operator in Spielhaltung „in situ" vornehmen zu lassen. Damit wären die realen Bedingungen während der Messung geschaffen, aber natürlich andererseits der Einfluss „Spieler", der ja eigentlich durch diese Messung ausgeschlossen werden soll, wieder dabei. Dieser Einfluss lässt sich aber minimieren. Moderne Analysatoren gestatten während der Messung die Kohärenz, also die Übereinstimmung aufeinander folgender Messungen zu verfolgen. Bewegt sich der Operator bei der Messung signifikant, schlägt sich das in der Kohärenz nieder. Die Hauptfehlerquellen liegen in der Haltung des Instrumentes am Körper und der Positionierung zu Beginn der Messung im Raum. Letzteres kann man durch geeignete Markierungen eingrenzen. Die Körperhaltung zum Instrument bleibt eine Unsicherheit, aber eine, die der Realität entspricht. Die Methodik vermeidet, dass man reinen Laborphänomenen nachspürt, die praktisch keine Bedeutung haben.

Abbildung 10: Messung in "Spielhaltung"

Die Verwendung eines Impulshammers in Verbindung mit der Messung in „Spielhaltung" stellt natürlich auch eine sehr zeitsparende, einfache Lösung der Frequenzkurvenmessung dar.

4.3.4 Aufnahme der Frequenzkurve unter Verwendung eines Kunstkopfes

Die Aufnahmen für die Hörtests erfolgen im IfM und vielen anderen Einrichtungen über einen Kunstkopf. In unserem Falle befindet sich der Kunstkopf in 2 m Abstand zum Spieler. Als Aufnahmeraum dient, wie bei den Frequenzkurvenmessungen, der reflexionsarme Raum des IfM. Die Hörtests bilden neben den Spieltests die Grundlage für die Korrelation der objektiven Merkmale (gewonnen aus der Frequenzkurve) und den subjektiven Empfindungen. Es lag also der Gedanke nahe, die Frequenzkurvenmessungen nicht wie bisher üblich über ein Messmikrofon, sondern über einen Kunstkopf analog zur Realisierung der Bandaufzeichnungssituation vorzunehmen. Die Verwendung des Kunstkopfes bedeutet auch die Messung mit zwei ca. 15 cm auseinander liegenden Mikrofonen. Damit können, bei entsprechender Verarbeitung der gemessenen Kurven, Fehler infolge der Abstrahlungscharakteristik im oberen Frequenzbereich vermieden bzw. vermindert werden. Für 51 Gitarren erfolgte die Aufnahme der Frequenzkurve sowohl mittels eines Messmikrofons als auch über Kunstkopf. Die Kunstkopffrequenzkurven wurden wie folgt ausgewertet:

- getrennte Betrachtung links, rechts
- mittlere Frequenzkurve (Betragsmittelung)
- maximale Frequenzkurve (Maximum pro Frequenzstützstelle)
- minimale Frequenzkurve (analog).

Für die betrachteten Merkmale ergaben sich vergleichbare Werte unter Beachtung des 6dB-Abfalls wegen der doppelten Entfernung. Die Korrelationen zu den Fragebogen gestützten Bewertungen fiel für die Messmikrofonvariante etwas höher aus. Es ergab sich also kein Erkenntniszuwachs gegenüber der traditionellen Variante. Wir verfolgten diese Idee deshalb nicht weiter.

4.3.5 Verwendete Methodik zur Aufnahme der Frequenzkurve Gitarre

Im Ergebnis der beschriebenen Arbeiten wurde letztlich folgendes Messregime zur Aufnahme der Frequenzkurve Gitarre ausgewählt:

Messraum: reflexionsarmer Raum des IfM (125 m^3, f_u = 125 Hz)

Einspannung: Instrument manuell in Spielhaltung gehalten, Saiten manuell bedämpft

Anregung: manueller Anschlag mit Impulshammer PCB 086 C 01, steel-Tip, mit tuning-mass (Zubehörteile des Impulshammers), Anschlagort Mitte Stegeinschub, Anschlag senkrecht zur Decke

Mikrofone: Verwendung von drei ½'' Elektret-Messmikrofonen MK 250 / MV 210
Mikrofon 1 befindet sich in 1 m Abstand senkrecht zur Decke
Mikrofon 2 gegenüber Mikrofon 1 je 45° nach links in Richtung Hals und nach oben gedreht
Mikrofon 3 gegenüber Mikrofon 1 nur 45° in Richtung Hals gedreht

Messung: Mittelung über 10 Anschläge unter Beobachtung der Kohärenz

Kalibrierung: erfolgt absolut in Pa/N, Ausgabe der Werte linear oder in dB mit 0 dB entsprechen 1 Pa/N

Messbereich: 0 ... 5000 Hz (Dargestellt wird der Bereich 50..5000 Hz.)

Auflösung: 1600 Linien, d. h. Frequenzauflösung 3,125 Hz.

Gemessen wurde in der Regel mit einem 4-Kanal-Analysator CF6400 der Fa. ONO SOKKI GmbH.

Die Entscheidung, letztlich in Spielhaltung und mit manueller Impulshammeranregung zu messen, wurde nicht zuletzt durch die Untersuchungen von FLEISCHER (1997) beeinflusst, der bei Messungen an Gitarren, diese in Spielhaltung gefasst, gegen einen Shaker drückte und dabei gute, reproduzierbare Ergebnisse erzielte.
Das typische Kraftspektrum des Impulshammereinschlags wurde bereits in Abbildung 8 dargestellt. Abbildung 11 zeigt nun die Zeitsignale von Kraftimpuls und Klopfton, der vom Instrument als Reaktion auf die Impulserregung abgestrahlt wird.

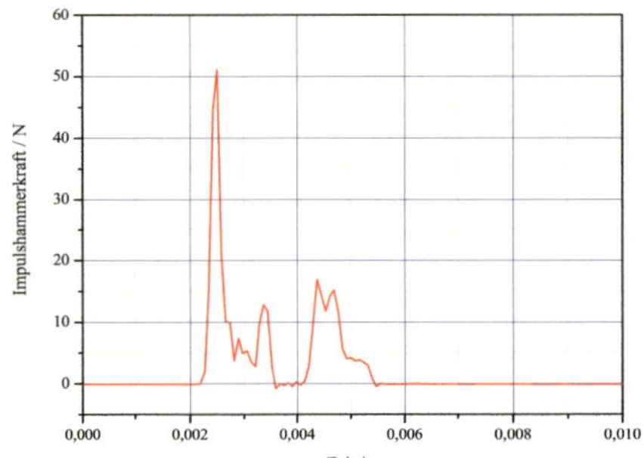

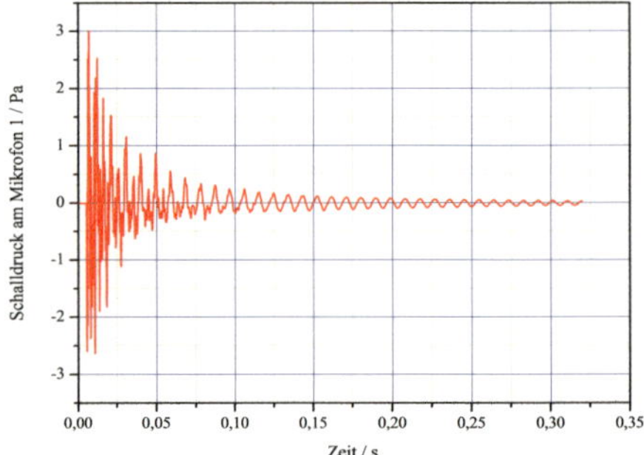

Abbildung 11: Zeitverlauf von Kraftimpuls (links) und entstehendem Klopfton (rechts)

Der Eingangsimpuls ist alles andere als ideal, aber nicht wesentlich besser erreichbar. Die verfügbaren Analysesysteme erlauben nun ein so genanntes „force-Fenster" zu setzen. Dabei handelt es sich um ein Rechteckfenster, dass knapp um den Impuls gesetzt wird, um Störungen zu unterdrücken. Setzt man im vorliegenden Fall das Fenster dicht um den starken ersten Impuls, erhält man ein deutlich weniger abfallendes Kraftspektrum als in Abbildung 8 dargestellt. Da jedoch der real wirkende Impuls deutlich weniger hohe Frequenzanteile enthält, fällt die Übertragungsfunktion fälschlicherweise zu hohen Frequenzen hin stark ab. Das force-Fenster muss also den gesamten Impuls beinhalten. Der Impulsverlauf in Abbildung 11 deutet ein Prellen des Anschlages an. Weiche Anschlagflächen des Hammers (Tips) bzw. nachgiebige, angeschlagene Objekte begünstigen das Prellen bzw. das Auftreten von Doppelschlägen. Die verfügbare Messtechnik bietet zum Abfangen von Doppelschlägen die so genannte „double hammering"-Funktion. Je nach eingestellter relativer Maximalhöhe des zweiten Impulses wird die Messung automatisch verworfen. Es gibt aber immer wieder Gitarren, die keine prellfreien Anschläge zulassen. Hier müssen dann Verfälschungen durch Doppelschläge in Kauf genommen werden.
Ebenfalls in Abbildung 11 ist die Klopfantwort einer Gitarre dargestellt. Mit den gewählten Messparametern (Messung bis 5 kHz, Auflösung 1600 Linien) und einer im Messgerät fest eingestellten Abtastrate von 2,56 (d. h. 5 kHz Messfrequenz bedeuten 12,8 kHz Abtastfrequenz und 1600 Linien Auflösung resultieren aus 4096 Abtastpunkten) ergibt sich eine Messfensterlänge von 0,32 s. In dieser Zeit ist der Klopfton hinreichend abgeklungen. Da wir auch keine Störungen feststellen konnten, verzichteten wir auf die Verwendung eines Exponentialfensters in den Antwortkanälen.

Zur Beobachtung der Brauchbarkeit von Übertragungskurven verwendet man in der Systemanalyse typisch die Kohärenzfunktion. Die Kohärenzfunktion ist definiert als Quotient aus dem Betragsquadrat der Kreuzleistungsdichte von Eingangs- und Ausgangssignal und dem Produkt der Leistungsdichten von Eingangs- und Ausgangssignal. Sie ist ein Maß für den Zusammenhang zwischen Eingangs- und Ausgangssignal. Sinnvoll ist die Größe jedoch nur, wenn die einzelnen Leistungsdichten über mehrere Messungen gemittelt werden. Im Idealfall ist die Kohärenz über den gesamten Frequenzbereich = 1. Wird das Ausgangssignal zu schwach, so dass durch Rauschen zufällige Signalanteile hinzukommen, fällt sie ab. Ebenso wird die Kohärenz z. B. dadurch geringer, dass das Eingangssignal von Messung zu Messung seinen Zusammenhang zum Ausgang verliert, weil der Hammer verkantet wird und so der vom Kraftaufnehmer abgegebene Wert nicht mehr wirklich der eingetragenen Kraftkomponente entspricht, oder man das Instrument bewegt, so dass sich die Abstrahlungscharakteristik in Bezug auf die festen Mikrofonpositionen ändert. Abbildung 12 zeigt zwei typische Kohärenzverläufe bei Gitarrenmessungen. Die blaue Kurve entstammt einer weniger gelungenen Messung. Im Bereich 4,7 kHz ... 5 kHz zeigt sich ein breiter Einbruch. Die rote Kurve entstammt einer anderen Messung am gleichen Instrument. Die typischen schmalen Einbrüche in der Kohärenzfunktion beruhen, setzt man die Messung als gelungen voraus, auf folgenden Sachverhalten:

- Die für den Frequenzbereich zuständige Mode hat am Erregungspunkt (also am Steg) einen Knotenbereich und kann deshalb nur schlecht angeregt werden.
- Das Instrument strahlt diesen Bereich in Richtung des jeweiligen Mikrofons (hier Mikrofon 1) schlecht ab.
- Das Instrument überträgt diesen Bereich generell schlecht.

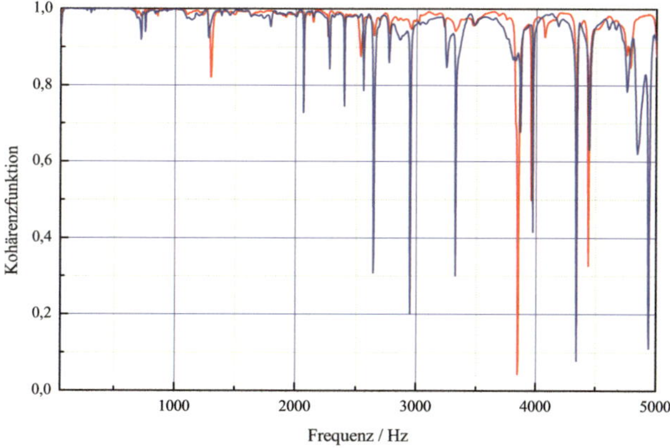

Abbildung 12: Beispiele für typische Kohärenzkurven für Mikrofon 1 bei Gitarrenmessungen

Durch die Verwendung von drei Mikrofonen und Mittelung der Frequenzkurve kann das zweite Phänomen ausgeschaltet werden. Dies ist für die Beurteilung sinnvoll, da ja die Abstrahlung im Raum und seine Reflexionen für den Zuhörer diesen Effekt ebenfalls weitestgehend aufheben. Abbildung 13 veranschaulicht dies. Schmale Einbrüche der Kohärenzfunktion sind also durch das Messobjekt bedingt und durchaus normal. Breite Einbrüche weisen auf Fehler in der Messung und die Notwendigkeit einer Wiederholung hin. Als häufigste Ursache treten Fehlschläge im wahrsten Sinne des Wortes auf.

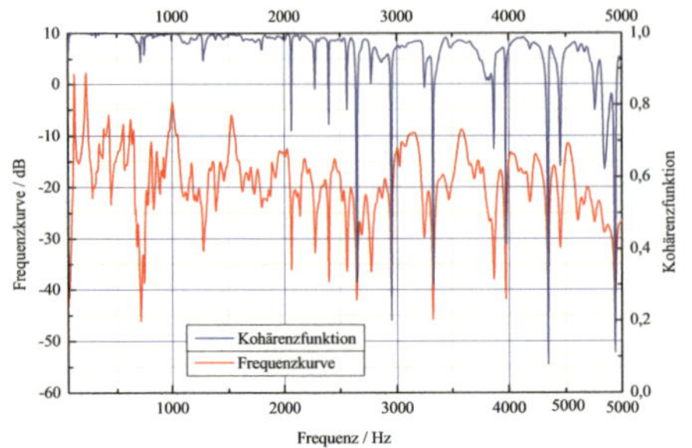

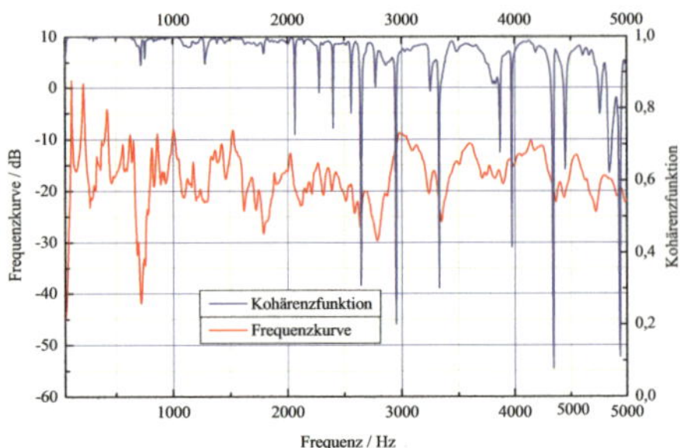

Abbildung 13: Kohärenz- und Frequenzkurve einer Gitarrenmessung, links nur Mikrofon 1, rechts mittlere Frequenzkurve über alle drei Mikrofonpositionen

Weiterverarbeitet wird die aus den drei Frequenzkurven (eine für jedes Mikrofon) berechnete mittlere Frequenzkurve. Die Mittelung erfolgt über den Betrag der entlogarithmierten Frequenzkurve. Die drei Mikrofonpositionen gehen gleichwertig in die Berechnung ein.

4.3.6 Test auf Nichtlinearitäten

Die Anwendung der Übertragungskurven setzt lineare Systeme voraus. In einem einfachen Test wurde die Abhängigkeit der Frequenzkurve von der Erregerkraft untersucht. Hierzu nahmen wir Messungen mit drei mittleren Anschlagkräften vor (Summenwert des Anschlagspektrums):

- leichter Anschlag: Gesamtkraft ≈ 250 mN
- mittlerer Anschlag: Gesamtkraft ≈ 750 mN
- starker Anschlag: Gesamtkraft ≈ 2,2 N.

Die Anschläge konnten im Mittel über 10 Anschläge recht gut reproduziert werden. Wie man sieht, wächst die Kraft in beiden Schritten um rund 10 dB. Die Messergebnisse zeigen, dass das Übertragungsverhalten im unteren Frequenzbereich bis ca. 1 kHz unabhängig von der Erregerkraft ist. Bei einem Instrument zeigten sich erste Erscheinungen eines Anwachsens der Frequenzkurven mit der Kraft ab 1 kHz, bei den anderen Instrumenten ab 2 kHz. Der Anstieg zwischen leichtem und starkem Anschlag beträgt durchschnittlich 2 dB im Bereich 2...5 kHz. Ein Vergleich der Kohärenzkurven ergab, dass die Ursache offensichtlich im zu geringen Krafteintrag im oberen Frequenzbereich bei leichten Anschlägen und daraus resultierende Messunsicherheiten liegt und nicht in Nichtlinearitäten. Ein Auftreten zusätzlicher Komponenten bei starker Erregerkraft konnte nicht festgestellt werden. Die üblicherweise bei allen Messungen gewählten mittleren Anschlagstärken erscheinen für die Messungen günstig. Evtl. nichtlineare Effekte sind, wenn überhaupt vorhanden, dann sehr schwach ausgeprägt.

4.3.7 Allgemeine Aussagen der Frequenzkurven von Gitarren

Zunächst wollen wir anhand eines Beispiels prüfen, inwieweit die grundsätzlichen Überlegungen zur Frequenzkurve tatsächlich zutreffen. Abbildung 14 zeigt die Frequenzkurve einer Gitarre, den (A,F)-bewerteten maximalen Schalldruckpegel $L(A,F)_{max,i}$ sowie die Klangdauer T_i

der auf diesem Instrument gespielten Töne i im Frequenzbereich der Grundtöne. Unter Klangdauer verstehen wir hier die Verweilzeit des Signals oberhalb eines gewählten Referenzpegels. $L(A,F)_{max,i}$ und T_i sind entsprechend der Grundtonfrequenz der gespielten Töne i aufgetragen. Man erkennt, dass der Verlauf von $L(A,F)_{max,i}$ der Frequenzkurve folgt. Die Klangdauer verhält sich im unteren Frequenzbereich wie erwartet. Die Klangdauer ist bei schwacher Abstrahlung (niedrige Werte der Frequenzkurve und $L(A,F)_{max,i}$) hoch, da die Energie vom Instrument langsamer abgegeben wird und entsprechend niedrig bei hohen Werten der Frequenzkurve und $L(A,F)_{max,i}$. Zu höheren Frequenzen bzw. Tönen ist dieser Effekt nicht mehr sichtbar. Die Klangdauer nimmt eher stetig ab. Diese Beobachtung ist zum einen auf das manuelle Spiel zurückzuführen. Je höher der gespielte Ton, desto schwieriger wird ein sauberes Greifen im Sinne lang anhaltender Töne. Diese Erklärung wird nicht zuletzt durch die Tatsache gestützt, dass die Maxima der Klangdauer oberhalb 200 Hz jeweils auf das Spiel der Leersaiten h und e^1 fallen. Zum Anderen wächst mit steigender Frequenz die innere Dämpfung im Material. Dadurch verschwindet die Dominanz der Strahlungsdämpfung, die im unteren Frequenzbereich das gegenläufige Verhalten von $L(A,F)_{max,i}$ und T_i bestimmt. Dieser einfache Test bestätigt grundsätzlich die Sinnfälligkeit der Messung einer Frequenzkurve.

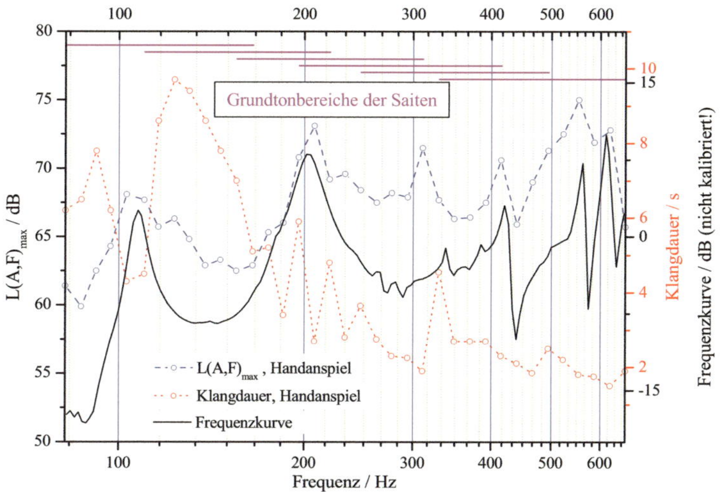

Abbildung 14: Frequenzkurve sowie max. Schalldruckpegel und Klangdauer der chromatischen Tonfolge einer Konzertgitarre

Um den grundsätzlichen Verlauf einer Gitarren-Frequenzkurve zu diskutieren, betrachten wir in Abbildung 15 die mittlere Frequenzkurve über 22 sehr unterschiedlich eingeschätzte Instrumente. Diese mittlere Kurve zeigt eine sehr schöne Formantstruktur, also den Wechsel von ausgeprägten und weniger ausgeprägten Bereichen. Dieses Abstrahlungsverhalten über der Frequenz prägt den typischen Klang einer Gitarre. Man erkennt, dass die ersten drei Peaks der Frequenzkurve sehr glatt verlaufen. Das bedeutet, dass die Peaks in den Kurven der einzelnen Instrumente sich nur wenig hinsichtlich der Frequenz unterscheiden, sehr wohl aber im Pegel variieren können. Oberhalb 500 Hz zeigen die Instrumente deutliche Unterschiede sowohl in der Frequenz als auch im Pegel der Resonanzen. In den Bereich der ersten zerklüfteten Resonanz (500 Hz ... 700 Hz) fallen die Töne c^2 ... f^2, die von vielen Gitarrenbauern als für die Bewertung der Instrumente sehr wichtige Töne angesehen werden. Der Grundtonbereich der Gitarren endet mit h^2 (988 Hz), so dass alle weiteren Peaks nur noch für die Abstrahlung von Obertönen, also rein für den Klangcharakter verantwortlich sind. Ihre Differenziertheit deutet auf die erwarteten Klangunterschiede der Instrumente hin.

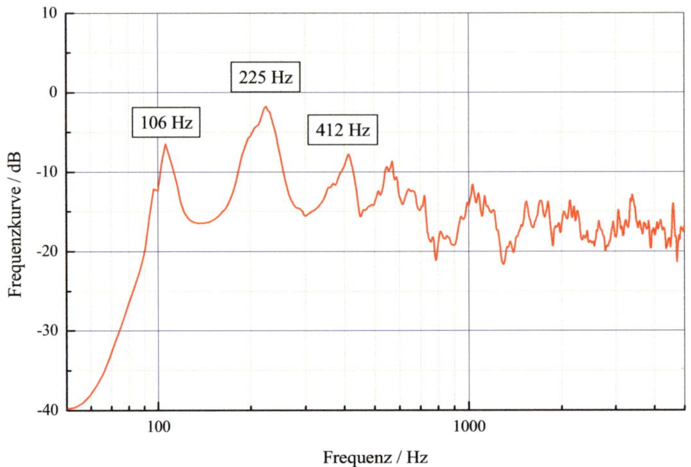

Abbildung 15: Mittlere Frequenzkurve über 22 Gitarren

Es ist nun interessant zu erfassen, welche System-Eigenzustände für die deutlichen Peaks der Frequenzkurve verantwortlich sind. Dazu muss eine Modalanalyse vorgenommen werden. Diese ermittelt messtechnisch gestützt oder per reinem Rechenmodell Frequenz, Dämpfung und Schwingungsform der Eigenzustände (Moden) des betrachteten Systems. Wir verwendeten für entsprechende Untersuchungen das System STAR® in der Version 5.23. Für die Analyse muss dem Messobjekt ein Gitternetzmodell aufgeprägt werden, das als Punktdatei (mit jeweils x-, y-, z-Koordinaten) in das Computermodell einzugeben ist. Gemessen werden die Übertragungskurven (Geschwindigkeit/Kraft) zwischen allen Gitterpunkten. Mittels dem, der Analyse zu Grunde liegenden mathematischen Modell werden anhand dieser Übertragungskurven die modalen Parameter berechnet. Aus Symmetriegründen genügt es, die Übertragungskurven aller Punkte zu einem gewähltem Aufpunkt zu messen. Dieser kann ein fixer Aufnahme- oder Erregungspunkt sein. Da das Verschieben des Schwingungsaufnehmers wegen der immer wiederkehrenden Befestigung stets eine Fehlerquelle darstellt, arbeiten wir praktisch immer mit festem Aufnahmepunkt und lassen die Erregung (Impulshammer) wandern. Im Falle von Laborinstrumenten kann man das entsprechende Gitternetzmodell zur Kennzeichnung der Erregungspunkte auf das Instrument zeichnen. Bei „Leihgaben" projizieren wir das Modell auf das Instrument.

Der erste Peak der Frequenzkurve resultiert aus der so genannten Helmholtzresonanz, einer Kombination von Decken-, Boden- und Hohlraumschwingung der im Korpus eingeschlossenen Luft. Die Bezeichnung Helmholtzresonanz geht auf entsprechende Untersuchungen von Helmholtz an Geigen zurück. Der zweite Peak (ca. 200 Hz) basiert auf der ersten Deckenmode. Die Modenformen dieser beiden Zustände sehen praktisch bei allen Gitarren gleich aus. Die Mode um 100 Hz ist eine typische „Pumpmode", bei der sich Boden und Decke jeweils als Ganzes bewegen. Die beiden Schwingungsformen sind beispielhaft in Abbildung 16 dargestellt. Sie zeigt das Ergebnis einer Modalanalyse an einer Gitarre. Man muss an dieser Stelle darauf hinweisen, dass Begriffe wie Deckenmode oder auch Bodenmode immer den hauptsächlich schwingenden Teil des Instrumentes kennzeichnen. Wirkliche reine Deckenmoden, bei denen alle anderen Bauteile sich in Ruhe befinden, konnten wir in keinem Falle messtechnisch nachweisen.

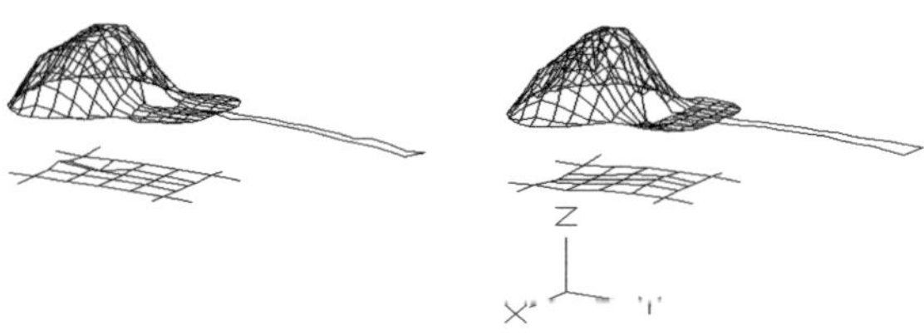

Abbildung 16: Typische Helmholtzmode und 1. Deckenmode einer Gitarre

Die zweite Deckenmode fällt in den bei Gitarren typisch abfallenden Bereich der Frequenzkurve um 300 Hz. Auch sie weist eine für alle Gitarren typische Schwingungsform auf. Sie ist extrem antisymmetrisch, so dass nur wenig Schall abgestrahlt wird (Abbildung 17). Diese drei Moden der Gitarre beeinflussen also offenbar die Unterschiede in der Schallabstrahlung der Gitarre nur wenig, da sie sich für verschiedene Instrumente der klassischen spanischen Bauform stark ähneln. Der wesentliche Einfluss besteht in der unterschiedlichen Resonanzfrequenz der Moden, wodurch sie die im Bereich der drei Resonanzen sehr ähnlich verlaufenden Frequenzkurven in Bezug auf die Frequenzachse gegeneinander verschieben (siehe hierzu Abbildung 19)

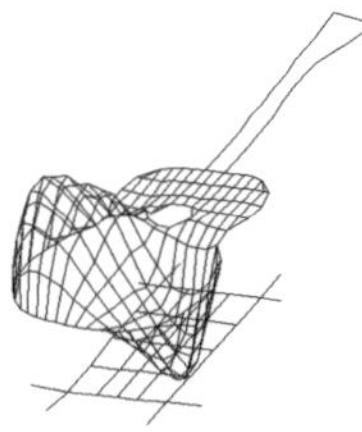

Abbildung 17: Typische 2. Deckenmode einer Gitarre

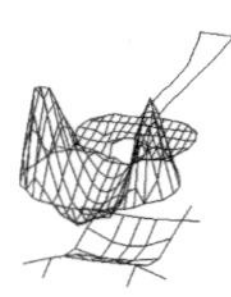

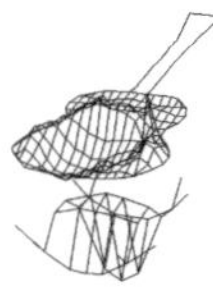

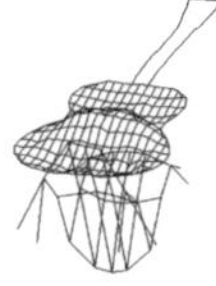

Abbildung 18: Vergleich der Schwingungsformen der Resonanzen um 400 Hz für die Gitarren Ref2, Mod2 und Mod3 aus dem Bestand des IfM

Wie sieht das nun für den Frequenzkurvenpeak um 400 Hz aus? Modalanalysen zeigen, dass die Moden der Instrumente in diesem Bereich nunmehr sehr unterschiedlich ausfallen (Abbildung 18). Abbildung 19 zeigt für die drei Gitarren aus Abbildung 18 die Frequenzkurven im Bereich bis 1000 Hz. Man erkennt, dass sie im Bereich der ersten beiden Gitarrenresonanzen sehr ähnlich verlaufen, im Bereich der Resonanz um 400 Hz jedoch deutliche Unterschiede zeigen. Hier beginnt also die individuelle Bauart deutlicher zu wirken.

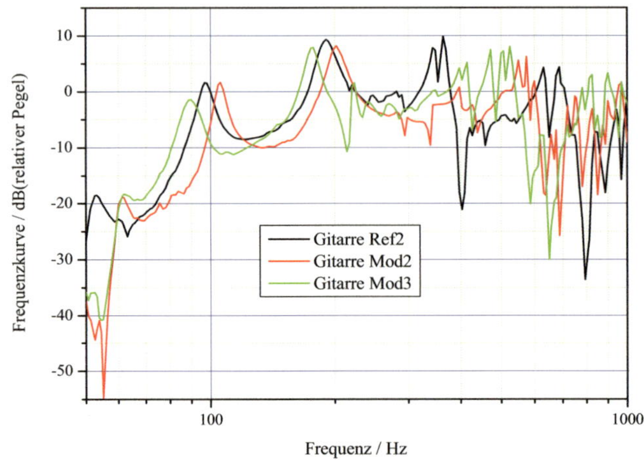

Abbildung 19: Frequenzkurvenvergleich dreier Gitarren (Frequenzbereich 50 ... 1000 Hz)

4.3.8 Frequenzkurve oder Eingangsadmittanz

Die Aufnahme der Frequenzkurve erfordert einen reflexionsarmen Raum und mehrere hochwertige Messmikrofone. Für die Anwendung unter Praxisbedingungen, insbesondere in Firmen des Musikinstrumentenbaus, ist diese Methodik also nicht geeignet. Bereits in Abschnitt 2.1 wurde auf die Messung der Eingangsadmittanz zur Beurteilung von Streichinstrumenten hingewiesen (JANSSON (1981)). Die Eingangsadmittanz ist der Kehrwert der Impedanz. Sie ist eine komplexe Größe und beschreibt die Nachgiebigkeit des untersuchten Objektes am Messpunkt. Sie wird als Quotient von auftretender Schwinggeschwindigkeit und Erregerkraft am Messpunkt gebildet. Die Nachgiebigkeit ist Voraussetzung, um Leistung (in vorliegenden Falle von den Saiten) aufnehmen zu können. Ist die im Instrument in Reibung umgesetzte Leistung vernachlässigbar, so geht alle eingespeiste Leistung in die Schallabstrahlung. Die Admittanz kann also näherungsweise zur Beschreibung der Übertragung innerhalb des Instrumentes und der Schallabstrahlung wie die Frequenzkurve verwendet werden. Unsicherheiten entstehen durch Verluste, die nicht auf die Schallabstrahlung zurückgehen.

Abbildung 20 zeigt die Verläufe von Frequenzkurve und Eingangsadmittanz im Vergleich. Für die Admittanz ist der Pegel des Betrags dargestellt. Die Frequenzkurve ist zweimal eingetragen: einmal für Erregung mittels Shaker und Gleitsinussignal und einmal für Impulsanregung. Es ist anzumerken, dass die Shakermessung im März 1999, die Messung mittels Impulshammer im August 2008 erfolgte!

Wie bereits erläutert, liefert die Shakeranregung in der Frequenzkurve stärker ausgeprägte Resonanzen. Der Admittanzverlauf folgt in der Tendenz im Wesentlichen der Frequenzkurve. Es ist sicherlich möglich, auch aus der Admittanz Merkmale zur Beschreibung der Eigenschaften bzw. zur Bewertung des Instrumentes abzuleiten.

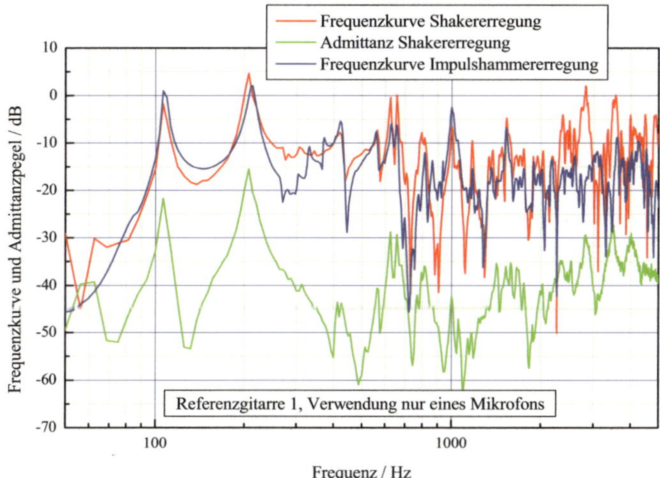

Abbildung 20: Vergleich von Frequenzkurve und Admittanzverlauf für eine Gitarre

Im Rahmen der hier beschriebenen Arbeiten wurde die Admittanz letztlich nicht betrachtet weil:

- ein reflexionsarmer Raum verfügbar ist,
- die erwähnten Unsicherheiten nicht in Kauf genommen werden sollten,
- die Messung mit verfügbaren Mitteln nur in Zusammenhang mit Shakererregung und der damit verbundenen hohen Messzeit möglich war.

Zweifellos ist aber die Admittanzmessung in Hinblick auf Anwendungen im Musikinstrumentenbau (Werkstattlösung) überaus sinnvoll. Z. B. das Violinenmesssystem „VIAS" des Instituts für Wiener Klangstil basiert unter anderem auf der Eingangsadmittanzmessung und wird für Instrumentenmacher (u. a. Anwender) angeboten.

4.4 Gewinnung von Merkmalen aus der Frequenzkurve

4.4.1 Kreieren von Merkmalen

Merkmal	Merkmal soll beschreiben
Mittelwert über Bereich 50 ... 200 Hz	Übertragung im Bassbereich
Mittelwert über Bereich 200 ... 800 Hz	Übertragung im Diskantbereich
Mittelwert über Bereich 800 ... 3200 Hz	Übertragung im Klangbereich
Mittelwert über Bereich 50 ... 3200 Hz*	Gesamtübertragung

Tabelle 2: Frequenzkurvenmerkmale Gitarre nach KRÜGER

* Diese Merkmal wird von KRÜGER nicht explizit angegeben. Im Text fordert er jedoch das Anstreben einer möglichst hohen Gesamtübertragung.

Angaben zu Merkmalen einer Gitarrenfrequenzkurve findet man in der Literatur wenig. KRÜGER (1976 und 1982) verwendet die Pegelmittelwerte über vier Bereiche der Frequenz-

kurve (Tabelle 2). Einen Test bzgl. der Korrelation dieser Merkmale mit Aussagen von Musikern und/oder Hörern führt er nicht an.
MEYER (1985) formuliert 20 Merkmale zur Bewertung der Frequenzkurve. Er testet diese anhand einer Stichprobe von 15 Gitarren, die auch Fragebogen gestützten Tests mit Musikern unterzogen werden. Tabelle 3 fasst die Merkmale nach Meyer zusammen, für die er Korrelationskoeffizienten angibt, die auf einen Zusammenhang der Merkmale mit Aussagen der Testpersonen schließen lassen.

Merkmal	Korrelationskoeffizient
Spitzenpegel der 3. Resonanz	0,73
Resonanzüberhöhung der 3. Resonanz	0,69
Halbwertsbreite der 3. Resonanz	-0,64
Pegelmittelwert der Terzen 80 ... 125 Hz	0,59
Pegelmittelwert der Terzen 250 ... 400 Hz	0,58
Pegelmittelwert der Terzen 315 ... 500 Hz	0,57
Resonanzüberhöhung zwischen 1. und 2. Resonanz	0,55
Pegelmittelwert der Terzen 80 ... 1000 Hz	0,49

Tabelle 3: Ausgewählte Frequenzkurvenmerkmale nach MEYER

Frequenz/Hz	Formant	Hauptklangattribut	Wirkung hoher Pegel
100 ... 400	u-Filter	Volumen	gut
400 ... 600	$ä_T$-Filter	-	schlecht
600 ... 800	o-Filter	Klarheit	gut
800 ... 1200	a-Filter	Klarheit	gut
1200 ... 2000	ä-Filter	-	schlecht
2000 ... 2800	e-Filter	Helligkeit	gut
2800 ... 4000	i-Filter	Helligkeit	gut
4000 ... 10000	s-Filter	Schärfe	schlecht im Baß

Tabelle 4: Klangmerkmale nach BLUTNER

Obwohl er keine auf die Frequenzkurve bezogene Merkmale angibt, sondern sie für die Analyse von Klängen verwendet (Klopftöne, Einzeltonanspiele) ist die BLUTNER'sche Vorgehensweise von für die Findung solcher Merkmale durchaus interessant. Im Gegensatz zu KRÜGER und MEYER geht BLUTNER (1986) zunächst nicht vom Instrument Gitarre, sondern von der allgemeinen Wahrnehmung musikalischer Klänge aus. Im Ergebnis vieler psychoakustischer Tests mit verschiedenen Instrumenten stellt er fest, dass Frequenzbänder, die im Wesentlichen den Vokalformanten entsprechen, für die musikalische Wahrnehmung wesentlich sind. Diese Vorgehensweise geht offensichtlich auf LOTTERMOSER (1957) zurück, der die Vokal-Formantbereiche zur Bewertung an Geigen heranzog. BLUTNER modifizierte die Bänder und füllte insbesondere die "Bewertungslücke" im Bereich 600 Hz ... 800 Hz. BLUTNER (1981) gibt zunächst relevante Frequenzbereiche entsprechend Tabelle 4 an. Später lässt er den o-Filter den $ä_T$-Filter überlappen; o-Filter = 500 Hz ... 800 Hz. In früheren Arbeiten (1978) betrachtet er zwei etwas verschobene Frequenzbereiche 560 Hz ... 700 Hz

und 700 Hz ... 1400 Hz. Diese wurden, obwohl sie BLUTNER später nicht mehr verwendete, in unsere jetzigen Untersuchungen einbezogen.
Unter Berücksichtigung dieser Arbeiten und im Ergebnis eigener Überlegungen wurden zunächst folgende Frequenzkurvenmerkmale kreiert:

$f_1 \dots f_7$
$L_1 \dots L_7$
$b_1 \dots b_7$
ΔL_3

L (50 ... 5000)	L (50 ... 360)	L (100 ... 400)
L (50 ... 4000)	L (360 ... 600)	L (220 ... 450)
L (50 ... 200)	L (500 ... 800)	L (280 ... 560)
L (200 ... 800)	L (0,8 ... 1,2)	L (400 ... 600)
L (800 ... 3200)	L (1,2 ... 2,0)	L (600 ... 800)
L (3200 ... 5000)	L (2,0 ... 2,8)	L (0,7 ... 1,4)
	L (2,8 ... 4,0)	L (2,0 ... 4,0)
	L (4,0 ... 5,0)	L (2,0 ... 5,0)

mit

f_n	-	Resonanzfrequenz des n-Peaks der Frequenzkurve
L_n	-	Pegel des n-Peaks der Frequenzkurve
b_n	-	Bandbreite (Halbwertsbreite) des n-ten Peaks der Frequenzkurve
ΔL_3	-	Überhöhung des dritten Peaks gegenüber den benachbarten Minima
L (f_1 ... f_2)	-	mittlerer Pegel der Frequenzkurve im Bereich f_1 ... f_2 (0,7 = 700 Hz, 1,4 = 1400 Hz usw.).

Falls die angegebenen Bereichsgrenzen nicht unmittelbar auf eine der Stützstellen der Messkurve fallen, wird die nächstgelegene Stützstelle verwendet.
Die beiden Bereichsmittelwerte L (50 ... 4000) und L (2,0 ... 4,0) entstanden, als eine erste Gruppe von Versuchen zeigte, dass der Frequenzbereich, für den eine ausreichende Erregerkraft mittels Impulshammer oder Shaker in die Instrumente eingespeist werden kann, auf 4 kHz begrenzt werden sollte. Später ergaben Messungen mit variierten Ankoppelbedingungen bzw. veränderten Anschlagtips (Schlagflächen des Impulshammers), dass der Bereich bis 5 kHz ausgedehnt werden kann.

Pegelmittelwerte werden stets energetisch ermittelt:

$$\overline{L} = 10 \log \left(\frac{\sum_N 10^{\frac{L_n}{10 dB}}}{N} \right) \text{dB.} \qquad \textbf{Gleichung 13}$$

4.4.2 Bestimmung der Merkmale für vier Gitarrenstichproben

Die im vorangehenden Abschnitt aufgestellten 44 Merkmale wurden für die Frequenzkurven von vier Gitarrenstichproben mit einem Gesamtumfang von 86 Gitarren bestimmt:

- 5 Referenzinstrumente aus dem Bestand des IfM
  Kurzbeschreibung der Stichprobe: 5 Ref

- 29 Instrumente, die im Rahmen eines Forschungsprojektes gefertigt wurden. Es handelt sich um baugleiche Gitarren, bei denen nur das Deckenmaterial variiert.
  Kurzbeschreibung: 29 Git

- 48 spanische Gitarren aus europäischer, südamerikanischer und fernöstlicher Produktion. Es handelt sich um Meisterinstrumente bzw. gehobene Serienproduktion in der Preislage 250,- ... 5.000,- Euro
  Kurzbeschreibung: Span

- 12 Flamenco-Gitarren südeuropäischer Produktion in der Preislage 500,- ... 5.000,- Euro
  Kurzbeschreibung: Flam.

Mit allen vier Stichproben wurden Hör- und Spieltests durchgeführt. Insgesamt erfolgten die Untersuchungen über einen längeren Zeitraum verteilt, waren nicht Bestandteil eines in sich geschlossenen Projektes und erfolgten im Falle der Stichproben Span und Flam zum Teil nicht im IfM selbst und auch ohne Vorgaben durch uns.

4.4.3 Hörtest für die Stichproben 5 Ref und 29 Git

Der Hörtest fand als Blindtest mittels Kopfhörereinspiel vom DAT statt. Eine Gitarristin spielte mit den 29 Mustergitarren und den fünf Referenzgitarren (Stichprobe 5 Ref) sowie der Gitarre Modell 5 (ebenfalls ein Muster aus dem Bestand des IfM) jeweils zwei kurze Musikstücke von ca. 10 s Dauer ein, die einmal die tiefe und mittlere, zum anderen die mittlere und hohe Lage der Gitarre repräsentieren. Die Stichprobe 5 Ref wurde in den Hörtest integriert, da erste Tests sehr große klangliche Ähnlichkeiten zwischen den 29 Mustergitarren zeigten. Die Stichprobe 5 Ref wurde vor diesen Untersuchungen schon mehrfach in Projekten eingesetzt und repräsentiert ein breites Klangspektrum. Modell 5 stellt ein typisches Exemplar eines billigen Industrieinstrumentes dar. Von jedem Stück erfolgten stets zwei bis drei Aufzeichnungen. Verwendet wurde jeweils das Klangbeispiel, das die wenigsten Zusatzinformationen wie Spielfehler, Atemgeräusche, Stuhlknarren o. ä. enthielt. Testhörer neigen häufig dazu, sich eher an diesen Zusatzinformationen als am Klang der Instrumente zu orientieren.
Die Aufnahmen erfolgten im reflexionsarmen Raum des IfM. Als Aufnahmemikrofon diente ein Kunstkopf HMS II.0 der Fa. Head acoustics GmbH. Der Kunstkopf war so aufgestellt, dass sich Spieler- und Kunstkopf etwa in gleicher Höhe befanden, „Spieler und Kunstkopf schauten einander an". Die Entfernung betrug 2 m. Der Kunstkopf wurde auf Freifeldentzerrung eingestellt. Über einen aufgezeichneten Pegelton ist es möglich, den absoluten Pegel der Aufnahmen zu bestimmen. Aufgezeichnet wurde mit einem DAT-Recorder Pioneer D-07 bei einer Abtastfrequenz von 48 kHz. Die Auswahl der verwendeten Anspiele erfolgt über wiederholtes Abhören der Aufnahmen. Das Zusammenstellen der Hörtests geschah mittels digitalem Kopieren zwischen zwei DAT-Recordern.
Infolge der Größe der Stichproben erfolgte der Hörtest in Form von absoluter Beurteilung einzelner Anspiele, um die Hörtestlänge erträglich zu halten. Die Anspiele wurden dem Hörer in (vorher zusammengestellter) zufälliger Reihenfolge mit jeweils 4 s Pause zwischen den Beispielen dargeboten. In die Abfolge der Beispiele wurden identische Wiederholungen von

Anspielen der 5 Ref sowie fünf zufällig ausgewählten Instrumenten der ersten Serie eingebaut. Dies dient als Test für die Reproduzierbarkeit der Urteile der Hörer.
Am Beginn des Tests befinden sich fünf zusätzlich zufällig ausgewählte Anspiele als Einhörphase. Von dieser Einhörphase erhalten die Hörer keine Kenntnis. Sie wird in die Auswertung nicht einbezogen. Die beiden so zusammengestellten Hörtests (tiefe/mittlere und mittlere/hohe Lage) haben somit folgenden Umfang:

5	-	Einhöranspiele	
29	-	Gitarren	
5	-	Referenzgitarren	Alle in zufälliger Reihenfolge!
1	-	Modell 5	
10	-	Wiederholungen	
gesamt 50	-	Klangbeispiele.	

Ein Durchlauf des Hörtests dauert ca. 13 min. Für Zusammenschnitt und Wiedergabe der Hörtests kamen zwei DAT-Recorder Pionier D-07 zum Einsatz. Die Darbietung erfolgte über einen Kopfhörer-Wiedergabe-Verstärker HPS III.1 der Fa. Head acoustics (elektrostatisches System). Die D/A-Wandlung erfolgt im Verstärker, nicht im DAT-Recorder. Das System wurde bei der Wiedergabe ebenfalls auf Freifeldentzerrung eingestellt. An den Sitzungen können bis zu vier Personen teilnehmen. Typischerweise betrug die Anzahl pro Sitzung ein bis zwei Personen.
In den Hörtest waren insgesamt 23 Testteilnehmer einbezogen. Sie bilden zwei differenzierte Gruppen:

Hörer (HR): Personen unterschiedlicher musikalischer Qualifikation, die jedoch selbst nicht Gitarre spielen.
Umfang: 12 Personen

Spieler (TP): Personen unterschiedlicher musikalischer Qualifikation, die als Hauptinstrument Gitarre spielen.
Umfang: 11 Personen

Die Hörtestteilnehmer erhielten den Auftrag, den Gesamtklangeindruck jedes Klangbeispiels in einer fünfstufigen Skala, 1 = sehr schlecht ... 5 = sehr gut zu bewerten. Vor Beginn des Tests erhielten sie Gelegenheit, sich ca. 10 min in den Test einzuhören.
In der Auswertung wurde in einem ersten Schritt zunächst die Brauchbarkeit des Hörers bewertet. Dazu bilden wir die Standardabweichung über alle abgegebenen Urteile. Dies ist ein Maß für die Urteilsbreite. Danach errechnen wir den mittleren Urteilsfehler. Dies ist der mittlere Unterschied zwischen den Urteilen für die zehn identischen Anspielwiederholungen. Der mittlere Urteilsfehler kann Werte zwischen 0 und 4 annehmen. Wir verwenden nun folgendes Kriterium für die Brauchbarkeit eines konkreten Hörtests. Der Hörtest für einen konkreten Teilnehmer ist dann brauchbar, wenn gilt:

mittlerer Urteilsfehler ≤ Maß für Urteilsbreite.

Gilt dies nicht, wird der Test nicht in die weitere Auswertung einbezogen. Es zeigte sich, dass die Tests von zwei Hörern (HR) unbrauchbar waren. Es gingen also 21 Testteilnehmer in die Auswertung ein.

4.4.4 Spieltest für die Stichproben 5 Ref und 29 Git

Am Spieltest nahmen zehn der elf am Hörtest beteiligten Gitarrenspieler (TP) teil. Der Test bestand aus zwei Teilen:

Kurztest
Der Testleiter reichte der Testperson ein Instrument und forderte sie auf, ein Gesamturteil über das Instrument in einer fünfstufigen Skala abzugeben (5 = sehr gut ... 1 = sehr schlecht). Die Testperson hatte 60 s Zeit zur Urteilsbildung. Nach dieser Zeitspanne wurde das Testinstrument weggenommen, das Urteil vom Testleiter notiert und das nächste Instrument gereicht. Die Wiederholung bzw. die Revision der Beurteilung eines Instrumentes (z. B. aufgrund der nunmehrigen Kenntnis der anderen Instrumente) war nicht möglich. Die Reihenfolge wurde vom Testleiter zufällig gewählt. Dieser Test sollte das Urteil des ersten Eindrucks erfassen sowie die Situation eines kleinen Musikgeschäftes simulieren, welches nur eine sehr begrenzte Auswahl vorrätig hat.

Langtest
Alle 29 Instrumente standen den Testpersonen gleichzeitig zur Verfügung. Die Beurteilung erfolgte wieder über die fünfstufige Skala. Die Urteile wurden von der Testperson in einen Fragebogen eingetragen. Eine Zeitbegrenzung bestand nicht. Die Instrumente konnten beliebig oft begutachtet und Urteile auch mehrfach revidiert werden. Jedoch sollten die Testpersonen revidierte Urteile nicht unkenntlich machen, sondern durch "Einkreisen" als ungültig deklarieren. Folgende Urteile waren abzugeben:

- Gesamteindruck
- Gesamtklangeindruck
- Spielbarkeit
- Optischer Gesamteindruck.

	TL HR	TL TP	HL HR	HL TP	MW TP	**MW HR**	MW HT
TL HR	1,0	**0,567**	-0,272	0,316	**0,525**	**0,828**	**0,739**
TL TP	**0,568**	1,0	0,010	**0,510**	**0,901**	**0,566**	**0,855**
HL HR	-0,272	0,010	1,0	0,129	0,073	**0,315**	0,199
HL TP	0,316	**0,510**	0,129	1,0	**0,833**	**0,387**	**0,724**
MW TP	**0,525**	**0,901**	0,073	**0,833**	1,0	**0,560**	**0,916**
MW HR	**0,828**	**0,566**	0,315	**0,387**	**0,560**	**1,0**	**0,845**
MW HT	**0,739**	**0,855**	0,199	**0,725**	**0,916**	**0,845**	1,0

Tabelle 5: Zusammenstellung der Korrelationen zwischen den Hörtestteilen Stichprobe 29 Git; r(5%) = 0,367, MW - Mittelwert, HR - Hörer, TP - Testpersonen, TL - tiefe Lage, HL - hohe Lage, HAT - Hörtest

Tabelle 5 und Tabelle 6 stellen die Korrelationen der einzelnen Hör- und Spieltestteile zusammen. Die Musiker lassen sich bei ihrem Gesamturteil häufig von optischen und nicht von klanglichen Gesichtspunkten leiten, obwohl sie stets das Gegenteil versichern. Sowohl Kurztest, der als eine Kaufvorauswahl interpretiert werden kann, als auch das Urteil Gesamteindruck, welches durchaus als Maß für eine Kaufentscheidung anzusehen ist, korrelieren deutlich mit dem optischen Eindruck, nicht jedoch mit dem Klangurteil aus dem Hörtest. Dem klanglichen Aspekt wurde also eine deutlich geringere Bedeutung beigemessen als gemeinhin versichert. Diese Tendenz zeichnete sich bereits bei ersten überblickartigen Vergleichen der Fragebögen ab. Testpersonen, die auf diese Fakten hin angesprochen wurden, konnten keine befriedigende Erklärung liefern und waren sichtlich verunsichert. Vier Testpersonen, die auch als Musiklehrer oder Musikhändler tätig sind, begründeten ihr Urteil so, dass „optisch minderwertige“ Instrumente unverkäuflich sind bzw. man sie Schülern nicht empfehlen kann, da es dann Probleme mit deren Eltern gibt. Interessant ist, dass die Hör- und Spieltest in sich deutlich besser als untereinander korrelieren (Tabelle 6).

	HT MW TP	HT MW	ST Ges	ST Klang	ST kurz	ST Optik
HT MW TP	1,0	**0,916**	0,005	**0,518**	-0,163	-0,334
HT MW	**0,916**	1,0	-0,107	0,350	-0,294	-0,360
ST Ges	0,005	-0,107	1,0	**0,535**	**0,597**	**0,737**
ST Klang	**0,518**	0,350	**0,535**	1,0	0,242	-0,001
ST kurz	-0,163	-0,294	**0,597**	0,242	1,0	**0,653**
ST Optik	-0,334	-0,360	**0,737**	-0,001	**0,653**	1,0

Tabelle 6: Zusammenstellung der Korrelationen innerhalb des Spieltestes sowie zwischen den Hör- und Spieltest Stichprobe 29 Git; r(5%) = 0,367, MW - Mittelwert, HR - Hörer, TP - Testpersonen, ST - Spieltest, HT - Hörtest

4.4.5 Hör- und Spieltest für die Stichproben Span und Flam

Für alle Gitarren dieser beiden Stichproben erfolgte die Aufnahme der Frequenzkurven im IfM. Die zugehörigen Fragebogen gestützten Tests nahm jedoch eine andere Einrichtung vor. Auf die Tests hatten wir keinen Einfluss, erhielten jedoch die Auswertungen.

	HT Klassik	HT Modern	ST Volumen	ST Sustain	ST Klang
HT Klassik	1	**0,396**	0,104	0,125	0,157
HT Modern	**0,396**	1	**0,503**	**0,383**	**0,488**
ST Volumen	0,104	**0,503**	1	**0,966**	**0,968**
ST Sustain	0,125	**0,383**	**0,965**	1	**0,958**
ST Klang	0,157	**0,488**	**0,968**	**0,958**	1

Tabelle 7: Zusammenstellung der Korrelationen der Hör- und Spieltests Stichprobe Span; r(5%) = 0,273, ST - Spieltest, HT - Hörtest

	HT Klassik	HT Modern	ST Volumen	ST Sustain	ST Klang
HT Klassik	1	**0,560**	0,120	0,312	0,238
HT Modern	**0,560**	1	0,131	0,298	0,370
ST Volumen	0,120	0,131	1	**0,970**	**0,929**
ST Sustain	0,312	0,298	**0,970**	1	**0,940**
ST Klang	0,238	0,370	**0,929**	**0,940**	1

Tabelle 8: Zusammenstellung der Korrelationen der Hör- und Spieltests Stichprobe Flam; r(5%) = 0,532, ST - Spieltest, HT - Hörtest

Der Hörtest erfolgte in Form eines Anspieles verschiedener Musikstücke hinter einem Vorhang im Saal der „Fundaction Carlos de Amberes“ in Madrid. Es waren 30 qualifizierte Hörer einbezogen. Gespielt wurden verschiedene Stücke mit unterschiedlichen Spieltechniken. Die Beispiele für die beiden Stichproben Spanische Gitarren (Span) und Flamenco-Gitarren (Flam) unterschieden sich. Es kamen zwei generelle Gruppen von Anspielen zum Einsatz: Klassische Anspiele und moderne Anspiele. Jedes der Beispiele erklang nacheinander auf allen Instrumenten, danach ging man zum nächsten Beispiel über. Die Bewertung erfolgte anhand einer 10-Punkte-Skala. Für unsere Arbeiten nutzten wir die mittleren Gesamtbewertungen für die Kategorien Gesamtklangurteil bei klassischen und modernen Anspielen. Im Rahmen des Spieltests war ein Fragebogen ohne Zeitbegrenzung auszufüllen. Zurücklegen der Instrumente und Meinungskorrektur waren zulässig. Die Bewertung erfolgte wiederum anhand einer 10-Punkte-Skala Der Fragebogen selbst lag uns nicht vor, jedoch eine Zusammenstellung der Ergebnisse. Für unsere Arbeit verwendeten wir die mittleren Ergebnisse der Kategorien Klangvolumen, Sustain (Klangdauer) und Klang (Gesamteindruck). Der in der Stichprobe 29 Git beobachtete Trend setzt sich fort: Hör- und Spieltests korrelieren in sich sehr gut aber untereinander eher nicht. Im Zweifelsfalle sollte der Spieltests herangezogen werden, da er die tägliche Praxis der Musiker im Umgang mit dem Instrument darstellt.

4.4.6 Auswahl von Merkmalen für die Bewertung Gitarre

Eine Auswahl von geeigneten Merkmalen aus den zunächst aufgestellten 44 Merkmalen erfolgte im Wesentlichen über Betrachtung der Korrelation der Merkmalswerte mit den Ergebnissen der Hör- und Spieltests. Da die Tests nicht einheitlich aufgebaut waren, konnten wir für die Korrelationsbetrachtungen nur das Merkmal „Gesamtklangeindruck“ verwenden, das in allen Fragebögen vorhanden war.
Es erfolgte die Berechnung der Korrelationskoeffizienten zwischen den Urteilen „Gesamtklangeindruck“ und den messtechnisch gewonnenen 44 Merkmalen. Die Entscheidung, ob ein (monotoner) Zusammenhang besteht, erfolgte anhand des zweiseitigen Signifikanztests. Das heißt, ermittelt wurde der von der Größe der Stichprobe abhängige Wert des Korrelationskoeffizienten, der mit einer Irrtumswahrscheinlichkeit von 5 % (r(5 %)) die Entscheidung erlaubt, die Annahme des Nichtvorhandenseins eines Zusammenhanges zu verwerfen. Gab es mehrere Urteile zum Gesamtklangeindruck, wie bei den Stichproben Span und Flam, für die die Frage für verschiedene Genres gestellt wurde, so ging der höhere Korrelationskoeffizient in die weitere Auswertung ein.
Für die Berechnung galt jedoch eine Einschränkung. Im Kapitel 3 wird das Verfahren beschrieben, mit dem anhand von Mittelwert und Standardabweichung eines Merkmals für eine Stichprobe eine fünfstufige objektive Bewertung abgeleitet werden kann. Man erkennt leicht, dass, wenn der halbe maximale Fehler (F_{max}) bei der Merkmalsermittlung kleiner/gleich 2/3 Standardabweichung (SA) des Merkmals ist, ein maximaler Fehler von einer Stufe in der Bewertung entsteht. Man kann auch den Umkehrschluss ziehen.

Wenn $$\frac{2}{3} SA_{Merkmal} < \frac{F_{max}}{2}$$ **Gleichung 14**

so ist die Streubreite des Merkmals innerhalb der Stichprobe zu gering, als dass man Schlüsse auf Zusammenhänge zwischen dem objektiven Merkmal und subjektiven Urteilen ziehen kann. Wir wollen die Erfüllung der Ungleichung

$$\frac{F_{max}}{2} \leq \frac{2}{3} SA_{Merkmal}$$ **Gleichung 15**

als **Brauchbarkeitskriterium** (oder auch Fehlerkriterium) für ein Merkmal bezeichnen. Anhand von aus Reproduzierbarkeitsmessungen gewonnenen F_{max}-Werten und den SA der

Stichprobenmerkmale kann man so entscheiden, welche Merkmale jeweils in die Korrelationsbetrachtungen einbezogen werden.
Die Ergebnisse der Korrelationsrechnungen sind in der **Anlage Mittelwerte und Standardabweichungen der Anspielmerkmale** zusammengestellt. Entsprechende Korrelationswerte $|r| > r(5\ \%)$ sind fett gedruckt. Erfüllt ein Merkmal das Brauchbarkeitskriterium nicht, so ist „Fehler" vermerkt. Ein Strich (-) bedeutet, dass r(5%) nicht erreicht wurde. Anhand der Korrelationskoeffizienten wurde nur die Frage entschieden, ob ein monotoner Zusammenhang vorhanden ist oder nicht, und ob er fallend oder steigend verläuft. Eine Wertung über den Grad des Zusammenhanges erfolgte nicht. Betrachtet man die Tabellen, so erkennt man sofort, dass Stichprobe 29 Git praktisch nicht für die Auswertung herangezogen werden kann. D. h., der Einfluss des Deckenmaterials ist offensichtlich gering im Vergleich zum Einfluss der Konstruktion des Instrumentes. Anhand der Ergebnisse wurden folgende Frequenzkurvenmerkmale als wesentlich für die Beurteilung von Gitarren ausgewählt:

f_1 Frequenz des ersten Peaks (ca. 100 Hz) der Frequenzkurve. Er sollte eine möglichst niedrige Frequenz aufweisen. Der erste Peak wird von der so genannten Hohlraumresonanz (ein Kombination aus Hohlraum- und 1. Deckenmode) bestimmt. Eine tiefere Abstimmung dieser Resonanz begünstigt die Abstrahlung der tiefsten Töne der Gitarre (D) E ... A ((73 Hz)82 Hz ... 110 Hz). Die Hohlraumresonanz wird oft auch als Helmholtzresonanz bezeichnet. Sie stellt keine reine Hohlraumresonanz, sondern eine Kombination der Hohlraumresonanz mit Decken und Bodenschwingungen dar.

b_2 Die Halbwertsbreite (ein Maß für die Dämpfung) des zweiten Frequenzkurvenpeaks, bestimmt durch die erste reine Deckenmode (Frequenz um 200 Hz), soll möglichst niedrig sein.

L_3 Der Pegel der dritten Resonanz der Frequenzkurve, verursacht durch die dritte Deckenmode, soll möglichst hoch sein. Der dritte Peak liegt etwa bei 400 Hz. Ist er stark ausgeprägt, wirkt sich das positiv auf die Abstrahlung der oberen Mittellage um die Töne f^1 ... a^1. Die Pegel der dritten Resonanz der Frequenzkurve werden größer, wenn die dritte Deckenmode unsymmetrisch schwingt und damit besser abstrahlt.

L_S (50 ... 200) Ein Maß für die Abstrahlung im Bassbereich der Gitarre (E ... g). Ein hoher Summen-Bereichspegel ist günstig.

L_S (0,8 ... 1,2) Hohe Pegel in diesem Bereich weisen auf eine gute Klarheit im Klangbild hin.

L_S (2,0 ... 5,0) In diesem Bereich sind Helligkeit und Schärfe des Klanges angesiedelt. Ein möglichst hoher Summen-Bereichspegel ergibt positive Urteile.

L_S (50 ... 5000) Der Summen-Pegel über die gesamte Frequenzkurve korreliert mit der Lautstärke des Instrumentes und soll möglichst groß sein.

Bei flüchtiger Betrachtung könnte man zu der Auffassung gelangen, dass, wenn fünfmal hohe Pegel in verschiedenen Bereichen gefordert werden, einfach der Gesamtpegel erhöht werden muss. Aber die Gitarre ist kein elektrischer Verstärker mit Volumenregler. Bautechnische Änderungen haben auf die einzelnen Bereiche immer sehr unterschiedliche Einflüsse. Wird z. B. die Decke dünner/weicher gestaltet, so verbessert sich die Abstrahlung im Bassbereich,

gleichzeitig fallen jedoch die Höhen ab. Um die Merkmale durchweg positiv zu beeinflussen, sind hohes Geschick, aber auch Kompromisse erforderlich.
Die Ergebnisse bzgl. der Merkmale L (0,8 ... 1,2) und L (2,0 ... 5,0) zeigen gute Übereinstimmung mit den Arbeiten von VALENZUELA (1998) zu Klavierklängen. Sie bezeichnet den Bereich um 1 kHz als Klangmerkmal „Offenheit". Im Bereich 2 ... 5 kHz (und darüber) ermittelte sie die Schärfe nach BISMARK als wesentliches Merkmal.
Im Verlaufe der Untersuchungen wurden zunächst mittlere Bereichspegel betrachtet. Die berechneten Bereichsmittelwerte hängen jedoch in ihren Werten von der bei der Aufnahme verwendeten Frequenzauflösung ab. Verdoppelt man beispielsweise die Auflösung, so sinkt der mittlere Pegel um 3 dB. Wir verwendeten deshalb in der Folgezeit den **Bereichssummenpegel** und kennzeichnen diesen mit $\mathbf{L_S(f_1 ... f_2)}$. Auch der Summenpegel ist nicht ohne Probleme, da er wiederum von der Bereichsgröße abhängt. Das führt zu Problemen, wenn man die Ausgewogenheit der Pegel zwischen verschiedenen Bereichen betrachten will. Da dies im Falle der für Gitarre ausgewählten Merkmale jedoch nicht vorkommt, scheint die Verwendung der Summenpegel für die ausgewählten, betrachteten Bereiche der Frequenzkurve der sinnvollste Weg.
Das Merkmal b_2 erwies sich letztlich als sehr fehlerbehaftet im alltäglichen Umgang und wurde deshalb ausgesondert.

4.4.7 Bereiche und Verteilungen der Frequenzkurvenmerkmale Gitarre

Wir wollen zunächst die Verteilungen und Bereiche der Merkmalswerte an drei Stichproben betrachten. Die oben beschriebene Findung der Mess- und Auswertemethoden überspannte praktisch den gesamten Zeitraum der beschriebenen Arbeiten. So wurden viele, nicht wiederholbare Messungen an Instrumenten unter Anwendung verschiedener Methoden vorgenommen. Da die Rohdaten, die Frequenzkurven, aufbewahrt werden, ist eine nachträgliche, veränderte Auswertung immer möglich. Veränderte Messbedingungen der Frequenzkurve sind aber nur sehr bedingt kompatibel. So wurde längere Zeit, der Tradition folgend, nur mit einem Mikrofon gemessen. Dies befand sich an der nun verwendeten Position Mikrofon 1. Neuere Messungen können also auf die alte 1-Mikrofonmethode zurückgeführt werden, umgekehrt ist dies aber nicht möglich.
Wir verfügen nun über eine Stichprobe von 107 Gitarrenmessungen, die nur für Mikrofonposition 1 ausgewertet werden kann. Es handelt sich um eine Stichprobe sehr unterschiedlicher Instrumente, vom einfachsten Industriemodell, über historische Instrumente bis hin zu Meisterstudien – Bezeichnung der Stichprobe: **Git 107**.
Eine zweite Gruppe von Instrumenten befindet sich im Besitz des IfM, wird unter klimatisierten Bedingungen (20° C, 50% rel. Luftfeuchte) gelagert und steht jederzeit für Untersuchungen zur Verfügung. Es handelt sich um 32 Gitarren, die in der Regel im Rahmen von Projekten als Vergleichsobjekte beschafft wurden oder als Versuchsmuster entstanden – Bezeichnung der Stichprobe **RefGit.** Für diese Stichprobe wurde wie oben die Frequenzkurve aufgenommen und entsprechend analysiert.
Nach vollständiger Einführung der beschriebenen Messmethodik wurden neben den Referenzinstrumenten 22 weitere Gitarren untersucht. Sie bilden gemeinsam mit den Referenzinstrumenten die dritte betrachtete Stichprobe – Bezeichnung der Stichprobe **Git 54**.
Tabelle 9, Tabelle 10 und Tabelle 11 stellen die mittleren und grenzwertigen Merkmale der drei Stichproben dar. Die in der jeweils letzten Zeile angegebenen Fehler entsprechend Kapitel 3 wurden jeweils aus über längere Zeiträume ausgedehnten Reproduzierbarkeitsmessungen gewonnen. Die für die Stichproben RefGit und Git 54 angegebenen Werte resultieren z. B. aus 9 über ein Jahr verteilte Messungen an einer der Referenzgitarren (Abbildung 21).

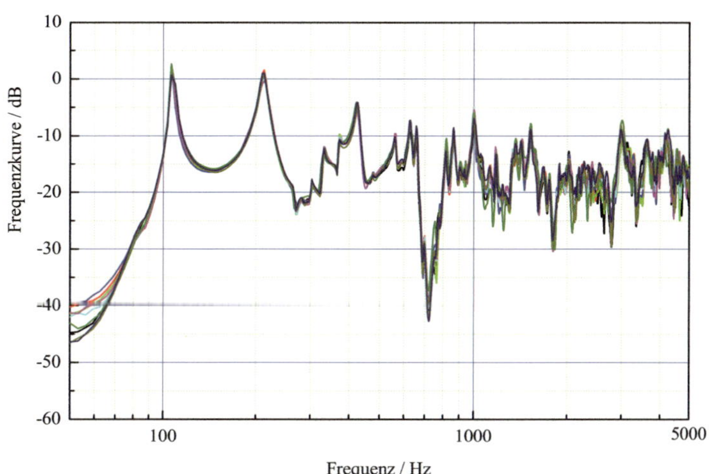

Abbildung 21: 9 Frequenzkurvenmessungen mit RefGit1 aus Bestand IfM verteilt über den Zeitraum September 2007 bis August 2008 übereinander gelegt

Merkmal	f_1	L_3	L_S(50 .. 200)	L_S(0,8 .. 1,2)	L_S(2,0 .. 5,0)	L_S(0,05 .. 5)
Mittelwert	109,3	-5,3	5,6	7,5	13,7	17,5
SA	16,6	3,0	2,5	2,9	1,9	1,4
Max.	162,5	2,0	11,1	13,3	21,6	23,1
Min.	81,3	-15,7	-0,9	0,0	8,9	12,7
Fehler	0	1	1,1	0,9	0,7	0,5

Tabelle 9: Bereiche der Merkmalswerte für die Stichprobe Git 107

Merkmal	f_1	L_3	L_S(50 .. 200)	L_S(0,8 .. 1,2)	L_S(2,0 .. 5,0)	L_S(0,05 .. 5)
Mittelwert	107,8	-4,2	4,9	5	14,5	17,3
SA	6,6	1,6	1,9	2,1	1,2	1
Max.	137,5	-1,2	9,6	8,7	16,5	19,1
Min.	96,9	-9,1	0,2	1,2	11,6	14,9
Fehler	0	1	0,5	0,4	0,3	0,2

Tabelle 10: Bereiche der Merkmalswerte für die Stichprobe RefGit

Merkmal	f_1	L_3	L_S(50 .. 200)	L_S(0,8 .. 1,2)	L_S(2,0 .. 5,0)	L_S(0,05 .. 5)
Mittelwert	104,2	-4,2	5,7	5,2	14,9	17,5
SA	10,5	1,9	2,6	1,9	1,3	1,1
Max.	143,8	-0,9	10,6	8,7	17,6	20,1
Min.	78,1	-9,1	-4	1,2	11,6	14,9
Fehler	0	1	0,5	0,4	0,3	0,2

Tabelle 11: Bereiche der Merkmalswerte für die Stichprobe Git 54

Der Kolmogorow-Smirnov-Test auf Normalverteilung ergibt folgende Werte für die maximale Abweichung D der Merkmale in den Stichproben (Tabelle 12).

Merkmal	f_l	L_3	L_S(50 .. 200)	L_S(0,8 .. 1,2)	L_S(2,0 .. 5,0)	L_S(0,05 .. 5)	D_{max}(5%)
Git 107	0,282	0,111	0,08	0,071	0,088	0,095	0,131
RefGit	0,251	0,156	0,133	0,078	0,153	0,127	0,240
Git 54	0,182	0,120	0,128	0,064	0,074	0,070	0,185

Tabelle 12: Test auf Normalverteilung der Stichprobe von 107 deutlich unterschiedlichen Gitarren

Der kritische Wert D_{max} für ein Signifikanzniveau von 5 % ist jeweils angegeben. Es sind also alle Merkmale bis auf f_l in Git 107 und RefGit (hier überschreitet D D_{max}(5 %)) normalverteilt. Die Streuung der Merkmale fällt deutlich größer als der Fehler aus, d. h. die Normalverteilung beruht tatsächlich auf Konstruktion und Fertigung der Instrumente und nicht etwa auf zufälligen Fehlern bei der Messung.
Wird die Stichprobe nach dem in Abschnitt 3 beschriebenen Verfahren bewertet, so ergibt sich bei vorliegenden sechs Merkmalen ein Punktespielraum von 6 ... 30 Punkten mit einer mittleren Bewertung von 18 Punkten. Tabelle 13 beinhaltet die Mittelwerte, Standardabweichungen sowie Maximal- und Minimalwerte der Bewertung innerhalb der drei Stichproben. Die Stichproben wurden jeweils anhand ihrer selbst bewertet, d. h. die für die Bewertung relevanten Mittelwerte und Standardabweichungen der Merkmale wurden aus der Stichprobe selbst gewonnen. Die Referenzgitarren schöpfen dabei den möglichen Punktespielraum fast vollständig aus. In der Spalte RefGit (Git 54) sind die Bewertungen der Stichprobe RefGit aufgeführt, wenn als Referenz die Stichprobe Git 54 dient.

Stichprobe	**Git 107**	**RefGit**	**Git 54**	**RefGit (Git 54)**
Mittelwert	18	17	17	16
SA	3	4	4	3
Max.	25	28	27	24
Min.	10	8	8	8

Tabelle 13: Bewertungsbereiche der drei Stichproben

Die Referenzgitarren streuen etwas weniger als die Stichprobe Git 54, wodurch die Bewertung der Referenzgitarren anhand der Stichprobe Git 54 weniger breit ausfällt, so wie man es erwartet.
Abbildung 22 stellt die Häufigkeitsverteilung des Merkmals f_l in den Stichproben dar. Für die Berechnung wurde f_l auf ganze Zahlen gerundet. Die größte Häufigkeit liegt für die Stichproben Git 54 und RefGit bei 106 Hz, für Git 107 bei 107 Hz. Nach eigenen Aussagen streben die meisten Gitarrenbauer eine Hohlraumresonanz von 106 Hz ... 107 Hz an. Sie liegt damit zwischen den Tönen $G^{\#}$ und A. Die gefundenen Häufigkeiten decken sich mit Aussagen der Gitarrenbauer. Die Frequenz der Hohlraumresonanz lässt sich auch ohne aufwendige Messtechnik gut bestimmen, so dass das Merkmal f_l ohne Probleme gezielt eingestellt werden kann. Diese Tatsachen lassen eher keine Normalverteilung für das Merkmal f_l vermuten.
Bei der Stichprobe Git 107 liegt deutlich keine Normalverteilung vor. Es sieht eher wie eine einseitige Normalverteilung ausgehend vom Wert 107 Hz aus. Für die beiden andern Stichproben finden wir aber mit guter Näherung eine Normalverteilung vor. In Stichprobe Git 107 befinden sich im Gegensatz zu den anderen beiden Stichproben etliche historische Instrumente, die vom heute üblichen spanischen Typ in der Bauweise erheblich abweichen. Wir wollen deshalb auch das Merkmal f_l für die Bewertung wie eine Normalverteilung behandeln.

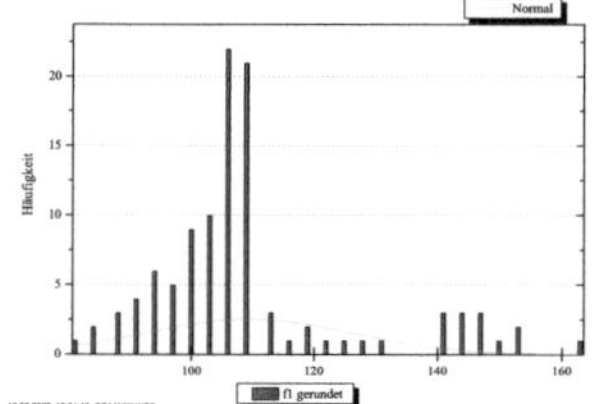
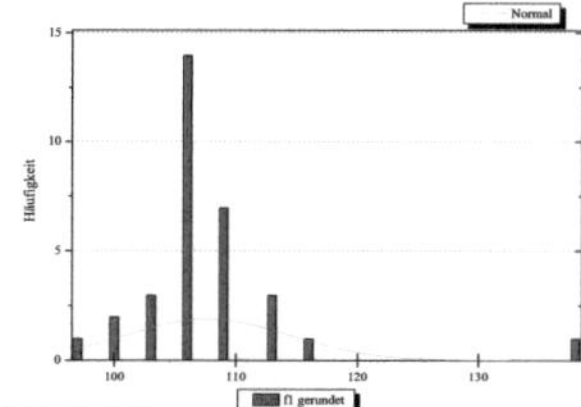
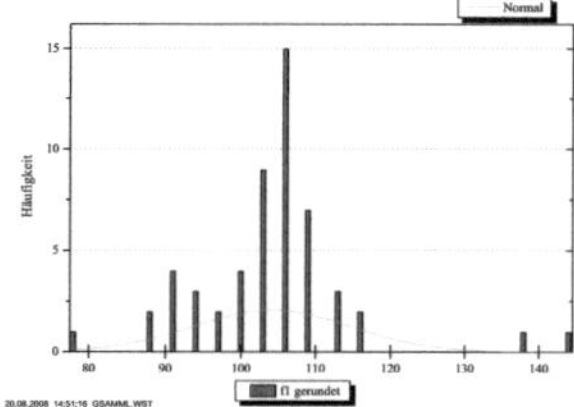

Abbildung 22: Häufigkeitsverteilungen des Merkmals f_l für die Stichproben Git 107 (links), RefGit (Mitte) und Git 54 (rechts)

Es leuchtet ein, dass die gezielte Einstellung der Hohlraumresonanz und damit Merkmal f_l auch andere Resonanzen und damit weitere Frequenzkurvenmerkmale beeinflusst. Tabelle 14 zeigte die Korrelationen von f_l mit den anderen Merkmalen. Man erkennt, dass bei höherer Abstimmung von f_l die Übertragung des Instrumentes praktisch im gesamten Bereich abnimmt. Diese Aussage wird allerdings nur anhand der in den untersuchten Instrumenten realisierten Merkmale getroffen. Es liegen keine Ausgangsdaten für tiefere oder höhere Abstimmungen vor. Dieses Problem tritt bei der Analyse von Musikinstrumenten oft auf, da infolge der überlieferten Bauweise Merkmale nur in relativ engen Bereichen streuen.

Merkmal	L_3	L_S(50 .. 200)	L_S(0,8 .. 1,2)	L_S(2,0 .. 5,0)	L_S(0,05 .. 5)
Git 107	-0,523	-0,313	0,396	-	-
RefGit	-0,602	-0,611	-	-0,402	-0,499
Git 54	-0,484	-0,628	-,0278	-	-

Tabelle 14: Korrelation des Merkmals f_l mit den anderen Frequenzkurvenmerkmalen für die beiden betrachteten Stichproben. Für Korrelationskoeffizienten kleiner Grenzwert r(5%) wurden keine Werte eingetragen.

4.5 Beurteilung der Stichproben

Das beschriebene Beurteilungsverfahren wurde nun auf die drei betrachteten Stichproben Git 29, Span und Flam angewandt. Tabelle 15 stellt die Korrelation der Fragebogen gestützten Bewertung mit der messtechnisch gestützten Bewertung für die einzelnen Kategorien zusammen.

Vernachlässigen wir die drei als nicht akustisch bestimmt erkannten Kategorien Gesamtspieltest und Kurzspieltest, so korreliert die messtechnische Beurteilung in der Mehrzahl der Fälle mit den Musikerurteilen. Wir erkennen aber auch, dass das Verfahren nicht allen Musikeraussagen entsprechen kann.

Stichprobe	r(5%)	HT MW TP	HT MW	ST Ges	ST Klang	ST kurz
29 Git	0,367	**0,491**	**0,425**	-	**0,558**	-
		HT Klassik	HT Modern	ST Vol.	ST Sustain	ST Klang
Span	0,273	**0,275**	**0,535**	-	-	-
Flam	0,532	-	-	**0,655**	**0,696**	**0,752**

Tabelle 15: Korrelationen zwischen messtechnisch gestütztem Urteil und Musikeraussagen zu den einzelnen Testkategorien für drei Gitarrenstichproben

In Diskussionen mit Herstellern und Kollegen trat mehrfach der Hinweis auf, dass Resonanzen der Instrumente, zumindest im unteren Frequenzbereich, nicht auf musikalische Töne fallen sollen, da sonst einzelne, extrem herausragende Töne entstehen. Man kann hierfür ein „Abstandsmerkmal zum benachbarten musikalischen Ton“ einführen. Für den Fall der klassischen Gitarre fanden wir für dieses Merkmal keine Korrelation zum Urteil von Testpersonen. Im Falle Cello wird es aber verwendet und diskutiert (Kapitel 5.5.2).

<u>Bemerkung</u>: Im Folgenden wollen wir stets vom Vorliegen einer Korrelation sprechen, wenn der aktuell berechnete Korrelationskoeffizient r größer ist als der Grenzwert r(5%). Zu beachten ist, dass r(5%) auch von der Stichprobengröße abhängig ist.
Weiterhin werden wir Merkmale dann als normalverteilt bezeichnen, wenn D für das Merkmal innerhalb der betrachteten Stichprobe kleiner als D_{max}(5%) ausfällt. Auch D_{max}(5%) hängt von der Stichprobengröße ab.

5 Übertragung des Verfahrens auf andere Streich- und Zupfinstrumente

In den folgenden Abschnitten wird die zunächst für Gitarre entwickelte Bewertung auf der Basis der Frequenzkurvenmessung auch auf andere Streich- und Zupfinstrumenten angewandt. Die Arbeiten erfolgten im Wesentlichen im Rahmen eines jährlichen Prüf- und Bewertungsauftrages. Die für die einzelnen Instrumente verwendeten Methoden zur Aufnahme der Frequenzkurve sowie die aus der Frequenzkurve gewonnenen Merkmale entwickelten wir anhand der Ergebnisse für den Gitarrenfall, eigenen allgemeinen Erfahrungen bei Messungen an Musikinstrumenten, Informationen aus der Literatur und Hinweisen seitens des Labors für Musikalische Akustik der Physikalisch Technischen Bundesanstalt (PTB). Neben der messtechnisch gestützten Bewertung (Häufig auch als „objektive Bewertung“ bezeichnet.) findet jeweils eine Begutachtung der Instrumente durch fünf namhafte Musiker anhand eines Fragebogens im Rahmen eines Spieltests statt. Für derartige Tests mit Musikern werden oft als Gegensatz zur „objektiven Bewertung“ die Begriffe „subjektiven Bewertung“ oder „subjektiver Test“ gebraucht. Die Fragebogen gestützten Tests mit den Musikern werden zusammenhängend in Kapitel 8.1 abgehandelt.

5.1 Zither

5.1.1 Aufnahme der Frequenzkurve

Die uns bekannte umfangreichste Arbeit außerhalb des IfM, in die neun Instrumente einbezogen waren, erfolgte an der Physikalisch Technischen Bundesanstalt (PTB), Labor für Musikalische Akustik, 1992/93 im Rahmen des Deutschen Musikinstrumentenpreises. Von diesen Aktivitäten gibt es keinen offiziellen Bericht. Jedoch erhielten wir in Form von Konsultationen umfangreiche Erfahrungen vermittelt. Insbesondere flossen diese Erfahrungen in die Merkmalsbildung ein.
VANNESTE (1995) untersuchte das Abstrahlverhalten der Zither auf verschiedenen Spieltischen. Ziel der Arbeit war es, dem Tontechniker Hinweise zu geben, wie Mikrofone zu platzieren sind und wie Mikrofonstandorte und Spieltische für die Soundgestaltung eingesetzt werden können, beispielsweise um die Balance zwischen Melodie und Begleitung zu verändern. In die Untersuchungen waren eine Zither und drei verschiedene Spieltische integriert. Die akustischen Messungen fanden übrigens im Labor des IfM statt. Die Richtcharakteristik der Zither wird dokumentiert, Unterschiede der verschiedenen Tische werden deutlich. Messungen wurden auch ohne Spieltisch durchgeführt. Dabei ruhte die Zither auf drei entsprechenden Stativen. VANNESTE schlussfolgert aus dem Einfluss der Tische, dass Messungen an der Zither besser ohne Tisch auszuführen sind. Kritisch bei der Bewertung der Ergebnisse sind folgende Fakten anzuführen: Die Messungen fanden mit nur einem Instrument statt. Es wurden keine Merkmale eingeführt und die Wahrnehmbarkeit der Unterschiede nicht in subjektiven Tests überprüft. Weiterhin wurde die Zither nur an zwei Punkten angeregt, was für die reale, örtlich sehr verzweigte Anregung der Zither als zu wenig anzusehen ist.
ST. MEINEL (1996) beurteilt in seiner Arbeit eine neu entwickelte Basszither über Schwingungsübertragungskurven. Der Beschleunigungsaufnehmer wurde 30 cm von der Melodie-a^1-Saite aus über der Mitte des Schallloches platziert. Über den Erregungspunkt werden keine Angaben gemacht. Als Erreger diente ein Impulshammer. Im Ergebnis fielen die Unterschiede zu anderen Basszithern nicht eindeutig aus. Bei gleichen Aufnehmerbedingungen wurde die Melodie-c-Saite manuell angezupft. Der Vergleich von Einzeltonspektren zeigt für die neue Zither größere Obertonanteile, was in subjektiven Tests Bestätigung fand. Die Beurteilung erfolgte nicht anhand von Merkmalen, sondern über die verbale Diskussion der Übertragungskurven bzw. Spektren.

E. MEINEL (1999) führt zunächst Modalanalysen an einer Zither durch, einmal ohne und einmal mit Saitenbespannung. In beiden Fällen zeigt es sich, dass der Boden das deutlich stärkere Schwingungsverhalten zeigt. Dies ist auf die Bauweise der Zither, die Decke muss im Wesentlichen den Saitenzug aufnehmen, zurückzuführen. Der Einfluss der Saitenspannung wird leider nicht näher diskutiert. Der Vergleich ähnlicher Moden zeigt jedoch, dass die Modenfrequenzen nach dem Bespannen um ca. 15 % ansteigen. Unklar bleibt, warum einige Moden nicht betroffen scheinen.
Im zweiten Teil der Untersuchungen widmet sich MEINEL der unterstützenden Wirkung des Zithertischs. Er beschreibt zwei Tischgrundformen: Tisch mit „normaler" ca. 2 cm dicker Platte aus Kiefer oder Fichte und kastenförmige „Resonanztische" mit Schallloch im Boden. Aus beschriebenen Untersuchungen geht hervor, dass der normale Tisch eher die Höhen, der Resonanztisch eher die Tiefen unterstützt. Wird eine Basszither auf den untersuchten Resonanztischen gespielt, so neigt die Kombination zum „Mulmen". Tisch und Instrument sollten also aufeinander abgestimmt werden. Die Tischuntersuchungen beruhen auf subjektiven Tests und der Auswertung von Klangspektren gespielter Einzeltöne. Merkmale zur Beurteilung werden nicht eingeführt.
Als erstes galt es zu klären, ob die Messungen mit oder ohne Spieltisch erfolgen sollen. Es ist unstrittig, dass der Tisch die Frequenzkurve beeinflusst. Es ist ebenso klar, dass der Einfluss des Tisches wesentlich von seiner Bauform abhängt. Um vergleichbare Ergebnisse zu erlangen, müsste mit einem Normtisch gearbeitet werden. Dies führt schnell zu der Auffassung, doch lieber ohne Tisch zu verfahren. Wir stellten jedoch fest, dass eine wichtige Eigenschaft der Zither darin besteht, in ausreichendem Maße Schwingungen auf den Tisch zu übertragen, damit dieser seine unterstützende Wirkung entfalten kann. Zwei Lösungsvarianten sehen wir:

- Es wird mit einem Zithertisch gearbeitet, der möglichst keine ausgeprägten Resonanzen aufweist und im interessierenden Frequenzbereich hinreichend gleichmäßig überträgt. Er muss weiterhin gut handhabbar sein. Wird in einem Labor immer mit diesem Referenztisch gearbeitet, so ist die Vergleichbarkeit innerhalb des Labors gewährleistet. Da ein solcher Labortisch immer eine Einzelanfertigung darstellt, sind bei der Zusammenarbeit mit anderen Einrichtungen oder aber bei Verlust des Tisches Probleme zu erwarten, da Nachbauten auch bei Vorgabe von Maßen und Materialien immer toleranzbehaftet sein werden.
- Man verwendet ein spezielles Stativ, welches selbst weder Schall reflektiert noch abstrahlt. In die Auflageflächen für die Zitherfüße werden Schwingungsaufnehmer eingebaut, um die Übertragung von der Zither auf den Tisch zu erfassen. Die Auflagen müssen so beschaffen sein, dass sie eine definierte, den Verhältnissen eines normalen Zithertisches angepasste Eingangsimpedanz aufweisen. Das Stativ wäre natürlich auch wieder eine Einzelanfertigung, könnte aber wegen der definierten Eigenschaften im Bedarfsfalle sicherer nachgebaut werden. Eine solches Stativ bzw. Vorgaben für seine Eigenschaften sind nicht bekannt.

Nach Abwägung der Sachlage entschlossen wir uns letztlich für die deutlich weniger aufwendige Variante, einen Referenztisch bauen zu lassen. Wesentliches Argument für die Entscheidung war die Tatsache, dass der zu erwartende Anfall an Zithermessungen insgesamt die Entwicklung des beschriebenen Stativs aus gegenwärtiger Sicht nicht rechtfertigt. Als Referenztisch modifizierten wir ein von der Fa. RÖHLIG in Klingenthal angebotenes, gemeinsam mit dem IfM neu entwickeltes Modell eines Zithertischs. Der Tisch besteht aus einer Ahornplatte 550x900x20 mm^3. Die Zargen sind 15 mm dick, 50 mm hoch und ebenfalls aus Ahorn gefertigt. Es ist kein Resonanzboden vorhanden. Die Beine sind abnehmbar und an einer Brückenkonstruktion befestigt, die mit den Zargen verbunden ist (Abbildung 23).

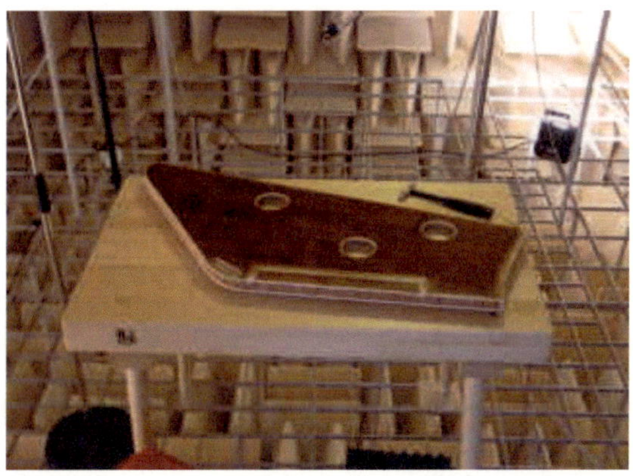

Abbildung 23: Referenztisch für Zithermessungen im IfM

Ein wichtiges Detail ist die Stellung der Zither auf dem Tisch. Tests zeigten, dass ein Verschieben der Zither die Frequenzkurve stets, zumindest geringfügig, veränderte. Die Kopplung Zither – Tisch hängt also zweifellos vom Ort der drei Füße auf dem Tisch ab. Nun sind die Füße, je nach Modell, an verschiedenen Orten am Boden der Zither angebracht. Außerdem ergaben Befragungen von Zitherspielern erhebliche Differenzen bzgl. der typischen Spielstellung der Zither auf dem Tisch. Die Aussagen differieren auch zu den Angaben von VANNESTE. Um für die Messungen praxisgerechte Anregeorte auf den Tischen zu definieren, wurden zwei viel benutzte Zithertische anhand der „Einstichstellen" der Fußspitzen analysiert (Abbildung 24). Es lassen sich drei Bereiche (1..3) definieren, in denen die Füße in ca. 95 % der Fälle aufliegen (Abbildung 25). Für die Messung wird die Zither so auf dem Tisch platziert, dass ihre drei Füße möglichst zentral in den drei Bereichen stehen. Es werden, soweit vom Hersteller geliefert, stets die Fußvarianten mit Metallspitze verwendet!

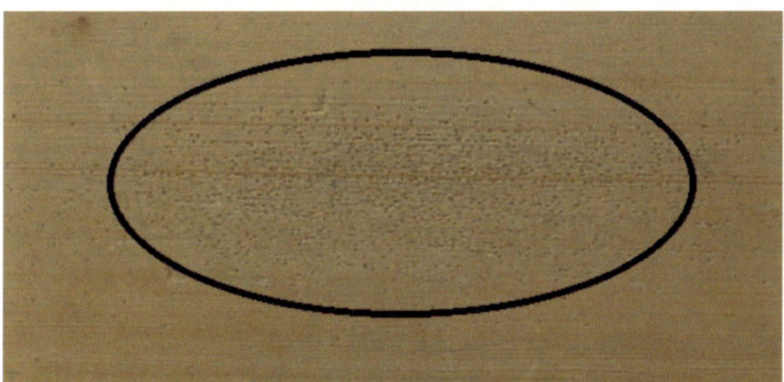

Abbildung 24: "Einstichstellen" Fußpunkt 3 an einem Zithertisch

Als zweiten Punkt legten wir die Anregungspunkte auf der Zither fest. Nach entsprechenden Vorversuchen unter Beachtung der realen Anregung durch die Saiten wählten wir sieben Anschlagpunkte aus. Punkt 1 befindet sich in der Mitte des Melodiesteges (zwischen d^{1-} und g –Saite). Die restlichen sechs Punkte wurden auf Steg und Saitenhalter der Freisaiten verteilt. Die Orte befinden sich genau am Auflagepunkt der benannten Saiten. Angeregt wird immer senkrecht auf den Einlagedraht. Für die Messung muss die betreffende Freisaite über die benachbarten Führungsstifte normal gespannt werden. Die eigenen Führungsstifte werden entfernt. Damit wird eine sichere Anschlagmöglichkeit geschaffen.

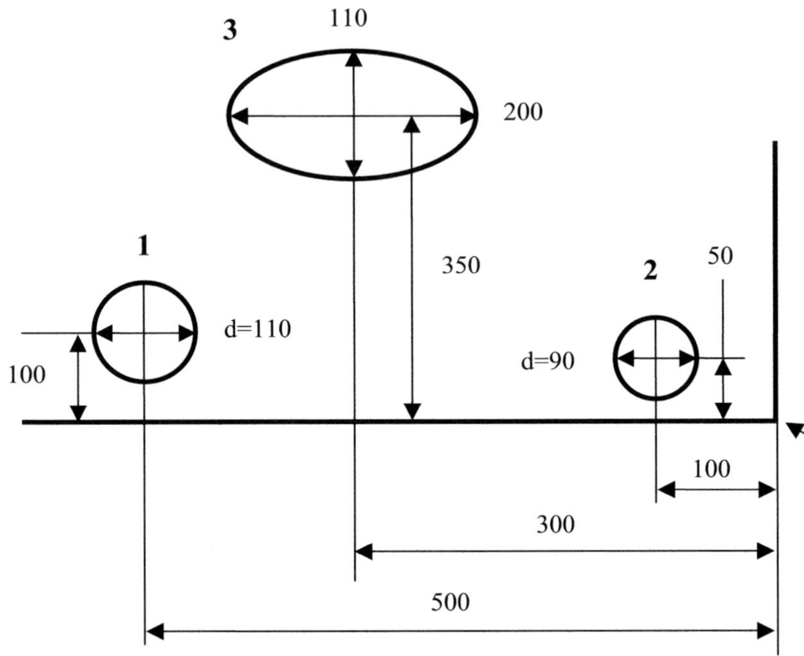

Abbildung 25: Fußpunktbereiche der Zither auf dem Tisch (Maße in mm)

Ein dritter Punkt betrifft die Aufnahmemikrofone. Verwendung findet eine 3-Mikrofon-Anordnung mit folgenden Positionen: Mikrofon 1 – 1 m senkrecht über der Zither, Mikrofon 2 – 45° in Richtung Publikum und 45° nach links (vom Spieler ausgesehen) zur Deckennormalen geneigt, Mikrofon 3 – 90° in Richtung Publikum zur Deckennormalen geneigt. Mikrofon 1 beschreibt also die Spielerwahrnehmung sowie die späteren Deckenreflexionen, Mikrofon 2 die Wandreflexionen und Mikrofon 3 die direkte Abstrahlung zu Publikum. Unter Reflexion wird hier die Hauptausbreitung des Schalles von der Zither zum Publikum unter realen Bedingungen verstanden.
Es ergibt sich für die Frequenzkurvenaufnahme von Zithern im IfM also folgendes Messregime:

Messraum: reflexionsarmer Raum des IfM (125 m^3, f_u = 125 Hz)

Einspannung: auf Referenztisch gestellt, Füße in markierten Bereichen

Anregung*: manueller Anschlag mit Impulshammer PCB 086 C80, steel-tip
Anschlagort 1: Melodiesaitensteg zwischen der d1- und g- Saite
Anschlagort 2: Auflagepunkt a - Saite auf Saitenhalter
Anschlagort 3: Auflagepunkt a - Saite auf Steg
Anschlagort 4: Auflagepunkt A - Saite auf Saitenhalter
Anschlagort 5: Auflagepunkt A - Saite auf Steg
Anschlagort 6: Auflagepunkt H1 - Saite auf Saitenhalter
Anschlagort 7: Auflagepunkt H1 - Saite auf Steg

Mikrofon: Anordnung von drei Messmikrofonen auf Kugeloberfläche r = 1m. Der Bezugspunkt befindet sich 50 mm über der Tischmitte. Winkelanordnung:
0°/0°, 45°/45°, 0°/90°; Bezugsachse senkrecht zur Tischplatte.

Messung: Es werden sieben Messungen jeweils als Mittelung über 10 Anschläge unter Beobachtung der Kohärenz (Mikro 1) bei gleichzeitigem Betrieb von drei Mikrofonen aufgenommen.

Kalibrierung: erfolgt absolut in Pa/N, für Pegelangabe gilt: 0 dB entsprechen 1 Pa/N

Messbereich: 0 ... 5000 Hz

Auflösung: 1600 Linien, d. h. 3,125 Hz.

Im Ergebnis der Messungen entstehen also sieben Anschlagorte mal drei Mikrofonorte = 21 Frequenzkurven. Ausgewertet wird die mittlere Frequenzkurve (Betragsmittelung) aus diesen.

* Die Entwicklung des Messverfahrens erfolgte zunächst für die Diskantzither. Für Zithern in anderer Stimmlage ist das Verfahren entsprechend zu modifizieren. Für die in jüngster Zeit entwickelten Zithern, die eine Kombination aus Zither und Spieltisch darstellen (nach ihrem Ersterbauer Kleitsch-Zither genannt, Abbildung 26) ist es zu überdenken! Bewährt hat sich in jedem Falle die Wahl der Anschlagorte sowohl auf dem Steg als auch auf dem Saitenhalter!

Abbildung 26: Kleitsch-Zither (Quelle: http://www.zither-tirol.at/Zither/content/frames.htm?Instrumente.htm)

Bevor wir uns den Merkmalen zuwenden, wollen wir für einen Fall die Wirkung des Referenztisches betrachten. Abbildung 27 zeigt die Frequenzkurven einer Zither sowohl ohne Tisch als auch auf dem Referenztisch stehend sowie die Frequenzkurve des Tisches selbst. Für die Aufnahme der Frequenzkurve wurde der Tisch innerhalb der markierten Bereiche für die Zitherfüße jeweils 10 Mal mit dem Impulshammer angeregt. Zur übersichtlicheren Darstellung verwenden in Abbildung 27 zwei gegeneinander verschobene Ordinateneinteilungen. Die linke Achse gilt für die Zither ohne Tisch, die rechte für Tisch und Zither mit Tisch. Die ersten fünf kräftigen Resonanzen des Tisches sind in Form der grünen Linien markiert. Man erkennt, dass sie eher nicht die Frequenzkurve der Kombination Zither plus Tisch prägen. Vielmehr zeichnen sich die Resonanzen der Zither selbst ab. Dieses Ergebnis ist ein Indiz für die Brauchbarkeit der Entscheidung, mit einem Referenztisch zu arbeiten.

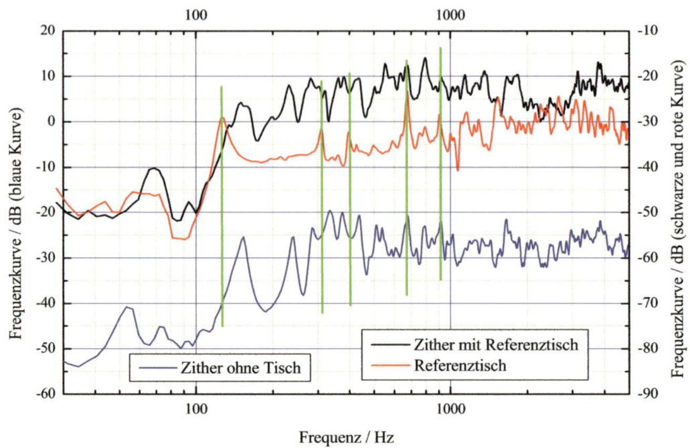

Abbildung 27: Vergleich der Frequenzkurven einer Zither mit und ohne Spieltisch, sowie des Tisches selbst

Abbildung 28 stellt die mittlere Frequenzkurve der 12 Zithern dar. Während die mittlere Gitarrenfrequenzkurve (Abbildung 15) ein klar strukturiertes Bild mit ausgeprägten Resonanzen zeigt, finden wir bei der Zither keine derartigen Merkmale. Ausgeprägte Resonanzen, die für alle Instrumente des Typs Diskantzither typisch sind, fehlen. Charakteristisch sind eher der relative glatte Verlauf ab 300 Hz und der fast lineare Abfall unterhalb 300 Hz mit ca. 5 dB pro Oktave.

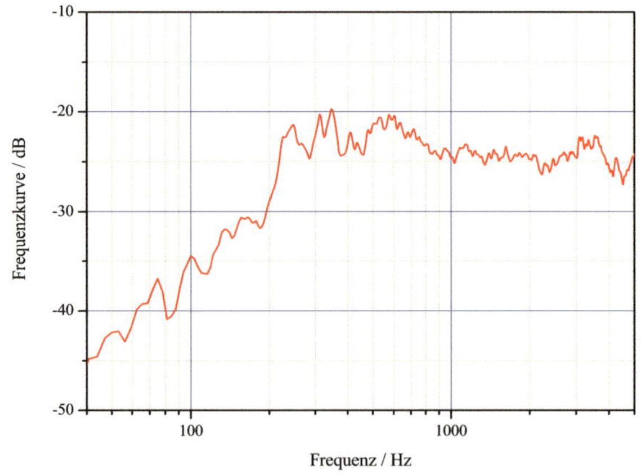

Abbildung 28: Mittlere Frequenzkurve der 12 untersuchten Zithern

5.1.2 Auswahl von Merkmalen

In Anlehnung an die Ergebnisse der entsprechenden Untersuchungen zu Merkmalen der Gitarren-Frequenzkurve (siehe Abschnitt 4.4) sowie unter Berücksichtigung der seitens der PTB übermittelten Erfahrungen, in die zweifellos auch Ergebnisse von Geigenmessungen eingingen, stellten wir folgende Merkmale für die Beurteilung der Zither anhand der Frequenzkurve zusammen:

L_S(40..200)	Maß für Bassübertragung; positiv bewertet werden hohe Werte
L_S(100..400)	Maß für Klangvolumen; positiv bewertet werden hohe Werte
L_S(800..1200)	Maß für Klarheit; positiv bewertet werden hohe Werte
L_S(2..4k)	Maß für Helligkeit; positiv bewertet werden hohe Werte
$\|L_m(0{,}04..0{,}6k) - L_m(2..4k)\| = \Delta L_{Ausg.}$	Maß für die Ausgeglichenheit; positiv bewertet werden niedrige Werte
$L_m(2..4k) - L_m(>4k) = \Delta L_S$	Maß für eine niedrige Schärfe des Klanges; positiv bewertet werden hohe Werte
$L_m(0{,}04..0{,}6;2..4k) - L_m(1{,}2..2k) = \Delta L_n$	Maß für die Unterdrückung des oberen ä – Formanten (näseln); positiv bewertet werden hohe Werte
L_S(0,04..5k)	Maß für die Lautstärke; positiv bewertet werden hohe Werte

$L_S(f_1..f_2)$ – Summenpegel im Frequenzband f_1 .. f_2, in dB
$L_m(f_1..f_2)$ – mittlerer Pegel im Frequenzband f_1 .. f_2, in dB

Es erfolgten Messungen an einer Stichprobe von 12 Diskantzithern verschiedener Hersteller. Die Merkmalsbereiche sowie die ermittelten Fehler stellt Tabelle 16 zusammen. Die Merkmale sind alle normalverteilt. Das Brauchbarkeitskriterium 2/3SA - F > 0 ist für **ΔL_n** nicht und für **L_S(40..200) und $\Delta L_{Ausg.}$** gerade noch erfüllt.

Merkmal	L_S(40..200)	L_S(100..400)	L_S(800..1200)	L_S(2..4k)	$\Delta L_{Ausg.}$	ΔL_S	ΔL_n	L_S(0,04..5k)
Mittelwert	-16,3	-4,3	-2,9	4	2,1	1,5	0,7	7,8
SA	1	1,7	1,3	2,5	1,3	1,5	0,9	1,7
Max.	-15	-2,8	-1,5	8,3	3,8	4,3	2,3	10,7
Min.	-18,6	-8	-5,7	0,4	0,1	-1,3	-1,2	5,1
Fehler	0,3	0,05	0,1	0,9	0,8	0,15	0,6	0,6

Tabelle 16: Bereiche der zunächst ausgewählten Merkmalswerte für eine Stichprobe von 12 Zithern

In einem Test der Stichprobe mit fünf Profimusikern zeigten jedoch lediglich die Merkmale **L_S(800..1200), L_S(2..4k) und L_S(0,04..5k)** die erwartete Korrelation zu den Musikerurteilen hinsichtlich der Akustik der Instrumente. Die Korrelation der Musikerurteile untereinander war sehr hoch! Eine Bewertung anhand von nur drei Merkmale ist praktisch nicht sinnvoll und so suchten wir nach weiteren Merkmalen. Dabei wurden zunächst die Summenpegel in den BLUTNER'schen Formantbereichen (Tabelle 4) betrachtet sowie Erweiterungen der bereits untersuchten Frequenzbereiche. Dabei erwiesen sich zwei Summenpegel als korrelierend mit den Musikeraussagen:

L_S(40..600) Maß für Übertragung im unteren und mittleren Grundtonbereich des Instrumentes

L_S(600..2000) Maß für Übertragung im unteren und mittleren Obertonbereich des Instrumentes.

Für beide Merkmale kennzeichnen hohe Werte positive Trends.
Bei der vergleichenden Betrachtung der Frequenzkurven der Zithern fiel auf, dass sie im Bereich um 500 Hz ein absolutes Maximum aufweisen, welches sich in der Frequenzlage von Instrument zu Instrument deutlich unterscheidet (Abbildung 29). Die Frequenz dieses Maximums korreliert mit der Beurteilung der Instrumente durch die Musiker, je höher dessen Frequenz, desto besser die Urteile.

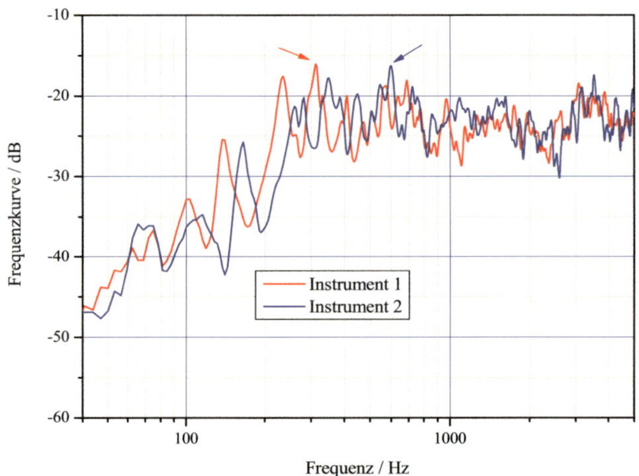

Abbildung 29: Beispiel für unterschiedliche absolute Maxima der Frequenzkurve im Bereich um 500 Hz für zwei Zithern

Die Bereiche der nunmehr vorliegenden sechs Merkmale sind in Tabelle 17 zusammengestellt. Alle Merkmale sind normalverteilt und erfüllen das Brauchbarkeitskriterium.

Merkmal	**L_S(40..600)**	**L_S(600..2000)**	**L_S(800..1200)**	**L_S(2..4k)**	**L_S(0,04..5k)**	**f_{max} / Hz**
Mittelwert	-1	2,6	-2,9	-0,3	7,8	401,6
SA	1,5	1,4	1,3	1,6	1,7	106,3
Max.	1,1	4,3	-1,5	1,7	10,7	596,9
Min.	-4,7	0,3	-5,7	-3	5,1	246,9
Fehler	0,1	0,05	0,1	0,2	0,6	1,55

Tabelle 17: Bereiche der endgültig ausgewählten Merkmalswerte für eine Stichprobe von 12 Zithern

Wir haben hier, ähnlich wie im Gitarrenfall, eine Merkmalskonstellation von Bereichsmittelwerten der Frequenzkurve, für die allesamt hohe Werte anzustreben sind. Wie im Gitarrenfall zeigt sich, dass bauliche Unterschiede der Instrumente bzw. Veränderungen in der Konstruktion die einzelnen Bereiche der Frequenzkurve unterschiedlich beeinflussen und ein allgemeines Anheben nicht gelingt. Sehr deutlich zeigt sich das in der Bewertung der einzelnen Merkmale. In Ermangelung einer Referenzstichprobe muss die Bewertung innerhalb der Stichprobe erfolgen. Tabelle 18 stellt die Bewertung sowie die sich daraus ergebende Rangfolge der Instrumente zusammen. Eine Bewertung unter Verwendung von sechs Merkmalen liefert Urteile zwischen 6 und 30 mit dem Mittelwert 18. Im Falle der zwölf Zithern ergeben sich Werte zwischen 7 und 25. Der Bereich wird also recht gut ausgenutzt. Im Mittel werden 17 Punkte mit einer Standardabweichung von 6 Punkten berechnet.

Merkmal	$L_S(40..600)$	$L_S(600..2000)$	$L_S(800..1200)$	$L_S(2..4k)$	$L_S(0,04..5k)$	f_{max} / Hz	Summe	Rang	Musiker
Zither 1	1	2	4	1	2	3	13	9	9
Zither 2	1	1	1	1	1	2	7	12	11
Zither 3	3	4	2	4	4	2	19	5	10
Zither 4	4	4	4	3	3	2	20	4	8
Zither 5	3	1	2	1	2	2	11	10	7
Zither 6	4	5	4	5	5	2	25	1	4
Zither 7	2	3	4	3	3	4	19	5	2
Zither 8	4	4	4	4	4	5	25	1	1
Zither 9	3	4	3	4	3	2	19	5	5
Zither 10	3	2	2	2	2	5	16	8	6
Zither 11	5	3	3	3	3	5	22	3	3
Zither 12	1	1	1	2	2	1	8	11	12

Tabelle 18: Messtechnisch gestützte Bewertung einer Stichprobe von 12 Zithern nach dem beschriebenen Verfahren. Angegeben ist neben der messtechnisch ermittelten Rangfolge auch die von Musikern hinsichtlich der klanglichen Eigenschaften vergebene Rangfolge.

Die messtechnisch gestützte Bewertung entspricht der Tendenz nach der Musikerbewertung recht gut, es zeigen sich aber auch deutliche Abweichungen wie z. B. bei Instrument Nr. 3 oder 6. Der Korrelationskoeffizient zwischen messtechnisch ermittelten Rang und von den Musikern (im Mittel!) vergebenem Rang beträgt 0,757. Zwischen den einzelnen Musikerurteilen finden wir Korrelationskoeffizienten zwischen 0,603 und 0,852. Man kann also mit der messtechnisch ermittelten Beurteilung durchaus zufrieden sein, da sie einen guten mittleren Trend wiedergibt.

5.2 Mandoline

5.2.1 Aufnahme der Frequenzkurve

Die Arbeiten zur Mandoline waren zeitlich sehr eingegrenzt und erlaubten nicht wie im Gitarrenfall umfangreiche Untersuchungen zur Methodik. So entschlossen wir uns, die Frequenzkurve völlig analog zum Gitarrenfall aufzunehmen. Das Instrument wird in Spielhaltung gefasst, es erfolgen manuelle Impulshammeranschläge am Steg, wir verwenden drei Mikrofone und messen im Frequenzbereich 50 Hz bis 5 kHz. Die weiteren Messparameter sind identisch mit den in Abschnitt 4.3.5 für den Gitarrenfall aufgeführten.

Abbildung 30: Frequenzkurvenmessung Mandoline

In die Untersuchungen gingen sieben hochwertige Instrumente verschiedener Hersteller ein. Abbildung 31 zeigt zunächst die mittlere Frequenzkurve der sieben Instrumente. Man erkennt einen eher glatten Verlauf dieser mittleren Frequenzkurve mit nur einem wirklich ausgeprägten Maximum. Hierbei handelt es sich offensichtlich um die Helmholtzresonanz mit der Frequenz f_H. Weitere charakteristische Resonanzen sind nicht auszumachen. Interessant ist nun die Lage der Helmholtzresonanz bei rund 170 Hz. Die Mandoline ist wie eine Geige gestimmt, jedoch doppelchörig bespannt. Der tiefste Ton ist g mit 197 Hz. Die Helmholtzresonanz trägt also nur mit ihrem obersten Ausläufer zur Übertragung des Spielbereiches bei! Die mittlere Frequenzkurve der Mandoline lässt sich grob für den Spielbereich also wie folgt beschreiben: Oberhalb 1 kHz zeigt sie eine recht gleichmäßige Übertragung, unterhalb 1 kHz fällt sie mit ca. 5 dB / Oktave ab.

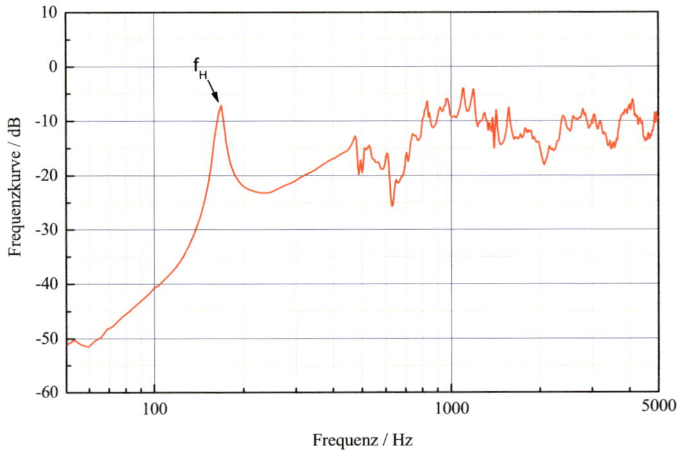

Abbildung 31: Mittlere Frequenzkurve über sieben Mandolinen

5.2.2 Auswahl von Merkmalen

Für die Arbeiten an Mandolinen stand, wie bereits erwähnt, nur wenig Zeit zur Verfügung. Weiterhin konnte nicht auf Ergebnisse aus der Literatur zurückgegriffen werden. Bei der Kreation von Merkmalen griffen wir wieder auf die Summenpegel in den BLUTNER'schen Formantbereichen (Tabelle 4) sowie auf die für Gitarre und Zither bereits bewährten Merkmale zurück, passten sie aber dem Tonumfang der Mandoline an.
Die Vergleiche mit den Urteilen von fünf professionellen Musikern über die sieben Instrumente, die untereinander eine sehr hohe Korrelation aufwiesen ergaben, dass letztlich drei Merkmale der Frequenzkurve wesentlich sind:

- Die möglichst starke Ausprägung, des für eine Reihe anderer Instrumente eher negativ besetzten Bereiches 1,2 kHz ... 2 kHz,
- eine möglichst schwache Ausprägung des unteren Grundtonbereiches 200 Hz ... 600 Hz,
- eine möglichst hohe Lage der ersten Resonanz f_2 nach der Helmholtzresonanz.

Die Betrachtung der einzelnen Frequenzkurven der Instrumente (Abbildung 32) zeigte, dass sich im Bereich um 600 Hz eine oder mehrere Resonanzen abzeichnen, deren Frequenzlage möglichst hoch sein soll. Betrachtet wird stets die unterste der Resonanzen in diesem Bereich. Weitere Untersuchungen ergaben, dass sich zwei weitere Merkmale formulieren lassen, die allerdings die bereits beschriebenen Merkmale nur unterstreichen, keine wirklich anderen Eigenschaften darstellen, aber zur Differenzierung der Bewertung beitragen. Interessant ist, dass die Gesamtübertragung keine Korrelation zu den Musikerurteilen zeigt.

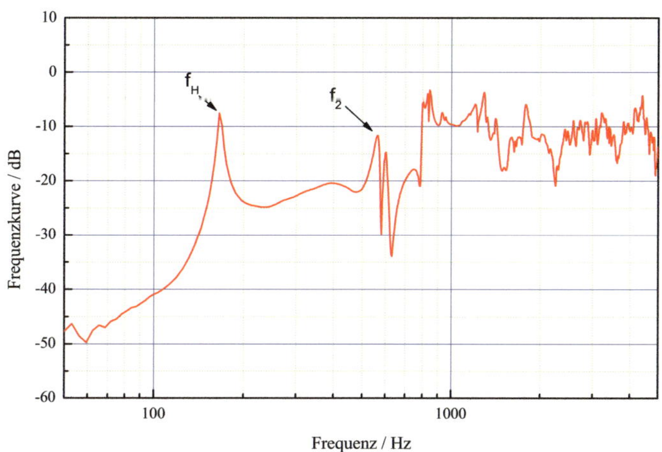

Abbildung 32: Frequenzkurve einer Mandoline

Wir formulieren für die Mandoline folgende Frequenzkurvenmerkmale:

f_2	Frequenz der ersten Resonanz oberhalb der Helmholtzresonanz; positiv bewertet werden hohe Werte
$L_S(200..600)$	Maß für die Übertragung im unteren Grundtonbereich; positiv bewertet werden niedrige Werte
$L_S(1,2..2k)$	Maß für die Übertragung im Bereich 1,2 kHz ... 2 kHz; positiv bewertet werden hohe Werte
$\|L_m(0,2..0,6k) - L_m(2..4k)\| = \Delta L_{Ausg.}$	Maß für den Abfall des unteren Grundtonbereiches gegenüber dem mittleren Obertonbereich; positiv bewertet werden hohe Werte
$L_m(0,2..0,6;2..4k) - L_m(1,2..2k) = \Delta L_n$	Maß für die Hervorhebung des oberen ä-Formanten; positiv bewertet werden hohe Werte

$L_S(f_1..f_2)$ – Summenpegel im Frequenzband f_1 .. f_2, in dB
$L_m(f_1..f_2)$ – mittlerer Pegel im Frequenzband f_1 .. f_2, in dB

Die untersuchten sieben Mandolinen liefern Merkmalswerte in den in Tabelle 19 angegebenen Bereichen. Alle Merkmale erfüllen das Brauchbarkeitskriterium und weisen eine sichere Korrelation zu den Musikerurteilen hinsichtlich des Klanges der Instrumente auf.

Fünf Merkmale liefern einen Bewertungsbereich zwischen 5 und 25. Die sich aus unseren Messungen und Berechnungen ergebende Bewertung ist in Tabelle 20 ersichtlich. Die Bewertung erfolgte wiederum innerhalb der Stichprobe. Sowohl die Differenzierung als auch die Übereinstimmung mit den Musikerurteilen erweist sich im Falle der Mandoline als sehr gut.

Merkmal	f_2 / Hz	L_S(200..600)	L_S(1,2..2k)	$\Delta L_{Ausg.}$	ΔL_n
Mittelwert	519	3,5	12,6	7,7	-0,9
SA	54	1,7	1,9	2,5	1,9
Max.	606	5,8	15,4	11,3	1,3
Min.	459	1,1	9,9	3,6	-4,3
Fehler	1,5	0,15	0,2	0,4	0,3

Tabelle 19: Bereiche der Merkmalswerte für eine Stichprobe von 7 Mandolinen

Merkmal	f_2 / Hz	L_S(200..600)	L_S(1,2..2k)	$\Delta L_{Ausg.}$	ΔL_n	Summe	Rang	Musiker
Instr. 1	3	4	1	3	2	13	4	4
Instr. 2	4	5	4	3	5	21	2	1
Instr. 3	3	4	3	3	4	17	3	3
Instr. 4	2	1	1	1	2	7	7	7
Instr. 5	2	3	2	3	2	12	5	5
Instr. 6	5	5	5	5	4	24	1	1
Instr. 7	1	2	2	1	3	9	6	6

Tabelle 20: Messtechnisch gestützte Bewertung einer Stichprobe von 7 Mandolinen nach dem beschriebenen Verfahren. Angegeben ist neben der messtechnisch ermittelten Rangfolge auch die von Musikern hinsichtlich der klanglichen Eigenschaften vergebene Rangfolge.

5.3 Geige

5.3.1 Aufnahme der Frequenzkurve

Entsprechend den Ergebnissen von MEYER (1986) sollte die Anregung am Steg sowohl parallel als auch senkrecht zur Decke erfolgen. Nun erfolgt die Anregung des Steges durch die Saiten in drei Raumrichtungen: senkrecht zur Decke, parallel zur Decke senkrecht zur Saitenausrichtung und parallel zur Decke parallel zur Saitenausrichtung. Untersuchungen zu Stegen im IfM von VOIGTSBERGER und ZIEGENHALS (1997), bei denen die Anregekräfte am Steg durch die Saiten gemessen wurden, zeigten, dass die Komponente parallel zur Decke parallel zur Saitenausrichtung vernachlässigt werden kann.

Wir orientierten auf die Impulsanregung und wollten nach den Erfahrungen im Bereich der Zupfinstrumente und ersten Erfahrungen mit Kontrabässen wieder mit manueller Anregung in Spielhaltung arbeiten. Für Violinen (und Bratschen) kommt dabei nur der Miniaturimpulshammer in Frage.

Abbildung 33: Einfache Pendelanschlagvorrichtung für Geige

Es entstand nun ein sehr simples, aber schier unlösbares Problem: Weder in Spielhaltung noch bei Verwendung einer Halterung der Geige trifft man die Anschlagpunkte am Steg bei freiem manuellen Anschlag hinreichend häufig und präzise (d. h. man schlägt ständig daneben). Aus diesem Grund musste auf eine Pendelvorrichtung für den Hammer ausgewichen werden. Zunächst versuchten wir, eine ganz einfache Vorrichtung manuell am Griffbrett festzuhalten (Abbildung 33). Es zeigte aber, dass die das Pendel auslenkende Hand das Schallfeld stört, da man sie nicht schnell genug bei dieser Anordnung aus dem relevanten Schallfeldbereich nehmen kann. Dies war sehr deutlich am Verlauf der Kohärenzfunktion erkennbar.

Nach etlichen weiteren Versuchen konstruierte schließlich SCHETELICH die in Abbildung 34 dargestellte Messvorrichtung für Geigen. Hier lenkt die Hand das Pendel so aus, dass man sie mühelos bis zum eigentlichen Anschlag aus dem Schallfeld nehmen kann. Allerdings muss die Vorrichtung für die beiden Anschlagsvarianten senkrecht und parallel zur Decke umgebaut werden, was die Messzeit verlängert. Bei größeren Messreihen spielt das allerdings keine Rolle, da man die Instrumente zunächst alle z. B. mit senkrechtem Anschlag messen kann, dann umbaut und danach die zweite Messreihe durchführt. Die im Bild zu erkennende Klemmvorrichtung an der unteren Auflage des Instrumentes ist so ausgeführt, dass sie das Instrument genau dort und nur dort fixiert, wo sonst der Kinnhalter (also die übliche Fixierung) angreift.

Abbildung 34: Pendelanschlagvorrichtung für Geigen und Bratschen

Aufgrund des verfügbaren 4-Kanal-Analysators wählten wir wiederum eine Drei-Mikrofon-Anordnung unter Verwendung der Viertel-Mikrofonkugel im reflexionsarmen Raum des IfM. Instrument und Pendelvorrichtung werden so justiert, dass sich der Deckenpunkt unter der Stegmitte im Mittelpunkt der Mikrofonkugel befindet. Das erste Mikrofon befindet sich in 1 m Abstand senkrecht zur Decke in der Stegebene. Das zweite Mikrofon wird gegenüber Mikrofon 1 um 45° in Richtung Stimmstockseite (Richtung der e^2-Saite) geneigt und befindet sich immer noch in der Stegebene. Es verkörpert die beim Geigenspiel typisch dem Publikum zugewandte Richtung. Das dritte Mikron wird zusätzlich 45° in Richtung Hals geneigt.

Messraum: reflexionsarmer Raum des IfM (125 m^3, f_u = 125 Hz)

Einspannung: Instrument in Halterung fixiert, Saiten manuell bedämpft

Anregung: Pendelanschlag mit Impulshammer PCB 086 C80, Spezial - tip, manuell ausgelöst
Anschlagort 1: Stegoberkante, Mitte; Anschlag senkrecht zur Decke
Anschlagort 2: Stegoberkante, Bassbalkenseite; Anschlag parallel zur Decke

Mikrofon: Anordnung von drei Messmikrofonen auf Kugeloberfläche r = 1m
Winkelanordnung: 0°/0°, 45°/0°, 45°/45°; Bezugsachse senkrecht zur Decke

Messung: Es werden zwei Messungen aufgenommen,

	Mittelung über 10 Anschläge, Beobachtung der Kohärenz Anschlagort 1, Mittelung über 10 Anschläge, Beobachtung der Kohärenz Anschlagort 2
Kalibrierung:	erfolgt absolut in Pa/N, Ausgabe der Werte linear oder in dB mit 0 dB entsprechen 1 Pa/N
Messbereich:	0 ... 6400 Hz
Auflösung:	1600 Linien, d.h. 4 Hz

Im Ergebnis beider Messungen entstehen also sechs Frequenzkurven. Ausgewertet wird die mittlere Frequenzkurve (Betragsmittelung) aus diesen sechs.

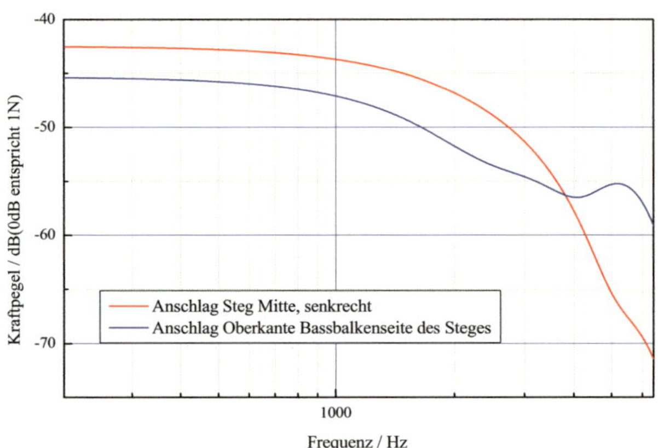

Abbildung 35: In den Steg eingetragenes Kraftspektrum für die angewandten Anschlagsvarianten unter Verwendung des Impulshammers PCB 086 C80

Hinsichtlich des betrachteten Frequenzbereiches führten wir eine Reihe von Versuchen durch. Zunächst verwendeten wir analog zu den beschriebenen Anwendungen für Zupfinstrumente 0 ... 5 kHz. Da der Geigenklang aber gerade im Frequenzbereich ab 3 kHz für den Klang und die Tragfähigkeit wichtige Anteile enthält, erschien uns das letztlich zu wenig. Die Bemühungen den Bereich nach oben zu erweitern, stießen aber schnell an Grenzen hinsichtlich eines ausreichenden Krafteintrags und führten damit zu Kohärenzproblemen. Abbildung 35 stellt die Kraftspektren für den Pendelhammeranschlag im Falle Geige dar. Man sieht, dass für den Anschlag Stegmitte, senkrechter Anschlag bereits bei 5 kHz ein Abfall von 20 dB gegeben ist. Der zweite Anschlag seitlich auf den Steg zeigt einen deutlich besseren Krafteintrag auch im höheren Bereich. Da beide Anschläge Verwendung finden sollen, entschlossen wir uns letztlich, die Messungen im Bereich bis 6400 Hz vorzunehmen.

5.3.2 Auswahl von Merkmalen

Die Betrachtung der Frequenzkurvenmerkmale soll wieder mit dem typischen Verlauf einer Frequenzkurve, hier der Geige beginnen. Abbildung 36 stellt die mittlere Frequenzkurve über 25 recht unterschiedliche Instrumente, gemessen nach der oben beschriebenen Methode, dar. Diese mittlere Frequenzkurve enthält zwei wesentliche Peaks, bei ca. 280 Hz und bei ca. 500 Hz. JANSSON und MORAL (1981) führten, damals unter Verwendung der Technik der

Holographie und der Interferometrie, umfangreiche Untersuchungen zu Moden bzw. Schwingungsformen an Geigen durch. Sie erkannten eine Reihe typischer Schwingungsmoden, die sie systematisch einordneten:

Die Moden der im Korpus eingeschlossenen Luft (Air-Moden, bezeichnet mit AX), einfache eindimensionale Moden von Korpus und Hals (typische Biegenschwingungen des gesamten Instrumentes, Neck-Moden, bezeichnet NX), Moden bei denen vorwiegend Boden oder Decke schwingen (Top-Plate-Moden, bezeichnet mit TX; Back-Plate-Moden, bezeichnet mit BX) und Korpusmoden, bei denen Boden und Decke in Teilen und verschiedenen Phasen schwingen (bezeichnet CX). Die Helmholtzmode ist nach dieser Kennzeichnung die A0-Mode. Anders als bei Gitarren schwingen hier Boden und Decke nicht jeweils in sich gleichphasig zusammen mit der eingeschlossenen Luft. Die A0-Mode liegt typisch um 270 Hz, so dass sie die erste Resonanz der Frequenzkurve verursacht. Bei 470 Hz befindet sich nach JANSSON die erste Deckenmode, T1. Eigene Modalanalysen weisen als Ergebnis aus, dass der Peak bei 500 Hz eher auf typische Kombinationsmoden von Decken- und Bodenschwingungen, also auf C-Moden zurückzuführen ist und sehr oft aus mehreren nahe beieinander liegenden Resonanzen besteht.

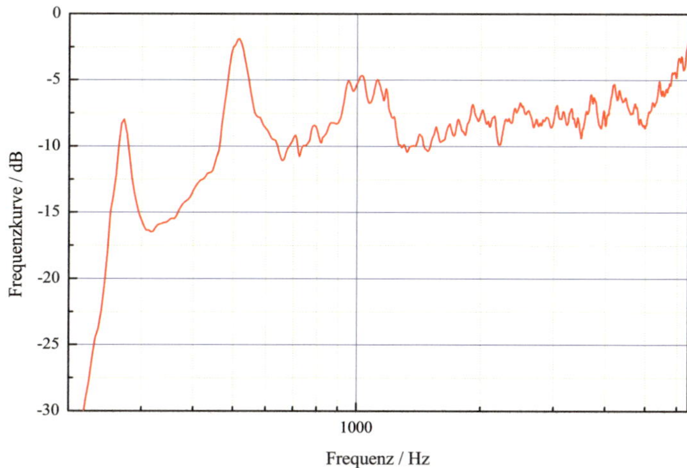

Abbildung 36: Mittlere Frequenzkurve über 25 unterschiedliche Geigen

Im Gegensatz zu anderen Streich- und Zupfinstrumenten findet man in der Literatur zu Geigen konkrete Angaben zu Merkmalen, die man aus Frequenzkurven gewinnt.

EBERHARD MEINEL (unveröffentlichter Bericht des IfM 1981) sichtete die Literatur hinsichtlich von Merkmalen der Frequenzkurve. Er fand Angaben zu üblichen gemessenen Helmholtzresonanzen zwischen 270 Hz und 325 Hz; letzteres bei 1/2-Violinen. Da einerseits altitalienische Geigen Helmholtzresonanzen oft um 250 Hz aufweisen und der tiefste Ton der Geige bei 196 Hz liegt, folgerte er, dass bei guten Geigen die Helmholtzresonanz möglichst tief liegen sollte.

MEYER (1978 und 1982) diskutierte Frequenzkurven von Geigen. Neben den Frequenzen und Pegeln der unteren Resonanzen betrachtete er mittlere Pegel in Terzbereichen. Er verglich dabei insbesondere altitalienische Geigen mit neueren Instrumenten (Fabrikgeigen). Obwohl er die Frequenz der Helmholtzresonanz nicht ausdrücklich als Merkmal herausstellt, sieht er in einer niedrigen Abstimmung die Förderung der Grundtöne der tiefen Lage der g-Saite. Als markante Merkmale hebt er folgendes hervor:

- Die Frequenz der ersten Deckenresonanz (zweite Resonanz der Frequenzkurve) sollte möglichst niedrig liegen.
- Der mittlere Pegel im Bereich 2000 Hz ... 4000 Hz sollte möglichst hoch sein. Dies fördert die Brillanz des Tones.
- Die Pegel in den Terzen 314 Hz und 400 Hz sollen möglichst hoch sein.

DÜNNWALD (1982, 1990 und 1991) formuliert zunächst als ein wichtiges Kriterium den relativen Pegel der Helmholtzresonanz. Dazu wird der Maximalpegel der Frequenzkurve im Frequenzbereich 650 Hz ... 1300 Hz gleich 25 dB gesetzt und dann der Pegel der Helmholtzresonanz dazu ermittelt. Dieser sollte möglichst hoch ausfallen. DÜNNWALD betrachtet weiterhin verschiedene Bereiche der Frequenzkurve zum einen über mittlere Pegel, zum anderen über aus Faltung der Frequenzkurve mit mittleren Saitenspektren berechnete Lautheiten in den Frequenzbereichen. Es entstehen folgende wesentliche Aussagen:

- Der Bereich 650 Hz ... 1300 Hz solle gegenüber den benachbarten Bereichen zurücktreten, da sonst der Klang topfig wirkt.
- Der Pegel im Bereich 1640 Hz ... 4200 Hz sollte über den darüber liegenden Bereich (gemessen wurde bis 7 kHz) dominieren, damit der Klang klar ist, sonst wird er heiser.

Für DÜNNWALD ist also der Bereich 650 Hz ... 1300 Hz ein eher negativer Bereich. Demgegenüber formulierte LOTTERMOSER (1957), dass eine gute Ausprägung sowohl der Bereiche 800 Hz ... 1200 Hz und 2000 Hz ... 4000 Hz der Frequenzkurve positiv zu bewerten sei. Negativ sieht er den Bereich um 1500 Hz, der dem Klang einen nasalen Charakter verleiht. Weiterhin schätzt LOTTERMOSER eine gute Ausgeglichenheit des Bereiches 200 Hz ... 600 Hz mit höheren Bereichen als positiv ein. Wir verzeichnen in diesen Aussagen einen Widerspruch zwischen DÜNNWALD und LOTTERMOSER hinsichtlich des Bereiches um 1 kHz, der einmal positiv und einmal negativ gesehen wird. Die allgemeinen Aussagen von BLUTNER (1981) zu der Bedeutung der einzelnen Frequenzbereiche tendieren aber eher zu LOTTERMOSERs (1957) Meinung. Anhand der Aussagen in der Literatur kann man also folgende Frequenzkurvenmerkmale formulieren:

Frequenz der Helmholtzresonanz f_H	in Hz, positiv bewertet werden niedrige Werte
Frequenz der 1. Deckenresonanz f_l	in Hz, positiv bewertet werden niedrige Werte
rel. Pegel der Helmholtzresonanz L_H	in dB*, positiv bewertet werden hohe Werte
$\lvert L_m(0{,}2..0{,}6) - L_m(2..4)\rvert = \Delta L_{Ausg.}$	ein Maß für die Ausgeglichenheit, positiv bewertet werden niedrige Werte
$L_m(2..4) - L_m(>4) = \Delta L_S$	ein Maß für eine niedrige Schärfe des Klanges, positiv bewertet werden hohe Werte
$L_m(0{,}2..0{,}6;2..4) - L_m(1{,}2..2) = \Delta L_n$	ein Maß für die Unterdrückung des oberen ä-Formanten (näseln), positiv bewertet werden hohe Werte

$L_m(0{,}8..1{,}2) - L_m(0{,}19..5) = \Delta L_A$ relativer Pegel des a-Formant, ein Maß für die Klarheit, positiv bewertet werden hohe Werte

$L_S(0{,}19 .. 6{,}4) = L_{ges}$ Gesamtübertragungspegel, ein Maß für die Lautstärke, positiv bewertet werden hohe Werte.

$L_S(f_1..f_2)$ – Summenpegel im Frequenzband f_1 .. f_2, Angaben in kHz
$L_m(f_1..f_2)$ – mittlerer Pegel im Frequenzband f_1 .. f_2

* Bei der Berechnung des relativen Pegels der Helmholtzresonanz verzichten wir auf die oben beschriebene, von DÜNNWALD eingeführte Normierung des Maximalpegels im Bereich 650 Hz ... 1300 Hz auf 25 dB und verwenden für L_H nur die Pegeldifferenz $L_{abs,H}$ - L_{max}(650 Hz ... 1300 Hz). Unsere Werte sind also stets 25 dB niedriger als die von DÜNNWALD ermittelten.

Es erfolgte 2008 eine entsprechende Untersuchung anhand einer Stichprobe von 25 neuen Violinen, deren Messergebnis auch die Grundlage für Abbildung 36 bilden. Die Wertebereiche der Merkmale sind in Tabelle 21 zusammengestellt.

Merkmal	f_H	L_{RH}	f_1	$dL_{Ausg.}$	dL_S	dL_n	dL_A	L_{ges}
Mittelwert	271	-4,1	511	1,8	-1,5	0,9	-31,3	25
SA	7,5	3,1	18,6	1,4	1,6	0,9	1,7	1,6
Max.	288	2	552	4,7	2	3,1	-29,1	27,6
Min.	252	-12,4	476	0,1	-5	-0,4	-36,8	21,4
Fehler	0	0,9	14	0,3	0,2	0,8	0,4	1

Tabelle 21: Bereiche der Merkmalswerte für eine Stichprobe von 25 Violinen

Alle Merkmale sind hinreichend normalverteilt. f_1 und dL_n erfüllen das Brauchbarkeitskriterium nicht. Für f_1 ist die Ursache klar. Der für f_1 verantwortliche Peak der Frequenzkurve besteht aus mehreren, eng beieinander liegenden Moden. Kleine Unterschiede in der Anregung bevorzugen die eine oder andere Mode, so dass sich die Maximalfrequenz dieses Peaks dementsprechend verschiebt. Das führt zu einer relativ hohen Unsicherheit. Abbildung 37 zeigt im Ergebnis einer Modalanalyse zwei deutlich ausgeprägte, unterschiedliche Moden im entsprechenden Frequenzbereich. Sie liegen 6 Hz auseinander. Eine vergleichbare klare Ursache bei dL_n konnte nicht gefunden werden. Es ist aber zu vermuten, dass die Ursache in der Stichprobe liegt oder das Merkmal an sich keine relevante Größe darstellt.

Abbildung 37: Schwingungsmoden einer Violine bei 545 Hz (links) und 551 Hz (rechts)

Eine Korrelation zwischen den aufgeführten Merkmalen und den mittleren Urteilen von fünf Musikern in einem Spieltest konnte nicht nachgewiesen werden. Andererseits findet sich auch keinerlei Korrelation der Musikerurteile untereinander. Bei einem analogen Test 2000 ergaben sich ebenfalls keinerlei Korrelationen zwischen Musikerurteilen. Hinsichtlich der damaligen Merkmalswerte wurde auf einen Vergleich mit den Musikerurteilen verzichtet, da nur eine provisorische Pendelvorrichtung (Abbildung 33) zum Einsatz kam.

Damit muss festgestellt werden, dass sowohl die Brauchbarkeit des aufgestellten Merkmalssatzes als auch des gesamten Beurteilungsverfahrens anhand einer Fallstudie Violine nicht nachgewiesen werden konnte.

5.4 Bratsche

Für die Bratsche verwenden wir das gleiche Messregime wie für die Geige. Lediglich den Messbereich schränken wir wieder auf 5 kHz ein. Abbildung 38 zeigt die mittlere Frequenzkurve über 14 sehr unterschiedliche Neubauinstrumente. Diese mittlere Frequenzkurve enthält wiederum zwei wesentliche Peaks, bei ca. 220 Hz und bei ca. 440 Hz sowie eine schwächere, breite Resonanz um 900 Hz. Obwohl hier keine entsprechenden Informationen vorliegen, liegt der Schluss nahe, dass die beiden ersten Resonanzen wiederum der Helmholtzschwingung sowie einer Korpusmode wie im Geigenfall zuzuordnen sind. Es fällt auf, dass die Helmholtzresonanz deutlicher als im Geigenfall ausgeprägt ist.

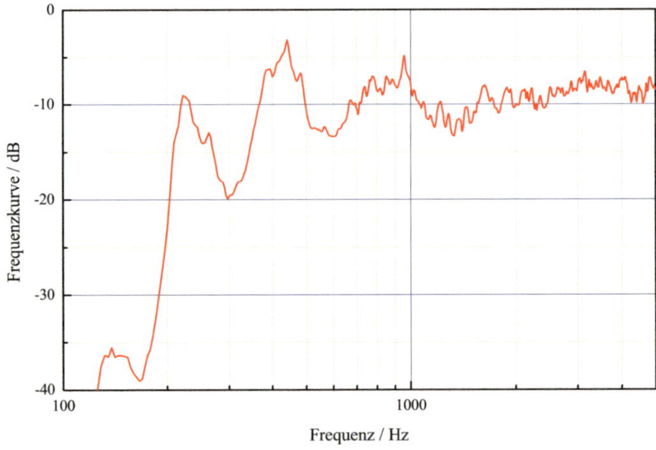

Abbildung 38: Mittlere Frequenzkurve über 14 unterschiedliche Bratschen

Es liegt nahe, auch für die Merkmalsbildung auf die der Geige zurückzugreifen, allerdings müssen sie bei ihrer Betrachtung nach unten, um den Frequenzbereich bis 100 Hz, erweitert werden.
In einer Untersuchung, in welche 14 unterschiedliche Instrumente einbezogen waren und die wiederum von fünf Musikern bewertet wurden, ergab sich folgendes Bild: Die Musikerurteile zeigten im Gegensatz zur Geige untereinander einzelne eindeutige Korrelationen. Von den aus den Frequenzkurven gewonnenen Merkmalen wiesen vier eine eindeutige Korrelation zu den mittleren Musikerurteilen auf:

Frequenz der Helmholtzresonanz f_H — in Hz, positiv bewertet werden, wie erwartet niedrige Werte

Frequenz der 1. Deckenresonanz f_I — in Hz, positiv bewertet werden, wie erwartet niedrige Werte

$L_m(2..4) - L_m(>4) = \Delta L_S$ — Ein ursprünglich für Geigen abgeleitetes Maß für eine niedrige Schärfe des Klanges. Positiv sollten sich hohe Werte auswirken. Der ermittelte Trend bei Bratschen geht aber in die entgegen gesetzte Richtung. Offensichtlich wird bei der an sich dunkleren Bratsche eher etwas Schärfe erwartet.

$L_m(0,8..1,2k) - L_m(0,13..5k) = \Delta L_A$ — Ein ursprünglich für Geigen abgeleitetes Maß für den relativen Pegel des a-Formanten, ein Maß für die Klarheit. Positiv sollten sich hohe Werte auswirken. Der Trend zeigt sich auch hier für Bratschen entgegen gesetzt. Der a-Formant sollte also eher wenig ausgeprägt sein.

Die Messungen liefern für die betrachteten 15 Instrumente die in Tabelle 22 zusammengestellten Merkmalsbereiche. Die Merkmale erwiesen sich als normalverteilt und erfüllen das Brauchbarkeitskriterium. Die Bewertung von Instrumenten anhand von nur vier Merkmalen ist prinzipiell möglich, jedoch ist die Differenzierung gering. Aufgrund der nur bedingten Korrelation der Musikerurteile wurden keine weiteren Untersuchungen anhand der Daten zu weiteren Merkmalen vorgenommen.

Merkmal	**f_H / Hz**	**f_I / Hz**	**ΔL_A**	**ΔL_S**
Mittelwert	225	421	0,4	0,3
SA	9	29	1,6	1,4
Max.	244	484	2,2	2,0
Min.	209	378	-3,1	-2,6
Fehler	1,6	17	0,45	0,8

Tabelle 22: Bereiche der Merkmalswerte für eine Stichprobe von 14 Bratschen

5.5 Cello

5.5.1 Aufnahme der Frequenzkurve

Für die Aufnahme der Frequenzkurve Cello verwenden wir ein Messregime, das sich an die Gitarre anlehnt, aber die Gegebenheiten des Streichinstrumentensteges berücksichtigt. Wie im Geigenfall wird der Steg in zwei Richtungen mit dem Impulshammer angeregt.

Messraum: reflexionsarmer Raum des IfM (f_u = 125 Hz)

Einspannung: Instrument manuell stehend gehalten (Abbildung 39), Saiten manuell bedämpft.
Der Stachel wird soweit ausgefahren, dass sich der Steg bei senkrechter Stellung des Instrumentes 75 cm über dem Boden befindet.

Anregung:	manueller Anschlag mit Impulshammer PCB 086 B 01, steel-Tip, mit tuning-mass Anschlagort 1: Stegoberkante, Mitte; Anschlag senkrecht zur Decke Anschlagort 2: Stegoberkante, Bassbalkenseite; Anschlag parallel zur Decke
Mikrofone:	Anordnung von drei Messmikrofonen auf Kugeloberfläche r = 1 m Winkelanordnung: 0°/0°, 45°/0°, 45°/45°; Bezugsachse senkrecht zur Decke, Bezugspunkt Mitte unter Steg
Messung:	Es werden zwei Messungen aufgenommen: Mittelung über 10 Anschläge unter Beobachtung der Kohärenz Anschlagort 1 Mittelung über 10 Anschläge unter Beobachtung der Kohärenz Anschlagort 2
Kalibrierung:	erfolgt absolut in Pa/N, Ausgabe in dB mit 0 dB entspricht 1 Pa/N
Messbereich:	0 ... 5000 Hz
Auflösung:	1600 Linien, d. h. 3,125 Hz

Im Ergebnis der Messung erhalten wir sechs Frequenzkurven. Ausgewertet wird wiederum die mittlere Frequenzkurve. Die Mittelung erfolgt über den Betrag der entlogarithmierten Frequenzkurve.

Abbildung 39: Haltung des Instrumentes bei der Aufnahme Frequenzkurve Cello

5.5.2 Auswahl von Merkmalen

Für die Auswahl bzw. das Kreieren der Frequenzkurvenmerkmale wollen wir zunächst von der mittleren Frequenzkurve der betrachteten Stichprobe von 15 Celli ausgehen (Abbildung 40). Wir erkennen zwei deutlich ausgeprägte Resonanzen bei ca. 95 Hz und bei ca. 170 Hz. Darüber hinaus findet sich eine nicht so prägnant ausgebildete Resonanz um 1200 Hz. In der konkreten Frequenzkurve eines Cellos ist die Resonanz bei 1200 Hz durchaus prägnant (Abbildung 41). Das weist auf eine breitere Streuung der Frequenz dieser Resonanz von Instrument zu Instrument hin. Die Resonanz um 95 Hz ist offensichtlich der Helmholtzresonanz zuzuschreiben (ASKENFELT 1982), wobei eigene Modalanalysen an verschiedenen Instrumenten keine wirkliche Identifikation der Schwingungsform zuließen. Es zeichnet sich eine Pumpmode, aber wie im Violinenfall mit kleinen gegenphasigen Bereichen auf Decke und/oder Boden ab.

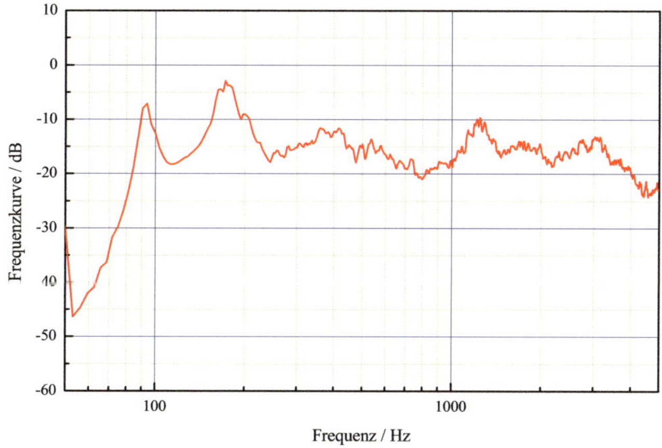

Abbildung 40: Mittlere Frequenzkurve über 15 Celli

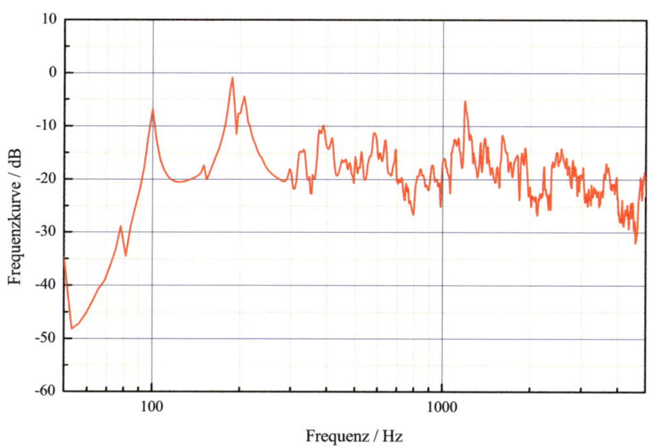

Abbildung 41: Frequenzkurve eines Cellos der betrachteten Stichprobe

In den Bereich um 170 Hz fallen nach ASKENFELT (1982) mehrere Moden dicht nebeneinander. Die höchste Resonanz schreibt er der ersten Deckenmode zu. Eigene Modalanalysen zeigen ebenfalls sehr unterschiedliche Schwingungsformen mit nahe beieinander liegenden Frequenzen, wobei stets mehrere Elemente des Korpus deutliche Bewegungen aufweisen. Abbildung 42 stellt zwei Beispiele gefundener Moden dar. Oben ist jeweils die Decke dargestellt. Die scheinbar fehlende Bewegung des mittleren Bereiches des Unterbugs im rechten Teilbild ist darauf zurückzuführen, dass sich die Mitte der Decke dort unter dem Saitenhalter befindet und für die Hammeranschläge nicht zugänglich war, also für diese Punkte keine

Messwerte vorliegen. Für die Resonanz um 1200 Hz konnten wir keine typische Schwingungsform ausmachen.

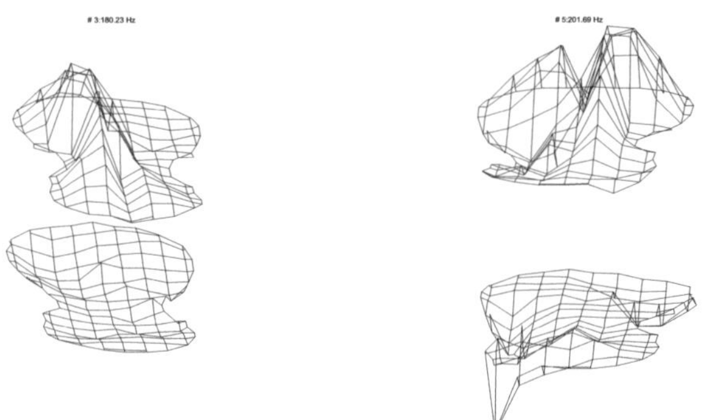

Abbildung 42: Beispiele von Moden im Bereich um 190 Hz zweier Celli

Wir berücksichtigten Frequenz und Pegel der drei beschriebenen Resonanzen bei der Merkmalssuche. Weiterhin wurden wieder die BLUTNER'schen Bereiche sowie die Merkmale Gitarre und Geige, auf den Spielbereich des Cellos angepasst, untersucht. Da die Ausbeute zunächst zu gering erschien, griffen wir einen Hinweis seitens des Labors für Musikalische Akustik an der PTB auf. Hier wird die Lage der Resonanz zur Frequenz des nächstgelegenen musikalischen Tones als Merkmal verwendet. Resonanzen sollen möglichst in der Mitte zwischen zwei Tönen angesiedelt sein. Eine Veröffentlichung hierzu wurde nicht gefunden. Der Vergleich der Merkmale erfolgte mit den Urteilen von fünf professionellen Musikern über die Instrumente. Folgende Merkmale zeigten Korrelationen mit den Urteilen der Musiker:

$\mathbf{f_1}$	Frequenz des ersten Resonanz (ca. 90 Hz) der Frequenzkurve. Sie sollte eine möglichst niedrige Frequenz aufweisen.
$\mathbf{df_1}$	cent-Abweichung der Frequenz der ersten Resonanz der Frequenzkurve von der Grundfrequenz des nächstgelegenen musikalischen Tones. Sie soll gering ausfallen.
$\mathbf{L_S(50..200)}$	Maß für Bassübertragung, positiv bewertet werden hohe Werte
$\mathbf{L_S(2..4k)}$	Maß für Helligkeit, positiv bewertet werden hohe Werte
$\mathbf{\lvert L_m(0{,}05..0{,}6k) - L_m(2..4k)\rvert = \Delta L_{Ausg.}}$	Maß für die Ausgeglichenheit, positiv bewertet werden niedrige Werte
$\mathbf{L_S(0{,}05..5k) = L_{ges}}$	Maß für die Lautstärke, positiv bewertet werden hohe Werte.

$L_S(f_1..f_2)$ – Summenpegel im Frequenzband f_1 .. f_2
$L_m(f_1..f_2)$ – mittlerer Pegel im Frequenzband f_1 .. f_2

Die beiden betrachteten höheren Resonanzen zeigen in ihren Eigenschaften keine Korrelation zur Beurteilung durch die Musiker. Interessant ist, dass die Korrelation hinsichtlich der Frequenzlage der ersten Resonanz entgegen den Erwartungen verläuft. Für die am besten beurteilten Instrumente lag die erste Resonanz sehr nah am nächstgelegenen Ton. Der Nachteil eines auf eine Resonanz fallenden Tones liegt darin, dass er im Vergleich zu den benachbarten Tönen deutlich kräftiger ausfällt. Im Extremfall entsteht bei Streichinstrumenten ein so genannter „Wolf" (auch Wolfton oder Wolfston), der störend wirkt. Nun fallen alle bisher von uns in verschiedenen Untersuchungen gefundenen Wölfe stets auf die zweite Resonanz, deren Frequenzlage aber für die Stichprobe keine Korrelation zur Beurteilung aufweist. Offensichtlich wirkt der Hervorhebungseffekt für den Tonbereich der ersten Resonanz eher positiv, zumal die Gefahr eines Wolfes nicht besteht. Eine analoge Beobachtung machten wir bei der Untersuchung von Westerngitarren, die jedoch nicht Gegenstand dieser Arbeit sind.
Das Merkmal **L_S(50..200)** zeigt keine Korrelation zu den Urteilen. Wir nahmen es trotzdem auf, da Celli vom Tonumfang her maßgeblich in diesem Bereich angesiedelt sind und der Obertonbereich in der Beurteilung zu einseitig berücksichtigt wäre.
Bei den Tests mit Musikern sollten diese den Klang der Instrumente über folgende Merkmale beurteilen: Klang allgemein, Klangvolumen, Dynamik und Ansprache. Die Urteile der Musiker korrelierten in den Untersuchungen hinreichend untereinander, so dass im Gegensatz zu Geige und Bratsche weitere Betrachtungen sinnvoll waren. Unsere messtechnisch gestützten Merkmale korrelieren nun unterschiedlich mit den Musikeraussagen. Die folgende Tabelle 23 verdeutlicht dies.

Merkmal	Klang	Volumen	Dynamik	Ansprache
f_1			-	-
df_1		-	-	
L_S(50..200)				
L_S(2..4k)	+	+	+	+
$\Delta L_{Ausg.}$	-	-	-	
L_{ges}	+	+	+	+

Tabelle 23: Korrelation der messtechnisch gestützten Merkmale mit den Musikerurteilen Cello; graue Felder-keine Korrelation nachweisbar.

Die ermittelten Bereiche der ausgewählten sechs Merkmale sind in Tabelle 24 dargestellt. Alle Merkmale sind normalverteilt und erfüllen das Brauchbarkeitskriterium. Sechs Merkmale liefern einen Bewertungsbereich zwischen 6 und 30.

Merkmal	f_1 / Hz	df_1 / cent	L_S(50..200)	L_S(2..4k)	$\Delta L_{Ausg.}$	L_{ges}
Mittelwert	92,9	29	7,1	3,9	12,1	16,3
SA	3,4	9	1,4	1,5	1,4	0,7
Max.	100	36	9,3	6,1	13,3	16,9
Min.	87,5	4	4,7	1,4	8,2	14,4
Fehler	0	0	0,35	0,15	0,25	0,15

Tabelle 24: Bereiche der Merkmalswerte für eine Stichprobe von 15 Celli

Die sich aus unseren Messungen und Berechnungen ergebende Bewertung ist in Tabelle 25 ersichtlich. Die Bewertung erfolgte wiederum innerhalb der Stichprobe.

Merkmal	f_1/Hz	df_1/cent	L_S(50..200)	L_S(2..4k)	$\Delta L_{Ausg.}$	L_{ges}	Summe	Rang	Musiker
Cello 1	3	4	3	3	2	3	18	8	13
Cello 2	4	2	4	3	3	3	19	5	9
Cello 3	1	2	1	1	1	1	7	15	15
Cello 4	4	2	3	4	3	4	20	2	3
Cello 5	4	2	3	3	3	3	18	8	2
Cello 6	4	2	2	4	4	3	19	5	4
Cello 7	4	2	5	1	2	3	17	13	14
Cello 8	3	4	1	5	4	3	20	2	8
Cello 9	1	2	3	5	4	3	18	8	5
Cello 10	3	4	3	2	3	3	18	8	12
Cello 11	5	5	3	4	3	4	24	1	1
Cello 12	4	2	5	2	3	3	19	5	10
Cello 13	3	4	2	3	3	3	18	8	6
Cello 14	3	4	1	5	4	3	20	2	11
Cello 15	3	4	3	1	1	1	13	14	7

Tabelle 25: Messtechnisch gestützte Bewertung einer Stichprobe von 15 Celli nach dem beschriebenen Verfahren. Angegeben ist neben der messtechnisch ermittelten Rangfolge auch die von Musikern hinsichtlich der klanglichen Eigenschaften vergebene Rangfolge.

Die Differenzierung fällt deutlich geringer als im Falle der Zupfinstrumente aus. Obwohl prinzipiell eine Korrelation zwischen der messtechnisch ermittelten und von den Musikern vergebenen Rangfolge besteht, treten für einzelne Fälle deutliche Unterschiede auf.

5.6 Kontrabass

5.6.1 Aufnahme der Frequenzkurve

Im Falle des Kontrabass bietet es sich an, die Aufnahme der Frequenzkurve analog zum Cello vorzunehmen. Insbesondere Haltung des Instrumentes und Impulsanregung am Steg können äquivalent erfolgen. Anzupassen sind aber Mikrofonpositionen und betrachteter Frequenzbereich.

Der verwendete reflexionsarme Raum des IfM weist zwischen den Keilspitzen die Abmessungen 4,88 m x 4,50 m x 3,10 m auf. Die untere Grenzfrequenz der Auskleidung beträgt 125 Hz. Testmessungen zeigten, dass in der Raumdiagonale bis ca. 80 Hz problemlos gemessen werden kann. Nun liegt aber der tiefste Ton des Standardbass bei kontra E (E_1) mit 41,2 Hz. Wir müssen also im nicht mehr sicheren Bereich des Raumes messen. Da kein anderer Raum verfügbar war, wurde folgende Prämisse gesetzt: Der betrachtete Aufpunkt am Instrument, der Deckenpunkt unter der Stegmitte, soll von den Mikrofonen und der nächstgelegenen Keilspitze mindestens $\lambda/4$ entfernt sein. Gleiches soll für die Mikrofone in Bezug auf die Keilspitzen gelten. $\lambda/4$ für den tiefsten Ton E_1 beträgt rund 2,1 m. Dieses Entfernungsminimum lässt sich im vorhandenen Raum des IfM nicht realisieren. Aufgrund der Höhe beträgt die größte mögliche realisierbare Entfernung 1,55 m. Die erste Resonanz einer Bassfrequenzkurve zeigt sich bei ca. 60 Hz, dieser entspricht ein $\lambda/4$ von ca. 1,43 m. Wir wählten folgenden Kompromiss: Der Aufpunkt des Basses wird mit dem Stachel auf die Mitte zwischen Boden und Decke eingestellt. Es lassen sich dann in Stegebene, d. h. in der Mittelebene des Raumes drei Mikrofone so platzieren, dass sie sich in einer Entfernung von 1,87 m von der Decke befinden, wenn ein Mikrofon senkrecht zur Decke angeordnet ist und die beiden anderen jeweils 22,5° nach links bzw. rechts in der Stegebene gedreht werden. Wegen der dann zu großen Nähe der Mikrofone zu Boden oder Decke wollten wir die Stegebene nicht verlassen. Andererseits erschien die Verwendung nur eines Mikrofons nicht ausreichend.

Hinsichtlich des betrachteten Frequenzbereiches experimentierten wir mit verschiedenen Einstellungen unter Verwendung unterschiedlicher Anschlagtips. Es zeigte sich, dass oberhalb 1600 Hz die Kohärenz der Messungen drastisch abnimmt. Die Verwendung weicher Anschlagtips verschlechtert wie erwartet das Resultat weiter.
Das verwendete Messregime für die Aufnahme der Frequenzkurve Kontrabass stellt sich wie folgt dar:

Messraum: reflexionsarmer Raum des IfM (125 m^3, f_u = 125 Hz)

Einspannung: Instrument manuell in Spielhaltung gehalten, Saiten manuell bedämpft

Anregung: manueller Anschlag mit Impulshammer PCB 086 B 01, steel-Tip, mit tuning-mass
Anschlagort 1: Stegoberkante, Mitte; Anschlag senkrecht zur Decke
Anschlagort 2: Stegoberkante, Bassbalkenseite; Anschlag parallel zur Decke

Mikrofone: Einsatz von drei Messmikrofonen im Abstand von 1,87 m von der Decke, platziert in der Stegebene. Mikrofon 1: senkrecht zur Decke, gegenüber Stegmitte. Mikrofon 2: gegenüber Mikrofon 1 22,5° nach links geschwenkt. Mikrofon 3: gegenüber Mikrofon 1 22,5° nach rechts geschwenkt.
Es wurden teilweise 1''-Kondensatormikrofone MK 102 / MV 101 verwendet.

Messung: Es werden zwei Messungen mit je drei Mikrofonen aufgenommen:
Mittelung über 10 Anschläge unter Beobachtung der Kohärenz Anschlagort 1
Mittelung über 10 Anschläge unter Beobachtung der Kohärenz Anschlagort 2

Kalibrierung: erfolgt absolut in Pa/N, Ausgabe der Werte in dB mit 0 dB entspricht 1 Pa/N

Messbereich: 0 ... 1600 Hz

Auflösung: 1600 Linien, d. h. 1 Hz.

Im Ergebnis der Messung erhalten wir sechs Frequenzkurven. Ausgewertet wird wiederum die mittlere Frequenzkurve. Die Mittelung erfolgt über den Betrag der entlogarithmierten Frequenzkurve.
Abbildung 43 zeigt die Frequenzkurven Kontrabass für die drei ausgewählten Mikrofonpositionen im Vergleich. Für die drei Frequenzkurven wurde über beide Anschlagorte gemittelt. Die Unterschiede sind deutlich geringer als z. B. im Gitarrenfall. Trotzdem erscheint die Verwendung der drei Mikrofonorte im Vergleich nur eines Mikrofons sehr sinnvoll.

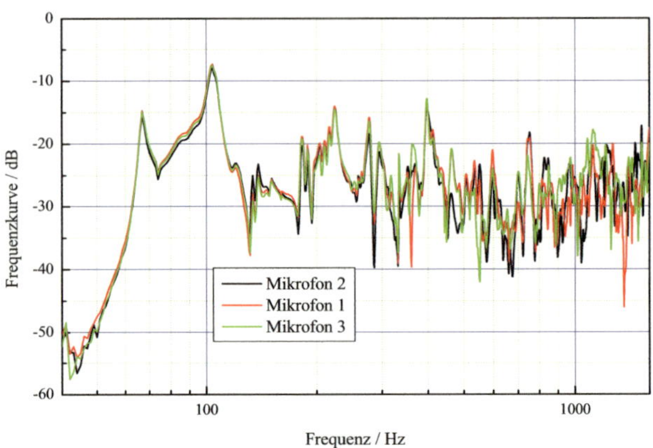

Abbildung 43: Frequenzkurven eines Kontrabasses für die drei verwendeten Mikrofonpositionen

5.6.2 Auswahl von Merkmalen

Für die Auswahl bzw. das Kreieren der Frequenzkurvenmerkmale wollen wir zunächst wieder von der mittleren Frequenzkurve einer betrachteten Stichprobe von acht Bässen ausgehen (Abbildung 44).

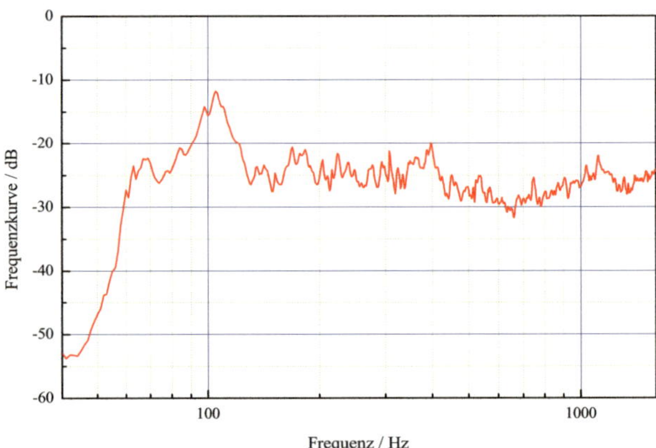

Abbildung 44: Mittlere Frequenzkurve über eine Stichprobe von acht Kontrabässen

Die Stichprobe enthält sowohl in Manufakturen als auch in Meisterwerkstätten hergestellte Instrumente. Wir erkennen, ähnlich dem Cellofall, zwei typische Resonanzen um 65 Hz und um 100 Hz. Die erste Resonanz ist relativ schwach ausgeprägt. Das zeigt sich durchaus auch in den Einzelkurven. An drei Instrumenten, die nicht zur Stichprobe gehörten, führten wir Modalanalysen durch. Diese ergaben, dass die erste Resonanz wie erwartet die Helmholtzresonanz darstellt. Dies entspricht den Feststellungen von ASKENFELT (1982). Ihre Ausprägung zeigte sich aber auch im Kontrabassfall recht schwach. Die zweite Resonanz stellt eine kräftige Bodenschwingung dar, bei der der gesamte Boden in Phase schwingt (Abbildung 45). ASKENFELT (1982) führt die zweite Resonanz auf die erste Deckenmode zurück, was wir nicht bestätigen können. Möglicherweise fällt dies von Instrument zu Instrument unterschiedlich aus.

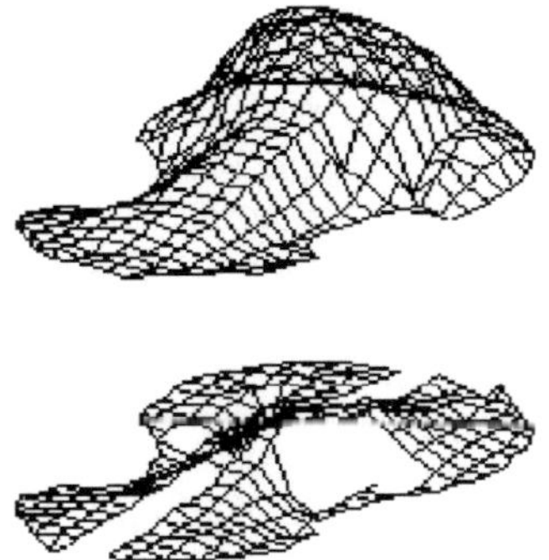

Abbildung 45: Kontrabassmode um 110 Hz

Im Weiteren verläuft die mittlere Frequenzkurve eher glatt, wobei andererseits einzelne Instrumente relativ scharfe einzelne Resonanzen aufweisen.
In der Literatur fand sich ein Merkmal zur Charakterisierung der Frequenzkurve von Kontrabässen. ASKENFELT (1982) nannte sein Merkmal „Voller Basston". Ein solcher wird gehört, wenn die beiden beschriebenen Resonanzen möglichst tief liegen.
Bei der Suche nach den Frequenzkurvenmerkmalen wurden Frequenz, Pegel und Lage zu den musikalischen Tönen der ersten beiden sowie auf den betrachteten Frequenzbereich ausgelegte mittlere und Summenwerte der Frequenzkurve, ähnlich der bereits beschriebenen Vorgehensweise, untersucht. Der Vergleich der Merkmale erfolgte mit den Urteilen von fünf professionellen Musikern für acht Instrumente. Zwischen den Musikerurteilen konnten wieder nur geringe Korrelationen nachgewiesen werden. So verwundert es nicht, dass letztlich nur drei Merkmale gefunden wurden, die sichere Korrelationen mit den mittleren Urteilen der Musiker zeigten:

$\mathbf{f_2}$	Frequenz der zweiten, dominierenden Resonanz der Frequenzkurve. Diese sollte eine möglichst niedrige Frequenz aufweisen.
$\mathbf{L_S(40..100)}$	Summenpegel der Frequenzkurve im Bereich der Grundtöne der unteren Lage. Positiv bewertet werden hohe Werte.
$\mathbf{L_m(0,8..1,2) - L_m(0,6..0,8;1,2..1,6) = \Delta L_{Ausg.}}$	Maß für Ausprägung des Bereiches 800 Hz bis 1200 Hz gegenüber der Frequenzumgebung. Sie sollte möglichst gering ausfallen.

Die ersten beiden Merkmale sind zweifellos eine Modifikation des AKSKENFELT'schen „Vollen Basstones". Das dritte Merkmal beschreibt eine Nichthervorhebung des Bereiches um 1 kHz, der bei anderen Instrumenten eher zur Klarheit beiträgt, wenn er ausgeprägt ist.
Eine Bewertung anhand nur dreier messtechnischer Merkmale ist natürlich fragwürdig. In Ermangelung anderer Ergebnisse wollen wir sie aber dennoch vornehmen. Tabelle 26 beschreibt die Bereiche der Merkmale innerhalb der betrachteten Stichprobe von acht Bässen. Die Merkmale sind normalverteilt und erfüllen das Brauchbarkeitskriterium.

Merkmal	**f_2 / Hz**	**L_S(40..100)**	**$\Delta L_{Ausg.}$**
Mittelwert	105,9	-3,9	0,2
SA	6,6	2,8	0,8
Max.	115	-0,6	1,7
Min.	96	-9,3	-0,9
Fehler	0	0,4	0,4

Tabelle 26 : Bereiche der Merkmalswerte für eine Stichprobe von acht Kontrabässen

Merkmal	**f_2 / Hz**	**L_S(40..100)**	**$\Delta L_{Ausg.}$**	**Summe**	**Rang**	**Musiker**
Bass 1	3	4	4	11	2	3
Bass 2	5	5	4	14	1	1
Bass 3	2	2	3	7	6	7
Bass 4	5	3	3	11	2	2
Bass 5	3	2	3	8	5	4
Bass 6	1	1	1	3	8	8
Bass 7	3	3	3	9	4	6
Bass 8	2	2	3	7	6	5

Tabelle 27: Messtechnisch gestützte Bewertung einer Stichprobe von acht Kontrabässen nach dem beschriebenen Verfahren. Angegeben ist neben der messtechnisch ermittelten Rangfolge auch die von Musikern hinsichtlich der klanglichen Eigenschaften vergebene Rangfolge.

Drei Merkmale liefern einen Bewertungsbereich zwischen 3 und 15. Die sich aus unseren Messungen und Berechnungen ergebende Bewertung der Stichprobe Kontrabass innerhalb der Stichprobe selbst ist in Tabelle 27 ersichtlich. Die Differenzierung ist, obwohl nur drei Merkmale einfließen, nicht deutlich geringer als im Falle Cello. Insgesamt stellt sich die Übereinstimmung zwischen Musikerurteilen und messtechnisch gestützter Bewertung sehr gut dar.

6 Übertragung des Verfahrens auf Blasinstrumente

6.1 Die Eingangsimpedanzkurve

6.1.1 Historische Entwicklung

Auch bei Blasinstrumenten war die Motivation für die Einführung von Messtechnik die Suche nach vom Einsatz von Musikern unabhängigen Möglichkeiten zur Bewertung der Instrumente. Weil dies bei Blasinstrumenten, zumindest in der Vergangenheit, das größte Problem darstellte, zielten die Arbeiten zunächst auf die Stimmungsmessung.
Obwohl WEBSTER bereits 1947 mit Resonanzmessungen an Kesselmundstückinstrumenten experimentierte, orientierten die Experimentatoren in der Anfangszeit auf ein künstliches Anspiel der Instrumente mittels Gebläsen und diversen Zusatz- und Hilfsvorrichtungen. Die folgenden Abbildungen zeigen einige Varianten derartiger Geräte für das künstliche Anspiel von Holzblasinstrumenten.

Abbildung 46: Anblasvorrichtung für Klarinetten von KRÜGER 1957

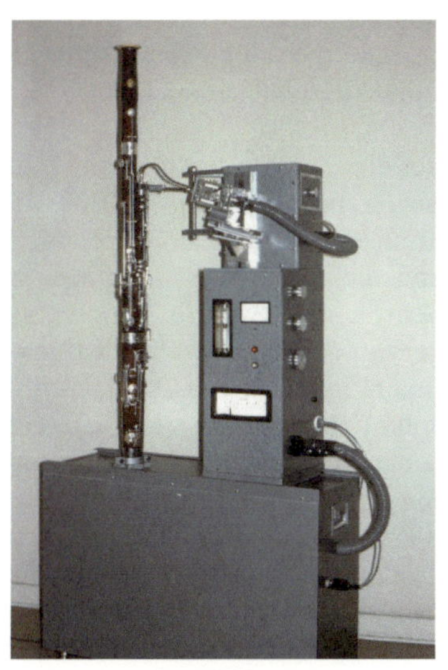

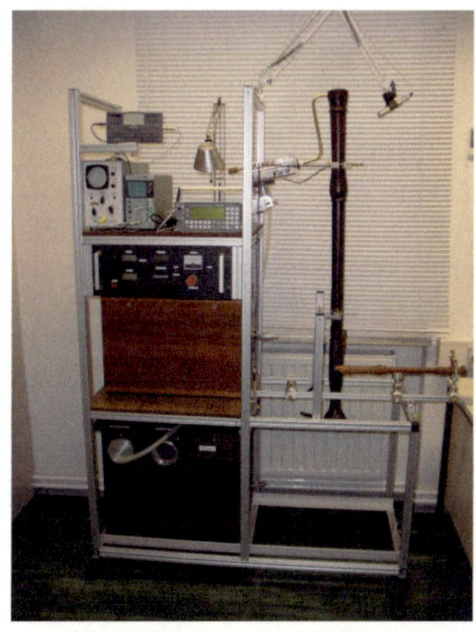

Abbildung 47: Universelle Anblasvorrichtung der PTB um 1975 (links) und Version des IfM (rechts)

Mit Hilfe der dargestellten Anblasvorrichtungen konnten die Instrumente relativ realistisch, entsprechend ihrer tatsächlichen Funktionsweise, im Labor ohne Musikereinfluss betrieben werden. Es gab aber auch etliche Probleme: Die variable Vorspannung und Dämpfung der Rohrblätter, wie sie der Spieler stets vornimmt, ließ nur sehr schlecht auf technischem Wege realisieren. Die Blätter müssen für eine korrekte Funktion stets feucht gehalten werden. Kunststoffblätter, die das nicht benötigen, sind kein universeller Ersatz. Die Nachahmung der Lippenschwingungen, wie sie bei Metallblasinstrumenten auftreten und die hier den eigentlichen Generator bilden, wurde meiner Ansicht nach nie wirklich gelöst. WOGRAM 1972 entwarf für Metallblasinstrumente im Rahmen seiner Dissertation eine Vorrichtung, die auf einer speziellen, hinsichtlich ihrer Drehzahl sehr schnell steuerbaren Lochsirene beruht (Abbildung 48).

Abbildung 48: Anblasvorrichtung für Metallblasinstrumente nach Wogram

Obwohl WOGRAM hier zweifellos eine Vorreiterrolle innehatte, wendete er sich später fast ausschließlich der Eingangsimpedanztechnik zu, was wohl auch auf die letztlich vielen Unzulänglichkeiten des künstlichen Anblasens hinweist. In jüngster Zeit wurde die Technik noch einmal weiter entwickelt. GROTHE stellte auf der DAGA 2008 eine Anblasvorrichtung vor, bei der die Rolle der Rohrblätter oder auch der Spielerlippen moderne, sehr schnell schaltende Ventile übernehmen. Obwohl in der Programmkurzfassung sehr optimistisch hinsichtlich der Funktion des Systems geschrieben wurde, fiel der Vortrag eher kritisch hinsichtlich des Erfolges aus. Andererseits klangen die vorgestellten Klangbeispiele durchaus brauchbar.

Auf ein realitätsnahes Anblasen der Instrumente verzichtet die Untersuchung der Instrumente hinsichtlich ihrer Resonanzstrukturen. Die ersten Versuche hierzu gehen auf WEBSTER (1947) zurück. WEBSTER benutzte einen elektrodynamischen Erreger, dessen Schallenergie über eine akustisch sehr hochohmige Kapillare in Mundstücknähe einer Trompete in das Instrumentenrohr eingespeist wurde. Damit war eine praktisch störungsfreie Schwingungsanregung der Luftsäule von Blasinstrumenten möglich. Über ein am Schalltrichter aufgestelltes Mikrofon war dann die Registrierung der Resonanzmaxima möglich. Dieses Verfahren wurde zur Beurteilung der Stimmung von Trompeten benutzt unter der Annahme, dass die optimale Anregung der Spielfrequenzen auf den jeweiligen Resonanzmaxima der Luftsäule erfolgt. Diese Methode wurde später von KRÜGER (1968) weiterentwickelt und auch auf andere Metallblasinstrumente angewendet. Von WOGRAM (1972) und BENADE (1968) ist die Messmethode dahingehend verfeinert worden, dass die Bedeutung höherer Harmonischer im Anregespektrum (z. B. dem Impuls am Ausgang des Rohrblattes), in der Resonanzcharakteristik und innerhalb der Abstimmung beider für die Tonbildung erkannt und in die Stimmungsberechnungen entsprechend eingearbeitet wurde.
BACKUS (1974 und 1976) hat in zwei grundlegenden Arbeiten die Messverfahren für Holzblasinstrumente und für Metallblasinstrumente präzisiert und quantifiziert. Durch Einbau des Messmikrofons in die Mundstücke und Eichung des anregenden Schallflusses gelang es ihm als Ersten, quantitative Aussagen über den Verlauf der Eingangsimpedanzen bezogen auf die Frequenz zu machen. Die Untersuchungen zeigen erstmals den komplexen Verlauf dieser

Impedanzcharakteristika, die bei den Holzblasinstrumenten neben den regulären, aus der eindimensionalen Schallfortpflanzung in Rohren erklärbaren Resonanzen, noch weitere nichtharmonisch gelegene Resonanzspitzen, insbesondere bei höheren Frequenzen, erkennen lassen. Diese nichtharmonischen Resonanzen treten bevorzugt oberhalb einer zuerst von BENADE (1976) beschriebenen Grenzfrequenz f_c auf, die sich aus der Hochpasswirkung der Sequenz offener Tonlöcher für Schallfrequenzen oberhalb dieser Grenze ergibt. Anschaulich gesprochen, nehmen die Schallwellen oberhalb einer gewissen Frequenz die geöffneten Seitenlöcher nicht mehr wahr, durch welche sie bei niedrigen Frequenzen in den Außenraum treten und abgestrahlt werden, sie wandern vielmehr in Richtung der Rohrachse weiter zum Rohrausgang und werden erst dort teilweise reflektiert. D. h. aber auch, dass für solche Schallwellen das erste sowie die nachfolgenden geöffneten Seitenlöcher keine Reflexionsstellen mehr darstellen, die zu Resonanzen der schwingenden Luftsäule führen. Die zugehörigen Komponenten aus der annähernd harmonischen Serie der Resonanzen verschwinden also. BENADE gibt für die Berechnung der Grenzfrequenz f_c folgende Gleichung an:

$$f_c = 0{,}11c\left(\frac{b}{a}\right)(sh)^{-\frac{1}{2}}$$ **Gleichung 16**

mit

a	-	Bohrungsradius
b	-	Tonlochradius
h	-	Kaminhöhe des Tonlochs
s	-	halber Abstand zwischen zwei aufeinander folgenden geöffneten Tonlöchern
c	-	Schallgeschwindigkeit.

Die Kaminhöhe entspricht dabei nicht allein der Wandstärke bzw. der Wandstärke plus eines aufgesetzten Kamins bzw. einer eingesetzten Hülse der Gesamtlänge ***d***. BENADE gibt vielmehr einen über den Tonlochradius korrigierten Wert (ähnlich einer Mündungskorrektur) an:

$$h = d + 1{,}5b.$$ **Gleichung 17**

6.1.2 Das Grundprinzip der Eingangsimpedanzmessung

Das Grundprinzip geht, wie oben bereits erwähnt, auf zwei Arbeiten von BACKUS 1974 (Holzblasinstrumente) und 1976 (Metallblasinstrumente) zurück.

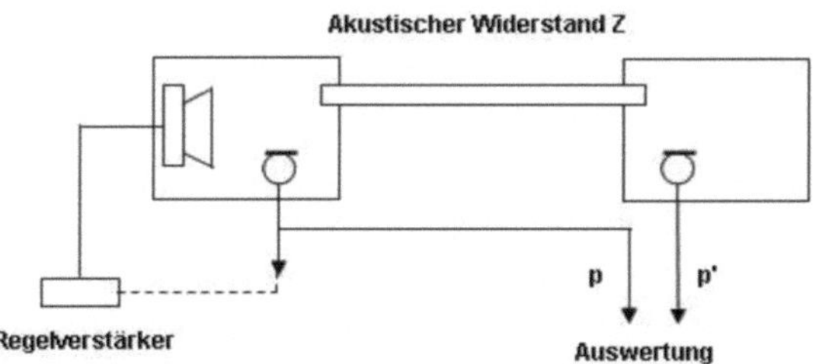

Abbildung 49: Messanordnung zur Prüfung eines akustischen Widerstandes

BACKUS geht zunächst von einer Messanordnung nach Abbildung 49 aus. Ein Generator mit Verstärker speist einen Treiber, der in ein Referenzvolumen arbeitet. Im Referenzvolumen befindet sich ein Referenzmikrofon, das eine Spannung proportional zum Referenzschalldruck ***p*** abgibt. Über einen zunächst nicht näher definierten akustischen Widerstand ***Z*** wird Schall in ein abgeschlossenes Messvolumen V geleitet. Den Schalldruck ***p'*** im Messvolumen ermittelt das Messmikrofon.

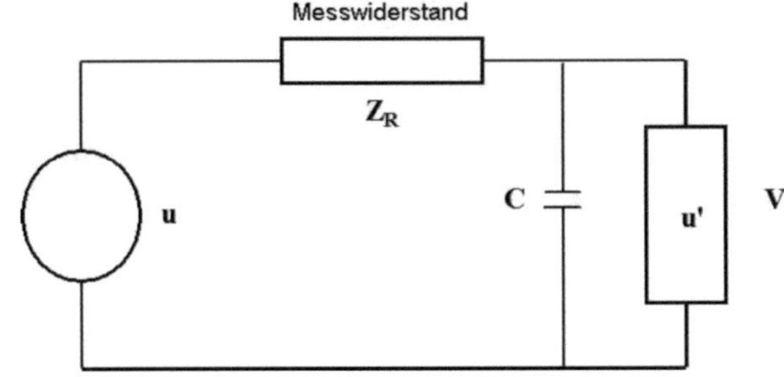

Abbildung 50: Ersatzschaltbild der Messanordnung nach Abbildung 49

Abbildung 50 dokumentiert das elektrische Ersatzschaltbild der Messanordnung. Es gelten folgende Zusammenhänge:

$$u' = \frac{uX_C}{\sqrt{Z_R^2 + X_C^2}}. \qquad \textbf{Gleichung 18}$$

Wählt man ***Z*** mit $|Z_R| >> X_c$ hinreichend groß, geht über zu den akustischen Größen nach Abbildung 49 und fasst alle Konstanten zusammen, so erhält man

$$k\frac{p'}{p} = \frac{1}{Z_R f}. \qquad \textbf{Gleichung 19}$$

Gelingt es, den Widerstand Z_R so zu bauen, dass er frequenzunabhängig ist, d. h. $Z_R \rightarrow R$, so kann ***R*** in die Konstante integriert werden:

$$k'\frac{p'}{p} = \frac{1}{f}. \qquad \textbf{Gleichung 20}$$

Die letzte Gleichung zeigt die Frequenzabhängigkeit der Übertragungskurve ***p'/p*** für den Fall eines frequenzunabhängigen Widerstandes Z_R. In der doppelt logarithmischen Darstellung ist das eine mit 6 dB pro Oktave fallende Gerade. Man kann also messtechnisch leicht prüfen, ob der Bau des Widerstandes ***R*** gelungen ist und für welchen Frequenzbereich dies gilt.

Wie kann man nun einen solchen Widerstand ***R*** technisch realisieren? Pflanzt sich Schall in einem Schallleiter (mit beliebigem Querschnitt) fort, so gibt es frequenzabhängige Effekte, verursacht durch Massebewegung und Kompression (Federwirkung) sowie frequenzunabhängige Effekte auf Reibungsbasis. Die Reibung überwiegt in einem Bereich nahe der Wand. Dieser lässt sich wie folgt beschreiben

$$l_{\max} = \sqrt{\frac{\eta}{\rho\omega}}$$ **Gleichung 21**

mit l_{max} - maximaler Abstand zur Wand
η - Viskosität des Gases (Luft)
ρ - Luftdichte
ω - Kreisfrequenz.

Für 23°C und Luft erhalten wir

$$l_{\max} = 1{,}55 * 10^{-3} \frac{1}{\sqrt{\frac{f}{1Hz}}} m.$$ **Gleichung 22**

Man kann nun davon ausgehen, dass für die Erfassung der Eingangsimpedanz von Blasinstrumenten ein Messbereich bis etwa 2 kHz ausreichend ist. Für f = 2 kHz erhält man $l_{max} \approx 0{,}04$ mm. D. h., gestaltet man den Widerstand so, dass kein Punkt des Hohlraumes weiter als 0,04 mm von der nächstgelegenen Wand entfernt ist, so müsste dieser bis 2 kHz frequenzunabhängig sein. Man könnte dies z. B. realisieren, indem man den Widerstand aus 0,1 mm breiten Spalten zusammensetzt. BACKUS realisierte dies, wie in Abbildung 51 gezeigt. Tests ergaben eine Frequenzunabhängigkeit dieses Widerstandes bis etwa 2,7 kHz.

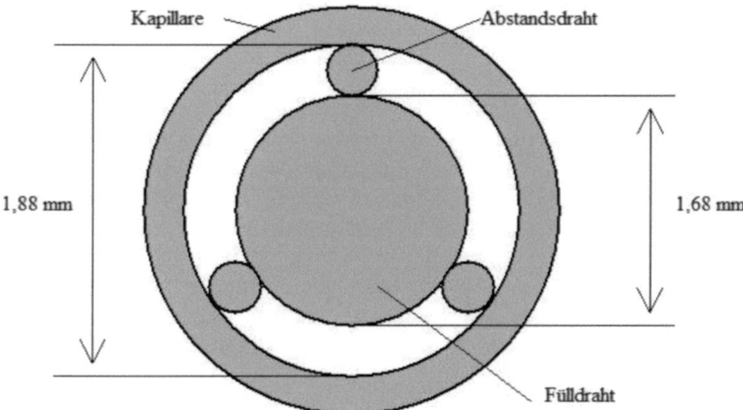

Abbildung 51: BACKUS'sche Ausführung des akustischen frequenzunabhängigen Widerstandes

Ersetzt man nun in der Messanordnung nach Abbildung 49 das abgeschlossene Volumen durch ein geeignet angekoppeltes Blasinstrument und verwendet den Widerstand ***R***, so hat man die gesuchte Messanordnung zur Aufnahme der Eingangsimpedanz. Deren Ersatzschaltbild zeigt Abbildung 52.

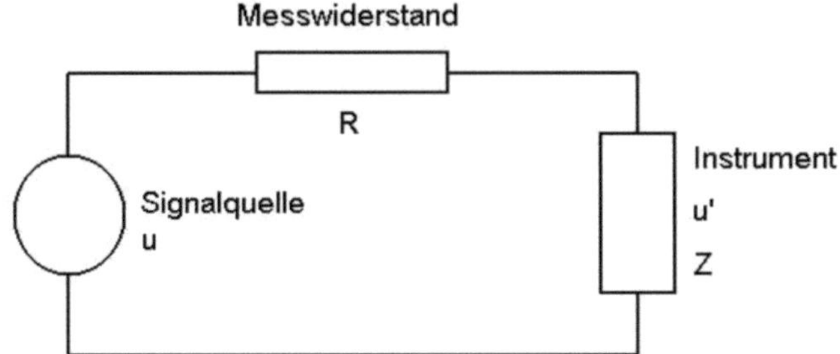

Abbildung 52: Ersatzschaltbild der Messanordnung zur Aufnahme der Eingangsimpedanz von Blasinstrumenten

Entsprechend dem Ersatzschaltbild ergeben sich nun folgende Beziehungen:

$$I = \frac{u}{\sqrt{R^2 + Z^2}}$$ **Gleichung 23**

$$u' = ZI = \frac{Zu}{\sqrt{R^2 + Z^2}}.$$ **Gleichung 24**

Gilt $\boldsymbol{R}^2 >> \boldsymbol{Z}^2$ folgt

$$Z = \frac{u'}{u} R \Rightarrow Z \cong u'.$$ **Gleichung 25**

Das bedeutet: Sind Schalldruck ***p*** der Quelle und Größe des Messwiderstandes ***R*** bekannt, so kann über die Messung des Schalldruckes ***p'*** im Mundstück die Eingangsimpedanz bestimmt werden. Die Ermittlung des akustischen Widerstandes ***R*** erfolgt in der Weise, dass anstelle des unbekannten Instrumentes idealisierte Messobjekte (z. B. zylindrische Rohre verschiedener Länge) angeschlossen werden, deren Eingangsimpedanzen berechnet werden können. Aus den gemessenen Größen ***p*** und ***p'*** sowie den berechneten ***Z*** kann dann ***R*** ermittelt werden. In der Regel ergeben die gefertigten Widerstände unterschiedliche Werte ***R***. Die eingesetzten Mikrofone und die zugehörigen Verstärker weisen sicher ebenfalls unterschiedliche Übertragungsfaktoren auf, so dass jede so aufgebaute Messanordnung kalibriert werden muss. Der kalibrierte, resultierende Widerstand ***R'*** sollte sinnvoller Weise sowohl den ermittelten akustischen Widerstandswert als auch die Übertragungsfaktoren der Mikrofone und der Verstärkerschaltung in einem Wert enthalten.
Abbildung 53 stellt den prinzipiellen Aufbau eines entsprechenden Messkopfes für die Bestimmung des Verlaufes der Eingangsimpedanz bei Blasinstrumenten dar. Der Instrumentenanschluss muss entsprechend den mundstückseitigen Abschlussbedingungen der einzelnen Instrumente über entsprechende Adapter gestaltet werden. So setzt man beispielsweise die Mundstücke von Metallblasinstrumenten mittels einer Überwurfmutter direkt auf die Ebene mit dem Messmikrofon auf. Bei Doppelrohrblattinstrumenten verwendet man das in der Abbildung gekennzeichnete Messvolumen als Ersatzvolumen für die Doppelrohrblätter und

schließt an diese Volumen den S-Bogen oder die Hülse direkt an. Krüger 1994 gibt folgende mittlere Werte für die Ersatzvolumen an:

- Oboe - 300 mm³
- Fagott - 2000 mm³.

Setzt man anstelle des Messvolumens mit Anschluss für S-Bogen oder Hülse eine abgeschlossene Kappe, so kann man sehr schön die Messung gegen ein abgeschlossenes Volumen realisieren und wie oben beschrieben, die Frequenzunabhängigkeit des eingebauten akustischen Widerstandes überprüfen.

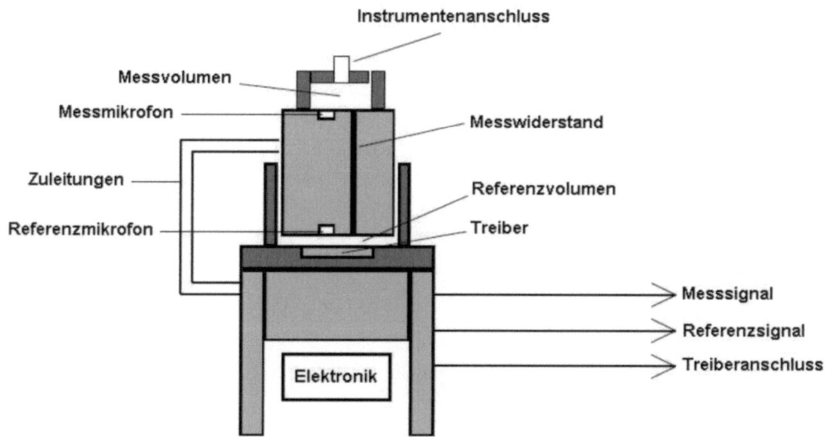

Abbildung 53: Prinzipieller Aufbau eines Impedanzmesskopfes für Blasinstrumente

6.1.3 Verwendete Messanordnung

Bereits in den 1980er Jahren wurde von der Gruppe um WOGRAM (Labor für Musikalische Akustik der PTB) ein Meßsystem für Metallblasinstrumente angeboten, dass auf traditionellen analogen Bausteinen beruhte. Die einzelnen Resonanzen der Eingangsimpedanzkurve mussten dabei manuell vermessen, die Ergebnisse notiert und entsprechend einem beigefügten Algorithmus weiterverarbeitet werden. Seit der ersten Hälfte der 1990er Jahre sind zwei PC-gestützte Systeme für Metallblasinstrumente am Markt, das System „MessKo", das im Labor für Musikalische Akustik der PTB Braunschweig entwickelt wurde sowie das System BIAS des Instituts für Wiener Klangstil. Die Beschreibung von „MessKo" konnte ich in Form einer Bedienungsanleitung bei einem Anwender einsehen. Eine vergleichbar ausführliche Veröffentlichung ist mir nicht bekannt. Auch einen Web-Auftritt ähnlich dem von BIAS konnte ich nicht finden. Jedoch beschreibt WOGRAM (2007) das System und seine Möglichkeiten recht gut. Beide Systeme werden permanent weiterentwickelt und beinhalten neben der reinen Messmöglichkeit verschiedene Module zur Weiterverarbeitung der Daten, so z. B. Korrekturwerkzeuge für Stimmungsfehler an Metallblasinstrumenten.
Den Hardwarekern solcher Messsysteme bilden Messköpfe, in denen, wie oben beschrieben, neben der erforderlichen Elektronik, der Treiber, die beiden Mikrofone und insbesondere der frequenzunabhängige, hohe akustischen Widerstand untergebracht sind. „MessKo" realisiert den Widerstand durch ein Bündel dünner Kupferdrähte, das ringförmig um die beiden Mikrofone zwischen Referenzkammer und Mundstückseite des Messkopfes angeordnet ist. Unsere

Messungen zeigten, dass diese Anordnung nicht hinreichend frequenzunabhängig im interessierenden Frequenzbereich ausfällt. DIX entwickelte 1998 deshalb im IfM eine eigene Variante, bei der um die Mikrofone, ein Ring mit entsprechenden Schlitzen angeordnet ist. Abbildung 55 zeigt die mit dem WOGRAM-Messkopf und dem IfM-Messkopf aufgezeichneten Verläufe der Eingangsimpedanz für ein abgeschlossenes Volumen. Man erkennt, dass die Drahtbündelvariante eine deutliche Frequenzabhängigkeit im interessierenden Bereich aufweist. Die gute Frequenzunabhängigkeit des IfM-Kopfes wird allerdings mit einem sehr hohen Widerstand an sich erkauft, so dass das Signal-Rauschverhältnis im oberen Frequenzbereich deutlich schlechter ausfällt. Einen Vergleich zeigt Abbildung 56. Man erkennt, dass der WOGRAM-Kopf die hohen Resonanzen deutlich besser abbildet, auch wenn die Peakhöhen verfälscht werden. Die deutliche Differenz in den relativen Impedanzwerten resultiert aus der fehlenden Kalibrierung beider Messköpfe. Man sollte also den Kopf je nach dem Ziel der Messung auswählen. Will man eine Stimmungsmessung vornehmen, bei der es nur auf die Frequenzen der Peaks ankommt, ist der WOGRAM-Kopf sicher die bessere Wahl. Benötigt man Aussagen zu den absoluten Verhältnissen der Peakhöhen, ist zweifellos der IfM-Kopf zu bevorzugen. Da nur für den IfM-Kopf alle erforderlichen Adapter zum Anschluss aller in die Untersuchungen einbezogenen Metall- und Holzblasinstrumente vorlagen, verwendeten wir letztlich den im eigenen Haus entwickelten Messkopf (Abbildung 54).

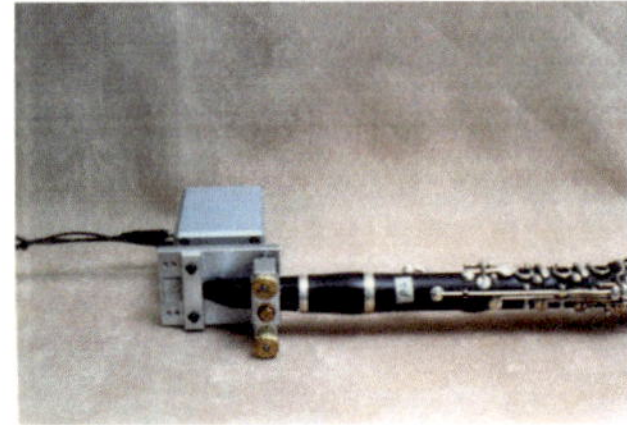
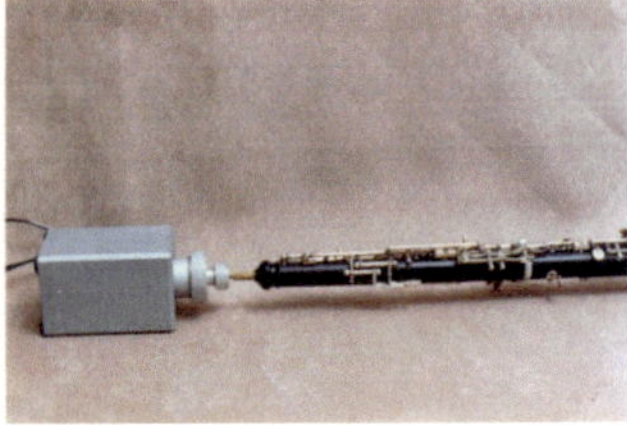

Abbildung 54: Im IfM entwickelter Messkopf für die Aufnahme des Eingangsimpedanzverlaufes bei Blasinstrumenten

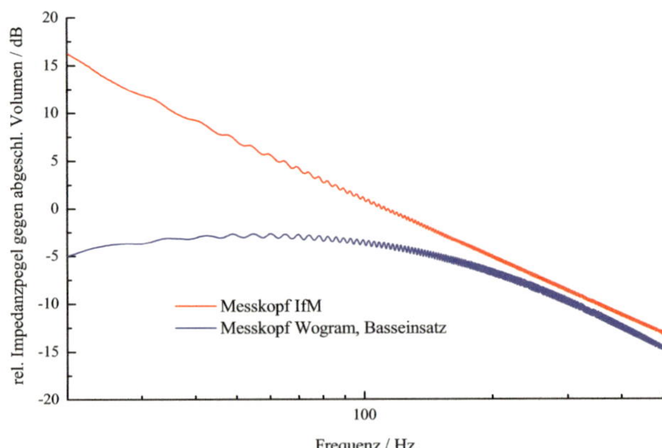

Abbildung 55: Eingangsimpedanzverlauf eines abgeschlossenen Volumens aufgezeichnet mit dem WOGRAM- und dem IfM-Messkopf

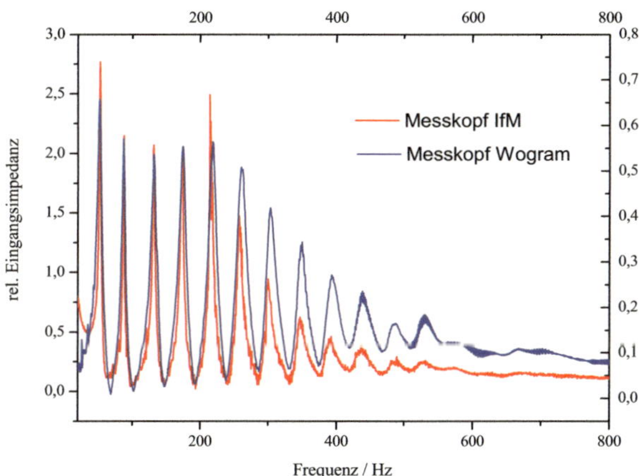

Abbildung 56: Vergleich der Eingangsimpedanzkurven einer Tuba gemessen mit WOGRAM- bzw. IfM-Messkopf

Eine absolute Kalibrierung der akustischen Widerstände der im IfM angefertigten Messköpfe erfolgte nicht. Ebenso wurden die Übertragungsfaktoren der verwendeten Mikrofone und der nachgeschalteten Verstärker nicht exakt bestimmt. Damit sind die resultierenden Widerstände R‘ der verwendeten Messköpfe nicht bekannt. Da die Untersuchungen an verschiedenen Instrumentengruppen mit z. T. unterschiedlichen Messköpfen (Varianten des IfM-Kopfes), deren Verstärker und Widerstände nicht absolut identisch ausfallen, vorgenommen wurden, sind die Ergebnisse dieser Gruppen untereinander hinsichtlich der Peakhöhen nur bedingt vergleichbar. Die Aussagen leiten sich jeweils aus Vergleichen innerhalb einer Stichprobe, z. B. der Untersuchungen an 12 Klarinetten ab. Die Messköpfe enthalten neben Mikrofonen und dem Treiber alle erforderlichen Verstärker, so dass der Kopf direkt an einen handelsüblichen Zwei- oder Mehrkanalanalysator angeschlossen werden kann. Für unsere Untersuchungen kamen verschiedene Typen zum Einsatz. Die Analysatoren ermitteln jeweils die Übertragungskurve zwischen den von Mess- und Referenzmikrofon abgegebenen Signalspannungen, also die gesuchte Funktion p‘/p(f).

6.1.4 Die grundlegenden Merkmale der Eingangsimpedanzkurve

Bei der Messung der Instrumente ist es erforderlich, für jeden genutzten Griff die Eingangsimpedanzkurve aufzunehmen. Bei Metallblasinstrumenten sind das je nach Anzahl der Ventile ca. 10 Griffe, bei Holzblasinstrumenten etwa 30 Griffe. Im Falle der Holzblasinstrumente steht dabei (bis auf wenige Ausnahmen) jeder Griff für einen zu spielenden Ton. Bei Metallblasinstrumenten werden in der Regel mehrere Töne pro Griff gespielt.

Die Maxima der Eingangsimpedanzkurve repräsentieren die Resonanzen der mit dem jeweils gesetzten Griff definierten Luftsäule in der Bohrung. Aufgabe und Ziel des Spielers ist es, durch einen entsprechenden Ansatz genau diese Resonanzen anzuregen. Um eine stationäre Anregung zu erreichen, muss der Spieler der schwingenden Luftsäule permanent phasenrichtig Energie zuführen. Dies erreicht er, indem er das „Energieeinlassventil“ durch Lippenspannung, Lippendruck, Ort des Lippendrucks und Blasdruck so einstellt, dass es vom Schallwechseldruck phasenkorrekt geöffnet und geschlossen werden kann. Aus dieser sehr populärwissenschaftlichen Beschreibung kann man folgende Merkmale der Eingangsimpedanzkurve ableiten:

- Frequenzlage der Resonanzen
  Diese bestimmt die Frequenz, d. h. die Stimmung der gespielten Töne.

- Amplitude der Resonanzen
  Diese bestimmt die Energie, die für die Synchronisation des „Energieeinlassventils“ zur Verfügung steht; je mehr desto besser.

- relative Frequenzlage der einzelnen Resonanzen zueinander
  Diese bestimmt, ob und in welchem Maße mehrere Resonanzen an der Bildung eines Tones beteiligt sind. Sind mehrere Resonanzen beteiligt, kann dies je nach relativer Frequenzlage die Ansprache begünstigen oder beeinträchtigen. Außerdem können höhere Resonanzen die Stimmung beeinflussen, indem sie die Frequenz der sich einstellenden Luftsäulenschwingung von der Frequenz der tiefsten Resonanz „wegziehen“.

- Güte der Resonanzen
  Die Güte drückt sich in der Breite der Resonanzen aus. Eine Resonanz wird umso breiter, je stärker bedämpft sie ist. Starke bedämpfte Resonanzen bedeuten niedrigere Schalldrucke. Damit steht weniger Energie zur Ventilsteuerung zur Verfügung. Breitere Resonanzen bedeuten auch eine weniger starke Fixierung auf die Mittenfrequenz. Die Tonbildung ist weniger auf eine bestimmte Frequenz ausgerichtet, d. h. das Instrument wird flexibler und leichter beeinflussbar.

Die Güte $\boldsymbol{Q}$ einer Resonanz berechnet sich nach der Formel:

$$Q = \frac{f_R}{\Delta f}$$ **Gleichung 26**

mit

$\boldsymbol{f_R}$ - Resonanzfrequenz
$\boldsymbol{\Delta f = f_o - f_u}$
$\boldsymbol{f_{o/u}}$ - obere/untere Grenzfrequenz.

Die Grenzfrequenzen sind die Frequenzen unterhalb und oberhalb der Resonanz, bei denen der Pegel der Impedanzkurve gegenüber dem Pegel bei der Resonanzfrequenz um 3 dB abgefallen ist. Die Güte Q wird durch Reibungs- (vorrangig Wandreibung) und Strahlungsverluste beeinflusst.
Um die genannten Merkmale für einen Griff zu charakterisieren, müssen also folgende Werte aus den Eingangsimpedanzkurven, sozusagen als Primärmerkmale extrahiert werden:

$\boldsymbol{f_n}$ - Resonanzfrequenz
$\boldsymbol{A_n}$ - Amplitude der Resonanz
$\boldsymbol{f_{u,n}}$ - untere Grenzfrequenz
$f_{o,n}$ - obere Grenzfrequenz
$\boldsymbol{n}$ - Nummer der Resonanz.

Es stellt sich die Frage, wie viele Resonanzen zur Charakterisierung eines Griffes herangezogen werden müssen. Man muss hier zunächst grundsätzlich zwischen Metall- und Holzblasinstrumenten unterscheiden. Bei Metallblasinstrumenten werden auf einem Griff mehrere Töne (die Naturtöne des jeweiligen Griffes) unter Ausnutzung der einzelnen Resonanzen gespielt. Dabei geht man ohne weiteres bis zur zwölften Resonanz. Bei der konkreten Auswahl sind je nach Instrument Besonderheiten zu beachten:

- Bei tiefen Instrumenten werden Zusatzventile nur für bestimmte Töne eingesetzt.
- Bei den Trompeteninstrumenten nutzt man nicht die erste Resonanz.
- Die Resonanzen 7 und 11 entsprechen bei idealer Lage der Resonanzen zueinander keinen Frequenzen von musikalischen Tönen, sie liegen dazwischen. Man könnte diese Resonanzen also generell ausklammern. Andererseits sind Musiker durchaus in der Lage, die Töne auf die richtige Höhe zu ziehen, wenn die Resonanzen in ihren Frequenzverhältnissen etwas verschoben werden. Dies kann man mit entsprechenden Kompromissen bei der Wahl des Bohrungsverlaufes (der Mensur) erreichen.

Man muss also die zu betrachtenden Resonanzen von Fall zu Fall auswählen.
Bei Holzblasinstrumenten kann man zunächst generell davon ausgehen, dass die Resonanzen ab der Frequenz des zu spielenden Tones zu betrachten sind. D. h. Resonanzen unterhalb des zu spielenden Tones bleiben unberücksichtigt (Diese werden durch die Überblasgriffe in ihrer Amplitude geschwächt und/oder in ihrer Frequenzlage verschoben.). Nun ist zu klären, wie viele Resonanzen ab der Frequenz des zu spielenden Tones in die Betrachtung einzubeziehen sind. KRÜGER stellt hierzu fest, daß für die Tonbildung die Resonanzen von Bedeutung sind, die miteinander einen regulären Bereich bilden, d. h. ihre Frequenzlagen sind annähernd harmonisch zueinander und die Hüllkurven über die Resonanzspitzen haben einen gleichmäßigen Verlauf. Sind bei einem Holzblasinstrument alle Tonlöcher geschlossen, so zeigt praktisch die gesamte Eingangsimpedanzkurve einen regulären Verlauf. Mit zunehmender Öffnung von Seitenlöchern wird dieser reguläre Verlauf zunehmend gestört. Ursache ist die durch die geöffneten Seitenlöcher herbeigeführte und in Abschnitt 6.1.1 eingeführte Grenzfrequenz f_c. Wir wollen beispielhaft die Grenzfrequenz f_c für ein Fagott Griff D berechnen. Bei Griff D sind die Tonlöcher H_1, C und D geöffnet, das Tonloch für $C^{\#}$ ist geschlossen. Entsprechende Messungen an einem Fagott ergeben:

$\boldsymbol{a}$ = 14,9 mm = 0,0149 m	-	Bohrungsradius am Tonloch D
$\boldsymbol{b}$ = 6,9 mm = 0,0069 m	-	Tonlochradius D
$\boldsymbol{d}$ = 4,8 mm = 0,0048 m	-	Wandstärke am Tonloch D
$\boldsymbol{s}$ = 141,5 mm = 0,1415 m	-	halber Abstand zwischen Tonlöchern D und C
c = 345 m/s	-	Schallgeschwindigkeit.

Setzt man alles in die angegebene Gleichung ein, so ergibt sich eine Grenzfrequenz f_c von rund 380 Hz.

$$f_c = \frac{0{,}11 * 345m/s}{\sqrt{0{,}1415m * (0{,}0048m + 1{,}5 * 0{,}0069m)}} \frac{0{,}0069m}{0{,}0149m} \approx 380Hz$$

Abbildung 57 zeigt die Eingangsimpedanzverläufe für die Griffe B_1 und D des vermessenen Fagottes im Vergleich. Die berechnete Grenzfrequenz ist markiert. Während die Kurve von B_1 eine durchgängig harmonischen Verlauf zeigt (Bei näherer Untersuchung weicht er allerdings deutlich vom streng ganzzahligen Verhältnis der einzelnen Resonanzen zu ersten Resonanz ab.), ist die Kurve von Griff D oberhalb der Grenzfrequenz von 380 Hz deutlich gestört.

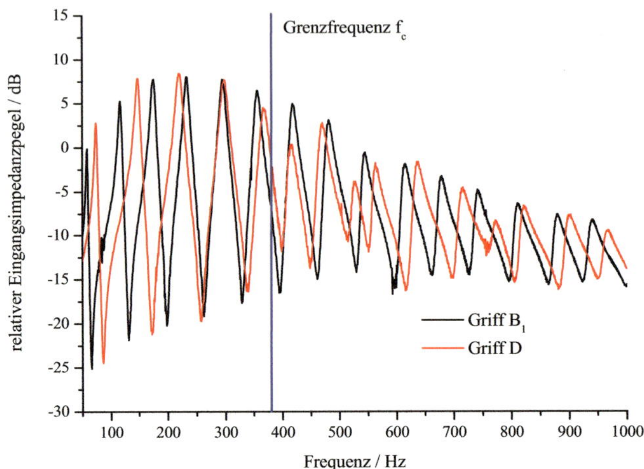

Abbildung 57: Eingangsimpedanzkurven eines Fagottes für die Griffe B_1 und D im Vergleich

Die Grenzfrequenzen liegen nun für jeden Griff etwas anders und hängen außerdem von den konkreten Maßen der einzelnen Instrumente ab. Anhand systematischer Analysen einer Reihe von Instrumenten gibt KRÜGER 1994 folgende instrumenten- und griffspezifische Anzahl zu berücksichtigender Resonanzen für Holzblasinstrumente an (gemeint sind immer aufeinander folgende Resonanzen, beginnend mit der Frequenz des zu spielenden Tones):

Fagott:	Griffe B_1 ... G	-	4 Resonanzen
	Griffe A^b ... H	-	3 Resonanzen
	Griffe c ... f	-	2 Resonanzen
	oberhalb Griff f	-	1 Resonanz
Oboe:	Griffe b ... d^1	-	4 Resonanzen
	Griffe e^{b1} ... g^1	-	3 Resonanzen
	Griffe a^{b1} ... c^2	-	2 Resonanzen
	oberhalb Griff c^2	-	1 Resonanz
Klarinette:	Griffe e ... b^1	-	2 Resonanzen
	oberhalb Griff b^1	-	1 Resonanz
	(Bei Klarinetten haben die Resonanzen das Frequenzverhältnis 1: 3 : ...!)		
Saxophon:	Griffe b ... $c^{\#1}$	-	4 Resonanzen
	Griffe d^1 ... g^1	-	3 Resonanzen
	Griffe a^{b1} ... $c^{\#2}$	-	2 Resonanzen
	oberhalb Griff $c^{\#2}$	-	1 Resonanz.

Die den Griffen zugeordneten Notennamen beziehen sich auf den notierten Spielbereich der Instrumente.

6.1.5 Bildung von Merkmalen zur Beurteilung von Blasinstrumenten

6.1.5.1 Das Cent – Maß

Die dem Musikzieren zu Grunde liegenden musikalischen Skalen, ordnen jedem musikalischen Ton eine bestimmte Frequenz zu. In der Regel handelt es sich dabei um die Frequenz des ersten Teiltones der entsprechenden Einzeltöne (besser Einzelklänge) der Instrumente. Im Zusammenhang mit der Beurteilung der Stimmung von Musikinstrumenten wird ein Maß benötigt, das auch kleine Abweichungen bzw. Unterschiede zwischen zwei Frequenzen, z. B. der gemessenen Ist-Frequenz des ersten Teiltones eines Instrumententones und der Sollfrequenz des Skalentones, gut handhabbar angibt. Die Frequenzskala Hz ist dafür wenig geeignet, da sie nicht dem logarithmischen Aufbau der musikalischen Skalen entspricht. Der gleiche Zahlenwert einer Frequenzabweichung hätte je nach Lage auf der Frequenzskala eine andere Bedeutung. Obwohl nicht die einzige bekannte derartige Skala, hat sich in der musikalischen Akustik und in der Musizierpraxis in Zusammenhang mit Stimmgeräten das cent-Maß durchgesetzt. Es beruht auf folgender Festlegung in Verbindung mit der gleichschwebend temperierten Skala:

- 1 Halbtonschritt = 1/12 Oktavschritt = 100 cent
- 1 Oktave = 12 Halbtonschritte = 1200 cent.

Eine Oktave entsteht bei Verdopplung der Frequenz. 1 cent entspricht also einem Frequenzverhältnis von

$$\sqrt[1200]{2} = 1{,}000578\,.$$

Sind zwei Frequenzen f_1 und f_2 gegeben, so berechnet sich ihre cent-Differenz

$$x = \frac{1200}{\lg(2)} \lg \frac{f_1}{f_2} \text{ cent.} \qquad \textbf{Gleichung 27}$$

Cent-Werte > 0 bedeuten, dass f_1 höher ist als f_2. Aus einer bekannten Frequenz f_2 kann unter Vorgabe einer cent-Abweichung x die entsprechende Frequenz f_1 berechnet werden:

$$f_1 = 10^{\frac{\frac{x}{1cent}\lg(2)}{1200}} f_2 \qquad \textbf{Gleichung 28}$$

bzw.

$$f_1 = 2^{\frac{x}{1200cent}} f_2\,. \qquad \textbf{Gleichung 29}$$

Die Frequenzunterschiede, die gleichen cent-Änderungen entsprechen, hängen von der Tonhöhe ab. So entspricht bei C_1 (32,40 Hz) eine Frequenzänderung von 0,019 Hz einem cent, bei c^1 (261,63Hz) sind es 0,15 Hz und bei c^5 (4186 Hz) schließlich 2,42 Hz. Analog zum Pegel ist das cent-Maß keine absolute Skala, sondern sie bezieht sich immer auf eine festzulegende Frequenz bzw. einen Ton der musikalischen Skala. Die cent-Angabe beschreibt dann eine Abweichung bzw. eine Änderung in Bezug auf diesen Ausgangspunkt. Der als cent-Wert angegebene Frequenzunterschied hat an allen Punkten der Frequenzskala die gleiche Bedeutung in Bezug auf die musikalische Skala. Als Faustregel gilt, dass im Bereich a^1 = 440 Hz eine Frequenzänderung von 1 Hz einem Wert von 4 cent entspricht. Eine heute oft gebräuchliche Anhebung der Stimmung von 440 Hz auf 443 Hz entspricht also 12 cent. Diese 12-cent-Änderung gilt nun für alle Töne in allen Oktaven.

6.1.5.2 Stimmung

Wie bereits mit dem Verweis auf die Arbeiten von BENADE (1968) und WOGRAM (1972) eingeführt, reicht im Allgemeinen die Betrachtung nur einer Resonanz der Eingangsimpedanzkurve für die Beschreibung der für den jeweiligen Griff zu erwartenden Stimmung nicht aus. Für die Beurteilung der Stimmung von Metallblasinstrumenten hat sich ein Auswerteverfahren bewährt, das zuerst von WOGRAM (1972) benutzt und als "Summenpegel" in der Literatur bekannt wurde. In Anlehnung an dieses Verfahren wird von uns seit einiger Zeit für Holzblasinstrumente ein Algorithmus benutzt, der maximal die Amplituden und Frequenzen der tiefsten vier Schwingungsmoden zur Berechnung der Stimmung benutzt und diese vier Moden mit unterschiedlichen Gewichten belegt (KRÜGER 1994). Die Stimmungsabweichung Δa wird hiernach berechnet aus:

$$\Delta a = F^{-1} \sum_n g_n A_n \Delta a_n \text{ cent}$$ **Gleichung 30**

mit

$\boldsymbol{g_n}$	-	Gewichtsfunktion der n-ten Resonanz
$\boldsymbol{A_n}$	-	Amplitude der n-ten Resonanz
$\boldsymbol{\Delta a_n}$	-	Frequenzabweichung der n-ten Resonanz gegenüber der gleichschwebend temperierten Skala in cent
$\boldsymbol{F = \sum g_n A_n}$		ist ein Normierungsfaktor.

Die Gewichtsfaktoren $\boldsymbol{g_n}$ sind instrumentenspezifisch und werden von KRÜGER (1994) wie folgt angegeben:

Fagott:			Oboe:			Saxophon:		
g_1	=	1	g_1	=	3	g_1	=	3
g_2	=	2	g_2	=	2	g_2	=	2
g_3	=	1	g_3	=	1	g_3	=	1
g_4	=	0,5	g_4	=	0,5	g_4	=	0,5

Klarinette: g_1 = 3
g_3 = 2.

Da die Resonanzen bei der Klarinette im Verhältnis 1:3 stehen, wird der zweite Gewichtsfaktor mit $\boldsymbol{n} = 3$ angegeben. Die Auswahl, wie viele Resonanzen für den jeweiligen Griff betrachtet werden, erfolgt wie im vorangehenden Abschnitt beschrieben.

Bei Metallblasinstrumenten ergibt sich für jeden Griff (d. h. jede Ventilkombination bzw. jeden Zug bei Posaunen) eine Reihe von Tönen, die alle mit diesem Griff gespielt werden. Man bezeichnet sie auch als Naturtonreihe. Die erste Resonanz der Eingangsimpedanz liefert den so genannten Pedalton. Er wird nicht bei allen Metallblasinstrumenten genutzt. Die aus der Eingangsimpedanz gewonnenen Daten lieferten hier keine brauchbaren Werte zur Beschreibung der Stimmung. Die Musiker ziehen bei Bedarf den Ton in die richtige Tonhöhe. Die zweite Resonanz wird als den Grundton der Naturtonreihe genutzt. Hier bewährt sich die Berechnung wie bei Holzblasinstrumenten mit den Resonanzen 2, 4, 6, 8 und den Gewichten $g_2 = 3$, $g_4 = 2$, $g_6 = 1$ und $g_8 = 0{,}5$. Für alle höheren Töne der jeweiligen Naturtonreihe genügt es, die Frequenz der jeweiligen Resonanz allein als Maß für die Stimmung zu betrachten und die Abweichung zur Frequenz des Zieltones in cent zu ermitteln, d. h. die Stimmungsabweichung Δa wird in cent angegeben.

6.1.5.3 Ansprache

Die Ansprache wird nach gegenwärtigem Kenntnisstand von mehreren Faktoren beschrieben, die sich auch als Merkmale eignen.

Modenabstimmung nach KRÜGER

Die Abstimmung der einzelnen Resonanzen gegeneinander bringt zum Ausdruck, wie weit es dem Hersteller gelungen ist, den Bohrungsverlauf und die Dimensionierung der Tonlöcher den akustischen Anforderungen anzupassen. Eine möglichst gute Abstimmung der Resonanzen auf streng harmonische Lage (d. h. auf exakte Frequenzverhältnisse 1 : 2 : 3 : 4) ist eine Voraussetzung für das Wirksamwerden des Zusammenwirkens der einzelnen Resonanzen bei der Tonbildung. Die Modenabstimmung wird für jeden Ton und dabei für jede Resonanz n > 1 (sofern diese bei dem konkreten Ton noch von Bedeutung ist; siehe die vorangehenden Abschnitte) bestimmt. Es entstehen also bis zu drei Werte pro Griff (bzw. Ton bei Metallblasinstrumenten) als Repräsentation der Modenabstimmung:

$$\Delta a_{n,r} = \frac{1200}{\ln 2} \ln \frac{f_r}{i f_n} \text{ cent} \qquad \textbf{Gleichung 31}$$

i	-	theoretisches, ganzzahliges Vielfaches der r-ten Resonanz zur n-ten Resonanz, $i = 2, 3, 4$
$\Delta a_{n,r}$	-	Modenabstimmung der Resonanzen n und r in cent
f_n	-	Frequenz der n-ten Resonanz.

Die Modenabweichung $\Delta a_{n,m}$ wird ebenfalls in cent angegeben.

Ansprachefehler nach WOGRAM

Zur Beurteilung der Ansprache von Metallblasinstrumenten wurde von WOGRAM (1988) der sog. Ansprachefehler $\Lambda_{n,r}$ zwischen den beteiligten Moden n und r eingeführt. Dieser ergibt sich aus

$$\Lambda_{n,r} = \left|\Delta a_{n,r}\right| Q_{MW} \qquad \textbf{Gleichung 32}$$

mit

$\Delta a_{n,r}$	-	Modenabstimmung der Resonanz n und r
Q_{MW}	-	mittlere Kreisgüte der beteiligten Moden.

Der Ansprachefehler wurde von WOGRAM als dimensionslose Größe eingeführt, obwohl die Berechnung auch auf die Einheit cent führen würde.
WOGRAM gibt als Grenze für eine brauchbare Ansprache einen so bestimmten Ansprachefehler von 600 (dimensionslose Größe) an. Bei Überschreitung wird die Wechselwirkung der Moden beim Selbsterregungsprozess zunehmend gestört. Der Wert 600 ergibt sich mit der Annahme, dass eine Ansprache so lange gut funktioniert, solange sich das ganzzahlige Verhältnis der Moden innerhalb von 1/3 der Halbwertsbreite der Resonanzen bewegt. Sowohl für Holz- als auch für Metallblasinstrumente können einem Griff mehrere Ansprachefehler zugeordnet werden. Bei Holzblasinstrumenten entspricht jeder Griff einem Ton. Also kann ein Ton mehrere Ansprachefehler aufweisen, z. B. zwischen erster und zweiter, aber auch zwischen erster und vierter Resonanz. Man kennzeichnet diese zweckmäßig durch Indizes der Resonanznummer, z. B. $\Lambda_{1\text{-}3}$. Bei Metallblasinstrumenten liegen mehrere Töne auf einem Griff. Hier wird für jeden Ton nur der Ansprachefehler zwischen erster und zweiter Resonanz, also der Resonanz mit der doppelten Frequenz der ersten Resonanz betrachtet. Ansprachefehler sind nur für die Griffe bzw. Töne definiert, für die es mehrere relevante Resonanzen gibt. Im überblasenen Register der Holzblasinstrumente werden weder Ansprachefehler noch Modenabstimmung betrachtet.

Weitere Ansprachemerkmale

Obwohl ich eine definitive Nennung des Fakts in der Literatur nicht finden konnte, wird die Höhe, also die Ausprägung der Resonanzen A_n als Kriterium für die Ansprache betrachtet. Dabei gilt die Auffassung: Je höher desto besser. **Die Maßeinheit der Amplitude ist die des akustischen Widerstandes (akustisches Ohm) [g/(cm^{4}s) = 10^{5}Ns/m^5]. Da keine Kalibrierung erfolgte, wird keine Maßeinheit zu den ermittelten Werten angegeben.**
Auch der **Güte** selbst wird eine Wirkung auf die Ansprache zugeschrieben, allerdings nicht im Sinne von gut/schlecht. Hohe Güten sollen zu stimmungsstabilen Töne jedoch mit wenig Flexibilität führen, niedrige Güten eine bessere Variation für den Musiker zulassen. Die Güten sollten nach diesen Auffassungen eher gleichmäßig über einen Tonbereich ausgeprägt sein. Die Güte ist eine dimensionslose Größe.

6.1.5.4 Betrachtung von mittleren Merkmalen über Tonbereiche

Nach den Ausführungen im vorangehenden Abschnitt können nun also für jeden Ton m des Instrumentes (bei Holzblasinstrumenten gleichbedeutend für jeden Griff m) folgende Werte ermittelt werden:

- die Stimmungsabweichung Δa_m
- die Amplitude der ersten Resonanz A_m
- die Güte der ersten Resonanz Q_m
- eine oder mehrere Modenabstimmungen $\Delta a_{m,n,r}$
- ein oder mehrere Ansprachefehler $\Lambda_{m,n,r}$.

Es erscheint nun sinnvoll als endgültige Merkmale zur Beurteilung der Instrumente Mittelwerte und Standardabweichungen dieser Größen über bestimmte Tonbereiche des Instrumentes zu verwenden. Bei Metallblasinstrumenten stellen diese Bereiche die einzelnen Griffe dar. Bei Holzblasinstrumenten definiert man sie nach der Spieltechnik oder dem Aufbau der Instrumente und daraus resultierend der Lage der Griffe. Z. B.: Grundregister und überblasenes Register, Griffe auf dem Unter- bzw. Oberstück eines Instrumentes (oft auch als lange und kurze Griffe bezeichnet) oder auch Griffe die nicht überblasen werden und Griffe

die überblasen werden. Konkrete Aufteilungen sind in den folgenden Beispielanwendungen aufgeführt.
Bei der Mittelwertbildung der Stimmung ist für einen sinnvollen Merkmalswert der Betrag der Stimmungsabweichung $|\Delta a_m|$ zu verwenden. Der Mittelwert der Stimmungsabweichung selbst ist nur von Interesse für die Aussage, ob das Instrument oder ein bestimmter Tonbereich insgesamt zu hoch oder zu tief ausgefallen ist.

Für die so ermittelten Merkmale gilt für die Stimmungsmerkmale und die Merkmale der Modenabweichung die Maßeinheit cent. Für die Merkmale der Amplitude können wegen der fehlenden Kalibrierung keine Maßeinheiten angegeben werden. Güte und Ansprachefehler wurden als dimensionslose Größen eingeführt. In den folgenden Ausführungen wird auch für Stimmung und Modenabweichung auf die Angabe der Maßeinheit cent verzichtet.

Für eine Bewertung nach dem eingeführten Verfahren ist die Angabe einer Gut-Tendenz der einzelnen Merkmale erforderlich. Insgesamt fordert man von Instrumenten möglichst gleiche bzw. ähnliche Eigenschaften innerhalb der einzelnen Lagen und auch über den gesamten Spielbereich. Deshalb ist die Gut-Tendenz aller Standardabweichungen stets zu kleinen Werten hin zu wählen. Stimmung, Modenabweichung und Ansprachefehler stellen stets, wie z. T. die Namen bereits verraten, Fehler dar, die klein zu halten sind. Also sind auch für deren Bereichsmittelwerte Gut-Tendenzen zu kleinen Werten hin anzusetzen. Hohen Eingangsimpedanzamplituden sagt man positive Wirkungen hinsichtlich der Ansprache zu. Also sind für die entsprechenden Bereichsmittelwerte Gut-Tendenzen zu hohen Werten zu wählen. Für die mittleren Güten gibt es bislang keine Einschätzungen hinsichtlich der Gut-Tendenz. Wie bereits erwähnt, beruhen diese Aussagen z. T. auf Veröffentlichungen teilweise aus Ergebnissen verschiedener Diskussionen. Systematische Untersuchungen, die die Thesen oder Aussagen untermauern, sind nicht bekannt.

6.2 Anwendung des Beurteilungsverfahren auf verschiedene Holzblasinstrumente

Die hier beschriebene Anwendung des messtechnisch gestützten Beurteilungsverfahrens auf Holzblasinstrumente erfolgte ebenfalls im Wesentlichen im Rahmen des Eingangs Abschnitt 5 erwähnten jährlichen Prüf- und Bewertungsauftrages völlig analog zur Vorgehensweise bei den Streich- und Zupfinstrumenten.

6.2.1 b-Klarinette

Die Untersuchungen erfolgten an einer Stichprobe von 11 deutschen b-Klarinetten. Folgende Merkmale wurden betrachtet:

- Mittelwert und Standardabweichung der Stimmung in vier Lagen – MW/SA $|\Delta a_m|_{Lagen}$
- Mittelwert und Standardabweichung des Ansprachefehlers in zwei Lagen – MW/SA $\Lambda_{m,1\text{-}3}|_{Lagen}$
- Mittelwert und Standardabweichung der Modenabstimmung in zwei Lagen – MW/SA $\Delta a_{m,1\text{-}3}|_{Lagen}$
- Mittelwert und Standardabweichung der Peakamplitude in vier Lagen – MW/SA $A_1|_{Lagen}$
- Mittelwert und Standardabweichung der Güte in vier Lagen – MW/SA $Q_1|_{Lagen}$.

Folgende Lagen wurden betrachtet:

- tiefe Lage (TL) Griffe e bis c^1 klingend d ...b
- untere Mittellage (unt.ML) Griffe $c^{\#1}$ bis b^1 klingend h ... a^{b1}
- obere Mittellage (ob.ML) Griffe h^1 bis g^2 klingend a^1 ... f^2
- hohe Lage (HL), Griffe ab a^{b2} klingend ab $f^{\#2}$.

Diese Unterteilung resultiert aus der Lage der Töne auf den Teilen der Klarinette:

- tiefe Lage (TL) Grundtöne auf Unterstück
- untere Mittellage (unt.ML) Grundtöne auf Oberstück
- obere Mittellage (ob.ML) 1 x überblasene Töne auf Unterstück
- hohe Lage (HL), 1 x überblasene Töne auf Oberstück.

Die Messungen lieferten folgende Merkmalsbereiche (Tabelle 28 bis Tabelle 31):

Merkmal	MW $\|\Delta a_m\|_{Lagen}$				SA $\Delta a_m\|_{Lagen}$			
	TL	unt.ML	ob.ML	HL	TL	unt.ML	ob.ML	HL
Mittelwert	19	11	17	20	7	10	4	8
SA	5	6	6	5	3	3	2	2
Max.	28	19	24	28	12	15	8	10
Min.	12	1	8	13	3	7	2	6
Fehler	3	6	2	5	1	0	2	1

Tabelle 28: Bereiche der Merkmalswerte für eine Stichprobe von 11 b-Klarinetten

Merkmal	MW $A_{m,1-3}\|_{Lagen}$		SA $A_{m,1-3}\|_{Lagen}$		MW $\Delta a_{m,1-3}\|_{Lagen}$		SA $\Delta a_{m,1-3}\|_{Lagen}$	
	TL	unt.ML	TL	unt.ML	TL	unt.ML	TL	unt.ML
Mittelwert	291	994	126	796	14	38	5	33
SA	108	183	65	106	6	7	2	4
Max.	431	1354	275	906	26	50	9	38
Min.	115	743	46	564	5	29	3	23
Fehler	70	15	11	15	1	2	0,5	0,5

Tabelle 29: Bereiche der Merkmalswerte für eine Stichprobe von 11 b-Klarinetten

Merkmal	MW $A_1\|_{Lagen}$				SA $A_1\|_{Lagen}$			
	TL	unt.ML	ob.ML	HL	TL	unt.ML	ob.ML	HL
Mittelwert	1,21	1,79	0,76	0,87	0,215	0,138	0,08	0,152
SA	0,25	0,05	0,19	0,09	0,093	0,05	0,059	0,034
Max.	1,55	1,84	1,02	0,96	0,325	0,253	0,186	0,216
Min.	0,79	1,71	0,44	0,73	0,073	0,091	0,018	0,086
Fehler	0,15	0,01	0,09	0,02	0,032	0,013	0,041	0,015

Tabelle 30: Bereiche der Merkmalswerte für eine Stichprobe von 11 b-Klarinetten

Merkmal	MW $Q_1\|_{Lagen}$				SA $Q_1\|_{Lagen}$			
	TL	unt.ML	ob.ML	HL	TL	unt.ML	ob.ML	HL
Mittelwert	15,4	22,5	24,6	30,9	2,9	1,5	3,2	4
SA	3,3	0,6	6,7	4,1	1,2	0,7	2,2	2,1
Max.	20,2	23,4	33,8	35,2	4,4	3	7,3	6,8
Min.	10,1	21,3	14,8	23,3	1	0,8	0,9	0,6
Fehler	2,05	0,15	2,4	0,85	0,4	0,2	1,4	1

Tabelle 31: Bereiche der Merkmalswerte für eine Stichprobe von 11 b-Klarinetten

Alle Merkmale erwiesen sich als normalverteilt. Das Brauchbarkeitskriterium erfüllen nicht: MW $|\Delta a_m|_{unt.\,ML}$, MW $|\Delta a_m|_{HL}$, SA $|\Delta a_m|_{ob.\,ML}$ und SA $A_1|_{ob.ML}$.
Eine widerspruchsfreie Korrelation zu den mittleren Aussagen von fünf Testmusikern zeigt sich in folgenden Fällen:

- MW $A_1|_{unt.ML}$ und MW $A_1|_{HL}$
- MW $Q_1|_{unt.ML}$ und MW $Q_1|_{HL}$.

Die größte Bedeutung für die mittleren Musikerurteile scheint die Ausprägung der Resonanzen im Oberstück zu haben!

Unabhängig von der Erfüllung des Brauchbarkeitskriteriums erfolgte eine Bewertung nach dem beschriebenen Verfahren einmal anhand aller 32 Merkmale und einmal nur anhand der vier Merkmale mit nachgewiesener Korrelation. Tabelle 32 zeigt die so ermittelte Rangfolge der Instrumente im Vergleich mit der durch die Musiker vergebenen Rangfolge.

ermittelte Rangfolge	alle Merkmale	korrelierende Merkmale	Musiker
Instrument 1	6	2	6
Instrument 2	1	5	5
Instrument 3	10	8	9
Instrument 4	3	1	4
Instrument 5	8	2	7
Instrument 6	4	10	3
Instrument 7	2	5	8
Instrument 8	9	7	2
Instrument 9	11	9	10
Instrument 10	4	2	1
Instrument 11	7	11	11

Tabelle 32: Ergebnis der Bewertung der Stichprobe von 11 b-Klarinetten

Bewertet man mit allen Merkmalen oder nur mit den vier korrelierenden Merkmalen, so entsteht in beiden Fällen keine wirkliche Korrelation in der Rangfolge mit dem Summenurteil der Musiker über alle Klangmerkmale. Beide Varianten erscheinen gleich gut. Wirkliche Widersprüche (wie erster und letzter Platz) treten aber nicht auf. Insgesamt erweist sich die Bewertung in der Praxis als durchaus brauchbar.
Es tritt natürlich sofort die Frage auf, warum die Bewertung mit 32 Merkmalen, von denen nur für vier Merkmale eine Korrelation zu den Urteilen der fünf am Test beteiligten Musiker nachgewiesen werden konnte, zu immer noch brauchbaren Ergebnissen führt. Dazu sind zwei Argumente anzuführen: Erstens tendieren etliche Merkmale durchaus in Richtung der Musikeraussagen, jedoch erreicht der Betrag des Korrelationskoeffizienten nicht ganz die Entschei-

dungsgrenze. In der Summe aller Urteile weist die Tendenz dann doch in Richtung der Musikerurteile. Zweitens ist die Gruppe der fünf Testmusiker doch nur eine sehr beschränkte, wenn auch hochkarätige Auswahl der Grundgesamtheit. Wie bereits ausgeführt, standen jedoch für die dargestellten Beispielanwendungen stets nur fünf Musiker zur Verfügung.

6.2.2 Fagott

Die Untersuchungen erfolgten an einer Stichprobe von 5 modernen Fagotten. Folgende Merkmale wurden betrachtet:

- Standardabweichung der Stimmung in drei Lagen –SA $|\Delta a_m|_{Lagen}$
- Mittelwert und Standardabweichung des Ansprachefehlers 1-2, Griffe B_1 bis f – MW/SA $\Lambda_{m,1\text{-}2}|_{Griffe}$
- Mittelwert und Standardabweichung des Ansprachefehlers 1-3, Griffe B_1 bis H – MW/SA $\Lambda_{m,1\text{-}3}|_{Griffe}$
- Mittelwert und Standardabweichung des Ansprachefehlers 1-4, Griffe B_1 bis G – MW/SA $\Lambda_{m,1\text{-}4}|_{Griffe}$
- Mittelwert und Standardabweichung der Peakamplitude in drei Lagen – MW/SA $A_{1,Lagen}$.

Folgende Lagen wurden betrachtet:

- tiefe Lage (TL), Griffe B_1 ... F
- Mittellage (ML), Griffe $F^{\#}$ ... f
- hohe Lage (HL), Griffe ab $f^{\#}$.

Die Messungen liefern für die betrachteten 5 Instrumente folgende Merkmalsbereiche:

Merkmal	SA $\Delta a_m\|_{Lagen}$		
	TL	ML	HL
Mittelwert	6	15	22
SA	5	2	9
Max.	15	18	38
Min.	3	12	15
Fehler	6	1	5

Tabelle 33: Bereiche der Merkmalswerte für eine Stichprobe von 5 Fagotten

Merkmal	MW $\Lambda_{m,1\text{-}r}\|_{Griffe}$			SA $\Lambda_{m,1\text{-}r}\|_{Griffe}$		
	1-2	1-3	1-4	1-2	1-3	1-4
Mittelwert	261	403	652	180	264	189
SA	126	87	101	64	56	56
Max.	458	553	775	257	330	250
Min.	138	329	499	108	195	106
Fehler	17	9	27	12	14	14

Tabelle 34: Bereiche der Merkmalswerte für eine Stichprobe von 5 Fagotten

Merkmal	MW $A_{1,Lagen}$			SA $A_{1,Lagen}$		
	TL	ML	HL	TL	ML	HL
Mittelwert	1,1	2,4	2,8	0,3	0,7	0,3
SA	0,2	0,3	0,2	0,1	0,2	0,1
Max.	1,3	2,7	3,2	0,4	1	0,5
Min.	1	2	2,6	0,2	0,6	0,2
Fehler	0,1	0,25	0,1	0,05	0,2	0,15

Tabelle 35: Bereiche der Merkmalswerte für eine Stichprobe von 5 Fagotten

Alle Merkmale erwiesen sich als normalverteilt. Das Brauchbarkeitskriterium erfüllen nicht: SA $|\Delta a_m|_{TL}$, MW $A_1|_{ML}$, und SA $A_1|_{ML}$.
Eine widerspruchsfreie Korrelation zu den Aussagen von fünf Testmusikern zeigt sich lediglich für zwei der betrachteten Merkmale:

- MW $\Lambda_{m,1\text{-}3}|_{Griffe}$,
- MW $\Lambda_{m,1\text{-}4}|_{Griffe}$.

Unabhängig von der Erfüllung des Brauchbarkeitskriteriums und der Korrelation mit den Musikerurteilen erfolgte eine Bewertung nach dem beschriebenen Verfahren anhand aller 15 Merkmale. Eine Bewertung anhand eines eingeschränkten Merkmalssatzes erschien hier nicht sinnvoll.

ermittelte Rangfolge	alle Merkmale	Musiker
Instrument 1	1	1
Instrument 2	3	3
Instrument 3	4	4
Instrument 4	2	2
Instrument 5	5	5

Tabelle 36: Ergebnis der Bewertung der Stichprobe von 5 Fagotten

Obwohl eine Korrelation zwischen den Einzelmerkmalen und den Musikerurteilen nur für zwei Merkmale nachzuweisen ist und für die anderen Merkmale teils widersprüchliche Tendenzen beobachtet werden, ergibt die Bewertung eine vollständige Übereinstimmung der Musikerurteile mit der messtechnischen Bewertung. Für eine Erklärung des Phänomens sei auf die Ausführung in Zusammenhang mit der b-Klarinettenstichprobe verwiesen.

6.2.3 Oboe

Die Untersuchungen erfolgten an einer Stichprobe von 5 deutschen Oboen. Folgende Merkmale wurden betrachtet:

- Standardabweichung der Stimmung in zwei Lagen –SA $\Delta a_m|_{Lagen}$
- Mittelwert und Standardabweichung des Ansprachefehlers 1-2, Griffe b bis c² – MW/SA $\Lambda_{m,1\text{-}2}|_{Griffe}$
- Mittelwert und Standardabweichung der Peakamplitude in zwei Lagen – MW/SA $A_{1,Lagen}$
- Mittelwert und Standardabweichung der Güte in zwei Lagen – MW/SA $Q_{1,Lagen}$.

Folgende Lagen wurden betrachtet:

- untere Lage (UL), Griffe b ... c^2
- obere Lage (OL), Griffe ab $c^{\#2}$.

Die Messungen liefern für die betrachteten 5 Instrumente die in Tabelle 37 aufgeführten Merkmalsbereiche:

	SA $\Delta a_m\|_{UL}$	SA $\Delta a_m\|_{OL}$	MW $\Lambda_{m,1-2}$	SA $\Lambda_{m,1-2}$	MW $A_{1,UL}$	MW $A_{1,OL}$	SA $A_{1,UL}$	SA $A_{1,OL}$	MW $Q_{1,UL}$	MW $Q_{1,OL}$	SA $Q_{1,UL}$	SA $Q_{1,OL}$
Mittelwert	11	20	328	291	5	5,5	1,3	0,4	11,37	12,24	1,51	1,1
SA	2	3	43	85	0,3	0,3	0,1	0,1	0,6	0,72	0,46	0,56
Max.	13	25	366	420	5,2	5,8	1,5	0,5	11,72	12,91	1,82	1,99
Min.	7	17	267	203	4,5	5,3	1,2	0,2	10,3	11,1	0,73	0,66
Fehler	1	1	29,5	36	0	0,05	0	0,05	0,04	0,005	0,005	0,06

Tabelle 37: Bereiche der Merkmalswerte für eine Stichprobe von 5 Oboen

Alle Merkmale zeigen sich hinreichend normalverteilt. Das Brauchbarkeitskriterium erfüllt nicht der Mittelwert des Ansprachefehlers MW $\Lambda_{m,1-2}$.
Eine Korrelation zwischen messtechnisch gestützten Merkmalen und den Urteilen der fünf Testmusiker zeigt sich in folgenden vier Fällen:

- MW/SA $A_{1,Untere\ Lage}$
- MW/SA $Q_{1,Untere\ Lage}$.

Wie im Klarinettenfall bewerteten wir unter Einbeziehung aller 12 Merkmale und nur mit den vier korrelierenden Merkmalen. Tabelle 38 zeigt die ermittelte Rangfolge der Instrumente im Vergleich mit der durch die Musiker vergebenen Rangfolge.

Rangfolge	alle Merkmale	korrelierende Merkmale	Musiker
Instrument 1	5	5	5
Instrument 2	3	4	2
Instrument 3	3	1	4
Instrument 4	1	1	3
Instrument 5	2	1	1

Tabelle 38: Ergebnis der Bewertung der Stichprobe von 5 Oboen

Obwohl formal wiederum keine Korrelation im Rang zwischen messtechnisch gestütztem Test und Musikerurteilen nachzuweisen ist, kann man die Übereinstimmung als recht brauchbar ansehen. Die Beschränkung auf die korrelierenden Merkmale ergibt keine Verbesserung.

6.2.4 Bassklarinette

Die Untersuchungen erfolgten an einer Stichprobe von 5 Bassklarinetten mit deutschem System. Folgende Merkmale wurden betrachtet:

- Standardabweichung der Stimmung in vier Lagen –SA $\Delta a_m|_{Lagen}$
- Mittelwert und Standardabweichung der Modenabstimmung in zwei Lagen – MW/SA $|\Delta a_{m,1\text{-}3}|_{Lagen}$
- Mittelwert und Standardabweichung der Peakamplitude in vier Lagen – MW/SA $A_{1,Lagen}$.

Die Merkmale beziehen sich auf folgende Einteilung der Lagen:

- tiefe Lage (TL) Griffe c ... c^1 (Bassklarinette klingend B_1 ... B)
- untere Mittellage (unt.ML) Griffe $c^{\#1}$ ... b^1 (Bassklarinette klingend H ... a^b)
- obere Mittellage (ob.ML) Griffe h^1 ... g^2 (Bassklarinette klingend a ... f^1)
- hohe Lage (HL), Griffe ab a^{b2} (Bassklarinette klingend ab $f^{\#1}$).

Diese Unterteilung resultiert analog zur b-Klarinette aus der Lage der Töne auf den Teilen des Instrumentes. Die Messungen liefern für die betrachteten 5 Instrumente folgende Merkmalsbereiche:

Merkmal	SA $\Delta a_m\|_{Lagen}$				MW $\|\Delta a_{m,1\text{-}3}\|_{Lagen}$		SA $\|\Delta a_{m,1\text{-}3}\|_{Lagen}$	
	TL	unt.ML	ob.ML	HL	TL	unt.ML	TL	unt.ML
Mittelwert	9	9	5	5	14	16	9	7
SA	3	4	1	2	5	11	3	3
Max.	13	13	6	8	21	29	13	12
Min.	7	3	4	3	9	6	6	4
Fehler	3	2	0,5	0	4,5	0,5	3	0,5

Tabelle 39: Bereiche der Merkmalswerte für eine Stichprobe von 5 Bassklarinetten

Merkmal	MW $A_{1,Lagen}$				SA $A_{1,Lagen}$			
	TL	unt.ML	ob.ML	HL	TL	unt.ML	ob.ML	HL
Mittelwert	7,24	10,6	2,79	3,66	2,24	1,6	0,64	0,27
St.-Abw.	3,06	5,55	0,78	0,42	1,11	0,72	0,35	0,16
Max.	10,2	16,08	3,49	4,12	3,86	2,42	1,08	0,45
Min.	2,2	4,4	1,58	3,15	0,78	0,46	0,28	0,09
Fehler	1,29	3,31	0,045	0	1,015	0,5	0,02	0,02

Tabelle 40: Bereiche der Merkmalswerte für eine Stichprobe von 5 Bassklarinetten

Alle Merkmale zeigen sich hinreichend normalverteilt. Das Brauchbarkeitskriterium erfüllen nicht:
SA $\Delta a_m|_{TL}$, SA $A_{1,TL}$, SA $A_{1,unt.ML}$, MW $|\Delta a_{m,1\text{-}3}|_{TL}$ und SA $|\Delta a_{m,1\text{-}3}|_{TL}$. Eine Korrelation zwischen messtechnisch gestützten Merkmalen und Musikerurteilen zeigt sich lediglich für die mittlere Amplitude in der hohen Lage, MW $A_{1,HL}$.
Das Ergebnis der Beurteilung unter Verwendung aller 16 Merkmale im Vergleich zu der Musikerrangfolge stellt Tabelle 41 dar.

Rangfolge	alle Merkmale	Musiker
Instrument 1	3	5
Instrument 2	2	3
Instrument 3	5	4
Instrument 4	3	1
Instrument 5	1	2

Tabelle 41: Ergebnis der Bewertung der Stichprobe von 5 Bassklarinetten

Wiederum liegt keine wirkliche Korrelation zwischen den Rangfolgen aus Messung und Musikerurteilen vor. Dennoch kann das Ergebnis wiederum als durchaus für die Praxis brauchbar angesehen werden.

6.3 Diskussion der Beurteilung auf der Basis von Übertragungsmessungen

Das in Abschnitt 3 eingeführte Beurteilungsverfahren wurde in den Abschnitten 4, 5 und 6 auf verschiedene Instrumente angewandt. Die messtechnische Basis bildete dabei die Übertragungskurvenmessung. Für den Gitarrenfall (klassische Gitarre) erfolgte die systematische Suche nach Frequenzkurvenmerkmalen, die einerseits einen sicheren Zusammenhang zu den Einschätzungen von Musikern bzgl. der Instrumente aufweisen und andererseits auch für Instrumentenmacher beherrschbare Schlüsse auf ggf. notwendige oder wünschenswerte Veränderungen am Instrument zulassen. Es ergab sich ein Satz von sechs Merkmalen, anhand derer eine Beurteilung recht gut möglich ist. Danach wendeten wir das Verfahren auf weitere Streich-, Zupf- und Holzblasinstrumente an. Untersuchte Instrumente:

Gitarre	Violine	b-Klarinette
Zither	Bratsche	Fagott
Mandoline	Cello	Oboe
	Kontrabass	Bassklarinette.

Die Merkmale für die Instrumente neben der Gitarre fanden wir nicht durch umfassende systematische Betrachtungen, sondern formulierten sie anhand von Aussagen aus der Literatur oder folgerten aus Analogien zum Gitarrenfall und überprüften die Merkmale jeweils an einer verfügbaren Instrumentenstichprobe. Im Ergebnis kann man einschätzen, dass eine Bewertung im Sinne des Aufstellens einer Rangfolge einer Stichprobe mit Hilfe des Verfahrens für die betrachteten Instrumente möglich ist, mit Ausnahme der Violine. Hier konnten keinerlei Korrelationen zwischen Merkmalen, der Bewertung anhand dieser Merkmale und den Musikerurteilen gefunden werden. Im Violinenfall ging dies einher mit dem ebenso völligen Fehlen einer Korrelation zwischen den Urteilen der einzelnen Musiker. Dies kann als Ursache für das Scheitern des Nachweises der Funktion des Bewertungsalgorithmus im Violinenfall vermutet werden.

Rückschlüsse auf sinnvolle Veränderungen am Instrument sind nur möglich, wenn die ausgewählten Merkmale eine eindeutige, stabile Tendenz hinsichtlich ihrer Korrelation zu den Musikerurteilen aufweisen. Dies konnte für die betrachteten Streich- und Zupfinstrumente (mit Ausnahme der Violine) nachgewiesen werden. Bei den Holzblasinstrumenten gelang es nur bedingt. Hier fällt nun ein scheinbarer Widerspruch auf: Die Merkmalsbildung für Holzblasinstrumente basiert auf der Eingangsimpedanzmessung. Diese ist seit langem in der musikalischen Akustik etabliert und wird auch in kommerziell verfügbaren Messsystemen angeboten. In Abschnitt 6.1.2 wurden zwei derartige Systeme beschrieben: „MessKo“ und

„BIAS“. Es ist nicht bekannt, ob diese Systeme zur Bewertung eingesetzt werden, jedoch sehr erfolgreich zur Verbesserung der Qualität von Blasinstrumenten. Die Diskussionen drehen sich hier allerdings stets um Metallblasinstrumente. Nun besagen eigene Erfahrungen bei der Anwendung dieser Systeme folgendes: In der Tat liefern sie sehr gute Ergebnisse, wenn es darum geht, deutliche Fehler an Instrumenten zu erkennen und zu beseitigen. Die betreffen aber praktisch ausschließlich die Stimmung. Derartige Fehler lagen bei den Instrumenten der betrachteten Stichproben allerdings nicht vor.
Eine wichtige Motivation bei der Anwendung der messtechnisch gestützten Bewertung von Musikinstrumenten lag und liegt in der Ausschließung des Einflusses der Musiker. Nun vergleichen wir aber bei der Evaluierung unseres Bewertungsalgorithmus diese Musiker unabhängige Bewertung mit einem Spieltest, in den der Einfluss der Musiker auf die Ergebnisse der Testanspiele zweifellos eingeht. Wichtig wäre nun zu wissen, wie groß der Einfluss der Musiker im Vergleich zum Instrument selbst ausfällt.
Die Ergebnisse der in diesem Kapitel beschriebenen Anwendungen der messtechnisch gestützten Bewertung zeigen offensichtlich Grenzen der auf Frequenz- bzw. Eingangsimpedanzkurven aufbauenden Verfahren. Eine mögliche Ursache ist der Einfluss der Musiker unter realen Bedingungen. Hinzu kommt als Nachteil, dass nicht alle Instrumente diesen Techniken zugänglich sind. Hier sind Pianos und insbesondere die Harmonikainstrumente zu nennen. Es zeigen sich auch Fälle, bei denen die Übertragungskurvenanalyse keine ausreichende Differenzierung zwischen Instrumenten liefert, obwohl Musiker Unterschiede anmerken. Solche Beobachtungen wurden in Zusammenhang mit der zunehmenden Verbesserung und Annäherung der Qualität der Instrumente weltweit gemacht. Es drängt sich der Schluss auf, die Beurteilung auch anhand von realen Musikeranspielen anzustreben.

7 Merkmale auf der Basis von Melodieanspielen

7.1 Allgemeines

Das Ziel dieses Teils der Arbeiten war es Merkmale zu finden, die Musikinstrumente anhand des beim Instrumentenspiel entstehenden Schallsignals charakterisieren. Unter Instrumentenspiel sollen zunächst kurze Musikstücke (ca. 20 s Länge) verstanden werden, die solistisch, unter definierten raumakustischen Verhältnissen gespielt und mittels einheitlicher Aufnahmebedingungen für eine nachfolgende Analyse aufgezeichnet werden. Um einen ausreichenden Bezug zur Realität zu schaffen, wurde die Einbeziehung mehrerer Musiker, verschiedener Musikstücke und zweier Aufnahmeräume vorgesehen. Da die Aufgabe bislang als nicht gelöst und sehr komplex anzusehen war, bestand die erste Teilzielstellung in der Frage nach der sicheren Unterscheidung der Instrumente unter den sich ergebenden Bedingungen, ohne den Unterschieden zunächst eine gut/schlecht-Wertung zuzuordnen.
Die Problematik wurde in einem Kooperationsprojekt mit dem Institut für Akustik und Sprachkommunikation der Technischen Universität Dresden (IAS) bearbeitet. Beide Partner wählten dabei jeweils einen eigenen Lösungsweg. Während man am IAS Elemente der Spracherkennung zum Einsatz brachte (MERCHEL 2005, EICHNER 2007), wählten wir im IfM eine Lösungsvariante unter Verwendung der gehörgerechten Schallanalyse auf der Basis der so genannten Psychoakustikgrößen. Dieser Lösungsansatz sollte von vorn herein sicherstellen, dass die festgestellten Unterschiede auch tatsächlich hörbar sind. Dabei wird davon ausgegangen, dass die auf der spezifischen Lautheit fußenden Psychoakustikgrößen die Hörwahrnehmung tatsächlich abbilden.
Als Datenbasis für alle Arbeiten des Kooperationsprojektes wurden Aufnahmen von Anspielen der ausgewählten Instrumente erstellt. Da die gängige Praxis für Hörtests die binaurale Darbietung auf der Basis von Kunstkopfaufnahmen bildet, fertigten wir die entsprechenden Aufnahmen mittels eines Kunstkopfes an.
Aus der Vielzahl der vorhandenen Instrumententypen wählten wir für die Untersuchungen vier aus:

- **Klarinette,**
- **Trompete,**
- **Gitarre,**
- **Geige.**

Pro Typ konnten 10 Exemplare zur Verfügung gestellt werden (Klarinette nur 5). Diese Instrumente spielten jeweils fünf Musiker in zwei Räumen an und verwendeten dabei eine chromatische Tonleiter sowie zwei weitere, für die jeweiligen Instrumente typische Stücke.
Die im Ergebnis der Aufnahmen entstandenen Rohdaten sollten mit den Verfahren der bekannten Psychoakustikgrößen Lautheit, Schärfe, Rauigkeit und Schwankungsstärke unter Hinzunahme der ebenfalls bekannten Größe Offenheit sowie einer noch zu definierenden Größe Volumen analysiert werden. Ziel war es, einen Merkmalssatz zu bilden, der eine Aussage zur Unterscheidbarkeit der Instrumente unter Berücksichtigung der oben genannten Einflussfaktoren erlaubt.
Die messtechnisch gestützte Unterscheidung von Musikinstrumenten im Sinne der Unterscheidung musikalischer Qualität macht nur dann einen Sinn, wenn die technisch erfassten Unterschiede auch vom Menschen eindeutig wahrnehmbar sind. Für die genannten Psychoakustikgrößen ist nachgewiesen, dass von ihnen beschriebene Unterschiede wahrgenommen werden. Einschränkend muss hierbei vermerkt werden, dass im Falle von musikalischen Schallen ein Nachweis nur für Offenheit und Schärfe am Beispiel von Klaviereinzeltönen und für das Volumen noch gar keine entsprechenden Informationen vorliegen. Trotzdem erscheint die Anwendung der Psychoakustikgrößen aus gegenwärtiger Sicht ein fundierter Ansatz.

Es wurde bereits mehrfach darauf hingewiesen, dass eine Bewertung von Musikinstrumenten auf wenige Merkmalswerte hinauslaufen sollte. **Wir wählen deshalb den Lösungsansatz, die Mittelwerte der Psychoakustikgrößen über die Klangproben als Merkmalswerte zu verwenden.**

7.2 Beurteilung von Schallsignalen

7.2.1 Einfache Beurteilung von Musiksignalen „für den Alltagsgebrauch“

Die häufigste Form der Wahrnehmung von Musiksignalen ist die über die heimische Stereoanlage. Das am Ohr eintreffende Musiksignal wird dabei von einer Vielzahl von Faktoren beeinflusst; z. B.: die eingesetzten Musikinstrumente, die beteiligten Spieler, die beteiligten Techniker, die Aufnahmebedingungen, die Übertragungsbedingungen, die Speichermedien, die eigene Wiedergabeanlage und natürlich der eigene Wiedergaberaum. Nachdem man die Randbedingungen gewählt hat, dies sei die gewählte Signalquelle (Rundfunk- oder Fernsehprogramm bzw. Tonträger) und die angeschaffte Technik einschließlich Aufstellung der Boxen, stehen im Standardfall noch drei Parameter für eine Klangeinstellung bereit: Lautstärkeregler, Höhenregler und Tiefenregler. Indem wir mit diesen drei Stellgliedern den nach unseren Vorstellungen optimalen Klang einstellen, bewerten wir ihn offenbar anhand von drei Parametern:

- Gesamtlautstärke
- Signalanteil unterhalb 100 Hz
- Signalanteil oberhalb 10 kHz.

Es sei dahingestellt, ob auf diese Weise ein Optimum zu erreichen ist, aber die meisten Nutzer solcher Anlagen bewerten und beeinflussen zwangsläufig anhand dieser drei Merkmale. Mit ihnen wird ein Zustand eingestellt, für den die subjektive Gesamtbewertung am besten ausfällt. Wird die Ausstattung der Klangregelung besser, kommen ein oder zwei Mittenmerkmale hinzu:

- die unteren Mitten, der Frequenzbereich zwischen 200 Hz und 1 kHz
- die oberen Mitten, der Frequenzbereich zwischen 1 kHz und 3 kHz.

Mit diesen drei bis fünf Merkmalen kommen die meisten Nutzer ganz gut zurecht. Man kann sagen, dass hier durchaus eine aktive Klangbewertung vorgenommen wird, jedoch baut sie im Allgemeinen auf einer subjektiven Beurteilung der einzelnen Merkmale auf. Eine technische Nutzung dieser „einfachen Beurteilung“ ist nicht bekannt.

7.2.2 Frequenzspektren

Eine Reihe von elektroakustischen Anlagen sei es im Heim-, Studio- oder Beschallungsbereich besitzen mehr als die genannten vier Klangregelkanäle in Form der so genannten Equalizer. Es gibt dafür verschiedene Bauformen aber typischerweise weisen sie 31 regelbare Frequenzkanäle entsprechend der 31 Terzbänder im hörbaren Frequenzbereich auf. Für subjektive Analysen ist diese Kanalanzahl zu groß. Auch eine wirklich sinnvolle Klangbeeinflussung ist mit so vielen Frequenzkanälen nicht möglich. Diese Equalizer dienen eigentlich (wie der Name schon sagt) zum Ausgleichen von Verzerrungen im Frequenzgang der Übertragungsstrecke (Verstärker, Boxen, Raum, Kopfhörer), so dass der Frequenzgang der Musikquelle auch wirklich beim Hörer ankommt. Da nur sehr wenige erfahrene Tontechniker wirklich in der Lage sind nach Gehör mit Hilfe des Equalizer die aktuelle Wiedergabesituation auszugleichen, verwendet man heute in der Regel ein Messsignal, dessen Intensität an einem ausgewählten Hörerplatz von einem Mikrofon erfasst und dessen Pegel in den einzelnen Terzkanälen mittels eines Analysators dargestellt werden. Man dreht nun am Equalizer bis der Pegel in allen Kanälen ausgeglichen ist. Diesen Vorgang kann man aber nicht als Klangbewertung ansehen.

Die Energieverteilung des Schallsignals über der Frequenz ist nun zweifellos von Instrument zu Instrument verschieden (das wissen wir aus der Erfahrung) und somit erscheint die Frequenzanalyse ein viel versprechendes Instrument zur Bewertung gespielter Musik.

Betrachten wir aber einmal die Frequenzanalyse eines Musikbeispiels von 20 s Länge. Ein Analysator mit einer Analyse-Linienzahl (nicht Abtastwerten!) von 1600 wird im Frequenzbereich bis 20 kHz eingesetzt. Wir arbeiten also mit einer Frequenzauflösung von 12,5 Hz und einer sich daraus ergebenden Zeitauflösung von 0,08 s. Wir erhalten im Ergebnis der Analyse eine Matrix von 1600 x 250 Wertepaaren Frequenz/Pegel. Die Zahl der Werte ist für eine Beurteilungsaussage viel zu groß. Wir müssen die Analyseergebnisse u. U. in mehreren Schritten verdichten, um zu beherrschbaren, aussagefähigen Merkmalen zu gelangen. Dies ist auch ein jeweils zu lösendes Problem bei der Systemanalyse, jedoch sind die dort anfallenden Datenmengen geringer z. B., wenn man sich von vorn herein auf eine Beschreibung anhand der Eigenzustände orientiert. Begnügt man sich bei der Frequenzanalyse in unserem Beispiel mit dem mittleren Spektrum, so stehen immer noch 1600 Wertepaare zur Weiterverarbeitung. Eine mögliche und auch praktizierte Datenreduktion ist die Betrachtung von Terz- oder Oktavspektren. Dies wurde auch in einer Vielzahl von Untersuchungen durchgeführt, jedoch waren die Ergebnisse nicht befriedigend.

7.2.3 Der Akustikprozessor

In den 1980er Jahren entwickelte BLUTNER (1987) im IfM gemeinsam mit der damaligen Sektion Informationstechnik Bereich Akustik und Messtechnik der TU Dresden den so genannten Akustikprozessor (AKP). Er sollte als Instrument für die Forschung zur Sprache und an Musikinstrumenten dienen. Die Signale werden im AKP zunächst einer Achtkanal-Filterbank

- Tiefpass 360 Hz
- Bandpass 360 – 600 Hz
- Bandpass 500 – 800 Hz
- Bandpass 800 – 1200 Hz
- Bandpass 1200 – 1800 Hz
- Bandpass 1800 – 2400 Hz
- Bandpass 2400 – 3000 Hz
- Hochpass 3000 Hz

zugeführt. Die Filterausgänge werden mit einer Taktzeit von 4 ms als Pegelwerte mit einer Dynamik von 60 dB abgetastet. Anschließend werden jeweils vier aufeinander folgende Abtastwerte gemittelt und die maximalen Pegelsprünge je Kanal festgestellt. Diese 16 Daten gehen im 16-ms-Raster an eine Klassiereinheit, deren Ergebnisse in den Speicher des Auswerterechners laufen. Von dort aus konnten sie intern weiterverarbeitet oder ausgegeben werden. Ein Merkmalsvektor für einen percussiven Einzelton könnte somit aus 24 Merkmalswerten bestehen:

- acht Werte maximale Pegelsprünge pro Filterkanal zur Kennzeichnung des Einschwingens (Klanghärte),
- acht Werte maximale Pegelwerte pro Filterkanal als spektrale Parameter (Klang im engeren Sinne),
- acht Werte Verweildauer oberhalb eines Schwellpegels pro Filterkanal zur Kennzeichnung des Ausschwingens (Klangdauer).

Offensichtlich mit diesem Merkmalssatz wurden Klopfuntersuchungen (ohne Kraftmessung) an Gitarren in größerem Umfange durchgeführt. Man muss jedoch einschätzen, dass gegenüber der echten Übertragungskurve dieses Verfahren keine wirklichen Vorteile bietet, eher aufgrund der fehlenden Krafteintragskontrolle ein zusätzliches Fehlerrisiko besteht.
Die Analyse von Klangphrasen beruht auf Pegelstatistiken, wobei diese nicht auf dem Akustikprozessor, sondern mit Hilfe eines höher auflösenden Systems der TU Dresden erfolgten. Leider keine Veröffentlichung und nur einen fragmentarischen Bericht (BLUTNER März 1990) gibt es zu Analysen einer auf 20 unterschiedlichen Gitarren gespielten kurzen Melodie mit Hilfe eines weiterentwickelten Akustikprozessors. Bei der gewählten Analysemethodik wurde davon ausgegangen, dass sich die akustischen Eigenschaften der Instrumente im Wesentlichen durch die Systemanalyse (Im Bericht als Impulsantwort bezeichnet, da nach wie vor keine Eingangskraftmessung möglich war!) darstellen lassen. Im Spiel kommen aber auch die akustischen Auswirkungen spieltechnischer Unterschiede zum Tragen. Es wurde vermutet, dass sich spieltechnische Unterschiede in den Zeit- und Pegelrelationen der aufeinander folgenden Anschläge des Stückes repräsentieren. Das Phänomen wird als „Spielfluss“ bezeichnet. Bei 10 der Gitarren war im subjektiven Test der Spielfluss als gut, bei 10 als schlecht eingeschätzt worden. Das Teststück bestand aus zwei Takten mit jeweils einer ganzen Bassnote und 16 1/16 Arpegionoten sowie einem abschließenden Schlussachtel-Zweiklang. Die jeweiligen Notenanfänge wurden manuell in der grafischen Darstellung der Zeitfunktion der Aufzeichnung markiert und anschließend

- Zeitabstände zwischen den markierten Schlaganfängen,
- Abstandsdifferenzen benachbarter Anschläge,
- Pegelmaxima der Anschläge,
- Pegeldifferenzen benachbarter Anschläge

ermittelt. Bei einer durchschnittlichen Tonlänge von 125 ms betrug die Varianz der guten Instrumente im Mittel 4,2 ms, der schlechten 4,8 ms. Für den Pegel lagen die Varianzwerte der guten bei 1,2 dB, der schlechten bei 1,7 dB.

7.2.4 Psychoakustikgrößen

7.2.4.1 Einführende Diskussion

Aufbauend auf den Arbeiten von ZWICKER in den 1950er Jahren wurden eine Reihe spezieller akustischer Messgrößen entwickelt, die sich an den Eigenschaften des Gehörs orientieren. Ausgangsbasis dieser Größen ist zwar ebenfalls eine Frequenzanalyse, jedoch werden die Daten nach gehörorientierten Algorithmen weiterverarbeitet. Man bezeichnet diese Messgrößen auch als **„Psychoakustikgrößen“**. In der einführenden Diskussion der aus unserer Sicht für die Wahrnehmung musikalischer Klänge wichtigsten dieser Größen gehen wir von deren Beschreibung in der DIN 1320 Akustik Begriffe vom Juni 1997 aus. Soweit die Größen nicht in DIN 1320 enthalten sind und auf andere Beschreibungen zurückgegriffen wird, ist dies extra vermerkt.

Eine wesentliche Einteilung der Größen erfolgt mit der Definition der **Hörempfindung**. Hörempfindung ist eine Bezeichnung für nicht weiter unterteilbare Attribute des auditiv Wahrgenommenen, auf die getrennt geachtet werden kann. Psychoakustikgrößen, die eine Hörempfindung beschreiben, können als eine Art fundamentale Größen im Gegensatz zu zusammen gesetzten Größen betrachtet werden.

Lautheit Hörempfindung, welche auf einer Skala „laut – leise" skaliert wird.

Schärfe Hörempfindung, die denjenigen Aspekt der Klangfarbenwahrnehmung beschreibt, der mit der Frequenzverteilung der spektralen Hüllkurve von Schallen korreliert ist (DIN 45692 Schärfe, Entwurf April 2007).

Rauigkeit Hörempfindung, die auf einer Skala „glatt – rauh" skaliert wird. Sie tritt auf bei schwankenden Schallen mit Schwankungsfrequenzen oberhalb 20 Hz. Das Maximum liegt bei ca. 70 Hz.

Schwankungsstärke (Hörempfindung), die bei langsam schwankenden Schallen (unterhalb 20 Hz) mit einem Maximum um 4 Hz auftritt. Schwankungsstärke ist nicht in DIN 1320 aufgeführt. FASTL (1993) verwendet für Schwankungsstärke die Beschreibung „Hörempfindung". Es ist jedoch nicht sicher, ob er den Begriff im Sinne von DIN 1320 gebraucht.

Offenheit (Hörempfindung), die vom Lautheitsanteil im Frequenzbereich um 1 kHz bestimmt wird. VALENZUELA (1998) führte die Größe ein. Ob es sich um ein unteilbares Attribut handelt, geht aus den Untersuchungen von VALENZUELA nicht hervor, kann aber angenommen werden.

Volumen Unter dem Volumen eines Schalls versteht man die wahrgenommene Größe bzw. Mächtigkeit des Schallobjektes. Bei fester Bandbreite nimmt das Volumen zu, wenn die Schallpegel erhöht, bzw. wenn die Frequenzlage abgesenkt wird (TERHARDT 1998).

Tonhöhe Oberbegriff für diejenige Hörempfindung, die auf einer Skala „tief – hoch" skaliert wird.

Spektraltonhöhe diejenige Art der Tonhöhe, welche unmittelbar von spektralen Merkmalen abhängt, z. B. die Tonhöhe eines Sinusschalls, die unmittelbar von der Frequenz abhängt.

Virtuelle Tonhöhe die einem komplexen Tonschall oder Klangschall vom Gehör zugeordnete allgemeine (ganzheitliche) Tonhöhe.
Die virtuelle Tonhöhe eines komplexen Tonschalls entspricht in der Regel der Tonhöhe, die bei einem Sinusschall gleicher Grundfrequenz auftritt. Bei Schallen mit harmonischem Frequenzspektrum ist sie auch dann hörbar, wenn die Grundschwingung fehlt oder nur eine verschwindend geringe Amplitude hat.

Tonhaltigkeit Auftreten eines Tones im Geräusch, dessen Pegel den Pegel der übrigen Geräuschanteile in der Frequenzgruppe um die Tonfrequenz um weniger als den Betrag des Verdeckungsmaßes unterschreitet (DIN 45681 März 2005). Die Tonhaltigkeit ist praktisch äquivalent zu den mit Klanghaftigkeit bzw. Ausgeprägtheit der Tonhöhe bezeichneten Merkmalen. Sowohl AURES (1985) als auch FASTL (1993) bezeichnen die Klanghaftigkeit als Hörempfindung. Wiederum ist jedoch nicht sicher, ob er den Begriff im Sinne von DIN 1320 gebraucht hat.

Wohlklang wird nach einem Algorithmus von AURES (1985) aus den Hörempfindungen Lautheit, Schärfe, Rauigkeit sowie der Klanghaftigkeit berechnet. Steigende Schärfe und Rauigkeit vermindern den Wohlklang, steigende Klanghaftigkeit erhöht ihn. Der Einfluss der Lautheit setzt erst ab ca. 14 sone ein. Dann senkt eine höhere Lautheit den Wohlklang.

Klangfarbe Merkmal des Hörereignisses, dessen Beschreibung mehrere unterschiedliche Skalen erfordert. Die Klangfarbe ist wesentlich durch Frequenzspektrum des dargebotenen Schalls bestimmt.

In den nachfolgenden Abschnitten werden die Größen Lautheit, Schärfe, Offenheit, Rauigkeit und Schwankungsstärke näher beleuchtet und die Algorithmen zu ihrer Bestimmung, soweit bekannt, zusammengestellt.

7.2.4.2 Lautheit

Die Lautheit beschreibt die subjektive Wahrnehmung der Schallintensität. Einer der ersten experimentell nachgewiesenen Zusammenhänge ist, dass zwei Schalle gleicher Intensität aber unterschiedlicher Frequenz ein unterschiedliches Lautstärkeempfinden hervorrufen. Aus dieser Entdeckung heraus wurden die Kurven gleicher Lautstärke gemessen und für die frequenzabhängige Gewichtung der Schallintensität verwendet. Die Lautheit einfacher Schalle lässt sich aus dem Lautstärkepegel ableiten. Dieser ist für beliebige Schalle als derjenige Zahlenwert des Schalldruckpegels definiert, den ein Sinuston von 1 kHz haben muss um eine gleich große Lautstärkeempfindung hervorzurufen. Als Quasieinheit der Lautstärke ist das „Phon“ definiert. Für Sinustöne und schmalbandiges Rauschen haben Hörversuche gezeigt, dass die Empfindungsgröße der Intensität von Schall nicht proportional zum Schalldruckpegel und somit auch zum Lautstärkepegel wächst. Vielmehr ruft eine Erhöhung des Lautstärkepegels um etwa 10 dB eine Verdoppelung der Empfindungsgröße hervor, die zur besseren Unterscheidung als Lautheit N mit der Einheit „sone“ bezeichnet wird. Für einen Sinuston von 1 kHz wurde der folgende Zusammenhang gefunden:

$$N_{1kHz} \approx 2^{\frac{L_{1kHz}-40dB}{10dB}} \text{ sone.} \qquad \textbf{Gleichung 33}$$

Die Kurven gleicher Lautstärke finden ihre Anwendung im bewerteten Schalldruckpegel $L_{A,B,C}$, der für breitbandige, rauschähnliche Signale eine gute Näherung zur empfundenen Lautstärke darstellt. Die Anwendung dieser einfachen Bewertungskurven auf die Spektren komplexer Schalle, wie beispielsweise harmonisch komplexer Töne, führt allerdings nur zu schlechten Übereinstimmungen mit den Ergebnissen von Hörversuchen. In zahlreichen Arbei-

ten unter Federführung von ZWICKER wurde ein Modell entwickelt, welches die Frequenz- und Pegelabhängigkeit der empfundenen Lautstärke besser beschreibt.
Der Algorithmus von ZWICKER ist in DIN 61260 verankert. Als Eingangsgrößen dienen die Terzpegel eines stationären Signals, die mittels Terzfiltern nach DIN 45652 gewonnen werden. In einem teils tabellarischen, teils grafischen Verfahren wird die Lautheit N ermittelt. In der DIN ist auch ein BASIC-Programm zur Berechnung der Lautheit aus eingegebenen Terzpegelwerten gelistet. Aus dem BASIC-Algorithmus kann man vor der Summation auch die spezifischen Lautheiten ***N'(z)*** (*z*-Tonheit in Bark) mit einer Auflösung von 0,1 Bark gewinnen.
Kommerzielle Anwendungen des Verfahrens berechnen die spezifische Lautheit ungeachtet des nur für stationäre Signale definierten Algorithmus typischerweise im Raster von 2 ms und geben somit die Größe ***N'(z,t)*** aus. Daraus können verschiedene weitere Parameter wie z. B. ***N*** als Mittelwert über ein Gesamtsignal berechnet werden.
Da der Zwickeralgorithmus nicht vollständig durch geschlossene Gleichungen beschrieben werden kann, entwickelte TERHARDT (1998) seinen so genannten PET-Algorithmus der Lautheit.

7.2.4.3 Schärfe

Die Schärfe, oft auch synonym mit Helligkeit und Brillanz verwendet, beschreibt die Empfindung, die Geräusche und Klänge mit besonders großem Anteil an hochfrequenten Spektralkomponenten hervorrufen.
Im Sinne der gehörbezogenen Verarbeitung wird nicht das Spektrum des Schalldruckes der Schärfe zugrunde gelegt, sondern die spezifische Lautheit. Diese wird mit einer zu hohen Frequenzen ansteigenden Funktion gewichtet und über die Tonheit integriert. VON BISMARCK (1974) gibt eine Gleichung zur Ermittlung der Schärfe beliebiger Schalle wie folgt an:

$$S=\frac{c}{N}\int_0^{24} N'(z)g(z)dz.$$ **Gleichung 34**

Dabei ist ***g(z)*** so zu wählen, dass die errechnete Schärfe der gemessenen Schärfe für Schmalbandrauschen folgt. Nähere quantitative Angaben werden von V. BISMARCK nicht gemacht. Als Referenzschall wird ein Schmalbandrauschen mit einer Mittenfrequenz von 1 kHz, einer Bandbreite kleiner 150 Hz und einem Schalldruckpegel von 60 dB gewählt, dem eine Schärfe von 1 acum zugeordnet wird. ZWICKER ermittelt aus dieser Definition eine Funktion ***g(z)*** für einen Wert von c = 0,11. Die Funktion ***g(z)*** ist lediglich qualitativ beschrieben und graphisch dargestellt. Bis 16 Bark soll sie bei 1 konstant verlaufen, danach bis auf den Wert 4 ansteigen. Über die Art des Anstiegs wird keine Angabe gemacht. Ein quadratischer Anstieg für ***g(z)*** deckt sich gut mit der Darstellung in ZWICKER / FASTL (1999). Die Gleichung nach VON BISMARCK setzt eine zu hohen Frequenzen stärker gewichtete Lautheit ins Verhältnis zur ungewichteten Lautheit. Sie wurde mit Testschallen gleicher Lautheit ermittelt und gilt damit streng genommen nur für ebensolche Schalle. AURES (1985) verweist auf eine Pegelabhängigkeit der Lautheit, die über den Einfluss der Pegelabhängigkeit der Flankenerregungen hinausgeht und erweitert die Gleichung um diese Abhängigkeit wie folgt:

$$S=\frac{c_A}{\ln\left(1+0{,}05\,N\right)}\int_0^{24} N'(z)g(z)dz$$ **Gleichung 35**

mit

$$g_S(z) = 0{,}0165\, e^{0{,}171 z}. \qquad \textbf{Gleichung 36}$$

Der Wert für c_A wird aus der Kalibrierung mit dem von ZWICKER verwendeten Kalibriersignal gewonnen und beträgt 0,6332. Der Verlauf von $g_S(z)$ ist in Abbildung 58 dargestellt. Die Schärfe wurde zunächst für stationäre Schalle definiert. Deshalb weisen die Definitionsgleichungen keine Zeitabhängigkeit auf. Musiksignale sind nun typischerweise zeitabhängig. In diesem Zusammenhang verwendete VALENZUELA (1998) für die Untersuchung von Klavierklängen die so genannte instantane Schärfe $S(t)$

$$S(t) = \frac{\int_0^{24} N_G'(z,t)\, g_S(z)\, dz}{N'(t)}, \qquad \textbf{Gleichung 37}$$

wobei $N'(t)$ die instantane Lautheit zur Zeit t und $N_G'(z,t)$ eine mittels eines Tiefpasses geglättete spezifische Lautheit darstellen. Sie konnte feststellen, dass die mittlere Schärfe, die Versuchpersonen einem Klavierton zuordnen, am besten mit der Perzentilschärfe S_{20} über das Gesamtsignal korreliert. Hinsichtlich der gut/schlecht-Zuordnung der Schärfe zeigten ihre Arbeiten, dass für Einzeltöne von Klavieren optimale Schärfebereiche bestehen, die zu den besten Bewertungen der Klänge hinsichtlich Qualität des Klanges führen.

7.2.4.4 Offenheit

Die Offenheit ist eine spektral basierte Empfindungsgröße, die durch VALENZUELA (1998) erstmals bei Untersuchungen zur Qualität von Klavierklängen definiert wurde. Bei Hörtests zur Unterscheidung von Klavierklängen wurde neben der Schärfe häufig das Gegensatzpaar „offen-geschlossen" genannt. Dieses Attribut ließ sich bei den Testtönen mit dem Verhältnis der Lautheiten in den Frequenzbereichen 700 Hz ... 1300 Hz und 1300 Hz ... 4000 Hz in Verbindung bringen. Dies sind zwei der vier von DÜNNWALD (1988) bei der Beurteilung von Geigen betrachteten Frequenzbereiche (Von DÜNNWALD als Bereiche B und C bezeichnet.). Auf der Basis dieser Beobachtungen definiert VALENZUELA die Größe Offenheit $O(t)$

$$O(t) = \frac{c_O}{N} \int_0^{24} N'(z,t)\, g_O(z)\, dz \qquad \textbf{Gleichung 38}$$

mit

$$g_O(z) = e^{-0{,}05(z-8{,}6)^2}. \qquad \textbf{Gleichung 39}$$

Zum Verlauf der Funktion $g_O(z)$ siehe Abbildung 58. $O(t)$ stellt wie die Schärfe eine normierte Summenlautheit dar, jedoch mit einem Frequenzschwerpunkt bei 1000 Hz. Der Kalibrierfaktor c_O ist dabei nicht näher festgelegt, VALENZUELA empfiehlt jedoch, ihn so zu wählen, dass die Werte für die Offenheit in der Nähe derer für die Schärfe liegen. Hohe Werte für die Offenheit ergeben sich also, wenn das Signal im Frequenzbereich um 1000 Hz im Verhältnis zum Gesamtfrequenzbereich einen hohen Lautheitsanteil aufweist. Weiterhin

fand VALENZUELA heraus, dass im Sinne eines Einzahlwertes die arithmetisch gemittelte Offenheit über die gesamte Signaldarbietung eine gute Korrelation mit den Ergebnissen von Hörtests zeigte.
Die hier definierte Offenheit korrespondiert offenbar mit der von BLUTNER verwendeten „Klarheit", die ebenfalls vom Signalanteil im Bereich 600 Hz ... 1200 Hz bestimmt wird (Abschnitt 4.4.1). Bereits in Abschnitt 5.3.2 war darauf hingewiesen worden, dass hohe Anteile im Frequenzbereich 600 Hz ... 1200 Hz nach BLUTNER im Sinne der Klarheit einen positiven Beitrag zum Klang darstellen, während DÜNNWALD (zuminderst im Falle der Geige) diesem Frequenzbereich einen negativen Beitrag zuschreibt. VALENZUELA fand in ihren Versuchen mit Klavier-Einzeltönen für die Offenheit, wie auch für die Schärfe, einen Optimalbereich. Wird dieser über- oder unterschritten, so weisen die Versuchspersonen den Klängen eine schlechtere Qualität zu.

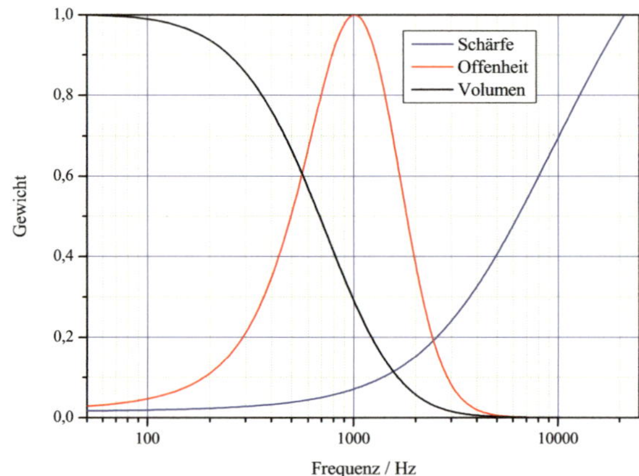

Abbildung 58: Verlauf der Funktion g(z) für die Größen Schärfe, Offenheit und Volumen im Vergleich. Zu Volumen siehe Abschnitt 7.4.2.

7.2.4.5 Rauigkeit

Die Rauigkeit wird durch Modulation, also Schwankungen im Spektrum, hervorgerufen und ist vom Grad der Ausprägung dieser Modulation abhängig. Die Rauigkeit findet ihr Maximum bei Modulationsfrequenzen von etwa 70 Hz, ihre obere Grenze ist von der Trägerfrequenz der Modulation abhängig und wird bis etwa 2 kHz durch die kritische Bandbreite, darüber hinaus durch die maximale Feuerrate des Hörnervs bestimmt. Auch wenn durch die große Menge an verfügbarer Literatur der Eindruck erweckt wird, die Rauigkeit sei bestens dokumentiert und durch eine Vielzahl von Modellen darstellbar, findet man jedoch kaum sofort einsetzbare Lösungen. Bei weitergehender Literaturrecherche stellt sich heraus, dass die Rauigkeit zwar qualitativ recht gut beschrieben ist, die von den Herstellern von Psychoakustik-Messsystemen verwendeten Verfahren jedoch quantitativ kaum näher spezifiziert sind und zum Teil erheblich unterschiedliche Ergebnisse erzeugen. Zudem erscheint die Definition der Rauigkeit allein über die Modulation spektraler Komponenten als nicht ausreichend genau.
In seinem Modell zur Berechnung der Rauigkeit geht AURES (1985) von der Annahme aus, dass sich der Modulationsgrad eines sinusförmig modulierten Sinussignals auf unkomplizierte

Weise durch den modifizierten Modulationsgrad, das Verhältnis von Effektivwert ohne Gleichanteil zu seinem Gleichanteil, annähern lässt.

$$m^* = \frac{\widetilde{x}}{x_0}$$ **Gleichung 40**

Bei der Implementierung dieser Rechenvorschrift für eine quasikontinuierliche Analyse tritt allerdings ein schon von SOTTEK (1993 und 1994) dokumentiertes Problem auf: „*Die Berechnung der Teilrauigkeiten kann zu unverhältnismäßig hohen Werten führen, wenn der Pegel des Teilbandsignals gering ist und das Signal z. B. durch Rundungsrauschen gestört ist...*“ Versucht man diesem Fehlverhalten mit Mindestschwellen entgegen zu wirken, tritt eine Art Sägezahnmuster bei abklingenden Vorgängen auf, die durch ein gemeinsames Anwachsen der Teilrauigkeiten und stückweises Entfernen zu kleiner Erregungen aus der Gesamtrauigkeit entstehen. Erst bei größeren Mittelungszeiten wird dieser Effekt kaum noch sichtbar.

Dieses Problem trifft selbstverständlich auch auf alle von diesem Modell abgeleiteten Modelle, wie das von DANIEL & WEBER (1992) zu. Bei der von AURES, sowie DANIEL und WEBER vorgeschlagenen Analyse mittels FFT über Fensterlängen von etwa 100 ms tritt dieser Effekt kaum zu Tage, da die FFT bereits eine Mittelung über das Analysefenster darstellt und Sprünge zur nächsten Fensterposition erwartet werden.

Das von SOTTEK vorgeschlagene Modell verwendet statt der Fourier-Transformation eine Filterbank. Zudem wird der Grad der Modulation nicht nach der obigen Gleichung, sondern aus dem Effektivwert der Autokorrelationsfunktion in jedem Filterkanal berechnet. Im Modell von AURES wird eine Wichtung der Teilrauigkeiten mit den Kreuzkorrelationskoeffizienten der benachbarten Frequenzbänder vorgenommen, was bei unkorrelierten Teilrauigkeiten, wie sie bei Rauschsignalen entstehen, eine zu große Gesamtrauigkeit verhindern soll. Bei Versuchen zur Addition von Teilrauigkeiten stellte AURES fest, dass sich Teilrauigkeiten, deren Erregungsmuster sich nicht überlappen, unabhängig von ihrer Modulationsphase addieren. Dazu wurden zwei Amplituden modulierte Sinustöne mit veränderbarem Modulationsindex und Frequenzabstand dargeboten. Wurde der Frequenzabstand verringert, so vergrößerte sich die Differenz der empfundenen Rauigkeit zwischen gleichphasig und gegenphasig moduliertem Signal, was den Schluss nahe legt, dass sich Teilrauigkeiten an den Stellen phasenabhängig überlagern, wo sich ihre Erregungsmuster in der gleichen Größenordnung bewegen.

Um bei der Zusammenfassung aller Teilrauigkeiten keine Phasenabhängigkeit zu erhalten, nutzt SOTTEK die Eigenschaft der Autokorrelationsfunktion, die Phaseninformation der harmonischen Komponenten auszublenden. Der von AURES festgestellten phasenabhängigen Zusammenfassung für Frequenzabstände bis etwas über der kritischen Bandbreite trägt das Modell durch überlappende Filterkanäle zu je 1 Bark Bandbreite Rechnung.

SOTTEK lässt die Kreuzkorrelation zwischen benachbarten Kanälen unter Verweis darauf entfallen, dass die Fluktuationen von Rauschsignalen sowohl zeitlich, als auch spektral zufällig verlaufen, die Autokorrelation in jedem Kanal somit ebenfalls zufällige Schwankungen aufweist. Durch Integration über alle Teilrauigkeiten zum jeweiligen Zeitpunkt ***t*** ergibt sich somit eine Rauigkeit ***R(t)***, die in diesem Fall nur noch geringe Schwankungen aufweist. Anders bei gleichförmig modulierten Signalen. Hier überlagern sich die Teilrauigkeiten phasensynchron und bedingen so eine große Schwankungsamplitude von ***R(t)***. Die Gesamtrauigkeit ***R*** wird als Effektivwert von ***R(t)*** angegeben.

7.2.4.6 Schwankungsstärke

Die Definitionen der Schwankungsstärke ist der Rauigkeit insoweit ähnlich, dass beide durch Modulation, also Schwankungen im Spektrum, hervorgerufen werden und vom Grad der Ausprägung dieser Modulation abhängen. Das Maximum der Schwankungsstärke liegt aber bei Modulationsfrequenzen von etwa 4 Hz.
Obwohl die Schwankungsstärke zusammen mit Lautheit, Schärfe und Rauigkeit in kommerziellen Produkten der Psychoakustik implementiert ist, konnten wir keine wirklich brauchbare Beschreibung der Algorithmen zu ihrer Ermittlung finden.

7.3 Rohdatengewinnung – Instrumenteneinspiele

7.3.1 Auswahl der Instrumente

Die Eigenschaften der von den Instrumenten abgestrahlten Schallsignale unterscheiden sich je nach Typ deutlich voneinander. Zunächst kann man nicht davon ausgehen, dass für alle Instrumententypen ein einheitlicher Beurteilungsalgorithmus anwendbar ist. In die Untersuchungen müssten also letztlich alle Instrumententypen eingehen. Da dies im Rahmen eines Projektes mit einer Laufzeit von knapp zwei Jahren nicht möglich war, wurde eine Auswahl getroffen:

- die **Klarinette** aus der Familie der Holzblasinstrumente,
- die **Trompete** aus der Familie der Metallblasinstrumente,
- die **Gitarre** aus der Familie der Zupfinstrumente,
- die **Geige** aus der Familie der Streichinstrumente.

Allen Beteiligten war klar, dass bereits die Erstellung der Aufnahmen einen erheblichen Aufwand darstellen wird. Deshalb sollten die entstandenen Rohdaten (die Aufnahmen) auch für weitere Forschungen sinnvoll verfügbar sein. Nun ist aus der Forschung hinlänglich bekannt, dass aus Ergebnissen immer wieder neue Fragestellungen erwachsen, die auch weiterführende Rohdaten, in diesem Falle weiterführende Aufnahmen z. B. im Ensemblespiel oder auch systemanalytische Messungen an den Instrumenten erfordern. Es war also anzustreben, nur solche Instrumente in die Untersuchungen einzubeziehen, die beiden Partnern dauerhaft zur Verfügung stehen. Wir wählten die Instrumente deshalb ausschließlich aus dem Bestand des IfM aus. Die Entscheidung schränkt einerseits die Bandbreite der möglicherweise relevanten Eigenschaften ein, da extrem hochwertige Instrumente im IfM nicht verfügbar sind. Andererseits bereichern Entwicklungsmuster, die natürlich auch im Ergebnis sehr ungewöhnlicher Ideen entstehen, das Eigenschaftsfeld. Hinzu kommt, dass die Eigenschaften der Instrumente vorab bekannt waren und bei der Auswahl berücksichtigt werden konnten. Es war geplant, 10 Exemplare pro Instrumententyp in die Arbeiten einzubeziehen.
Für die Lagerung der Instrumente steht im IfM ein klimatisierter Raum zur Verfügung, indem die Instrumente bei $t = 21\ °C \pm 1grd$ und $\varphi = 50\ \% \pm 4\ \%$ aufbewahrt werden. So kann man für einen hinreichend langen Zeitraum von konstanten Eigenschaften der Musterinstrumente ausgehen.

Gitarren
Die Liste der 10 ausgewählten Gitarren mit jeweils einer kurzen Beschreibung findet man in **Anlagen Gitarrenstichprobe**. Die Gitarren Referenz 1, 2, 4, 5, 22 und 23 sind von der Bauart her sehr verschieden, die Instrumente 24, 25, 26 und 27 eher ähnlich, heben sich aber andererseits als Gruppe von den ersten sechs ab. Die Gitarren wurden zu Beginn der Untersuchungen einheitlich mit D'Addario Saiten Classic Guitar J45 Normal Tension besaitet. Dies

resultiert aus der üblichen Untersuchungsmethodik der Instrumente, bei denen die Saite als separates Produkt betrachtet wird, das die Ergebnisse möglichst nicht beeinflussen soll.

Geigen
Die Liste der 10 ausgewählten Geigen, wiederum mit einer kurzen Beschreibung, findet man in **Anlagen Geigenstichprobe**. Wie im Gitarrenfall stellen die ersten sechs Instrumente nach Vorabkenntnissen eine größer streuende, die letzten vier (Referenz 7 ... Referenz 10) eine eher in sich ähnliche Gruppe dar. Ebenfalls aus früheren Untersuchungen wissen wir, dass die Geigen von der Bauweise her eine eher sehr homogene Gruppe im Gegensatz zu Gitarren (und auch Bratschen) darstellen. So streuen auch üblicherweise die akustischen Eigenschaften weniger als bei Gitarren. Um die Varianz zu vergrößern, wurden deshalb bewusst sehr verschiedene Besaitungen verwendet. Da die Saiten bekannt sind, können in späteren Fällen bei Bedarf weitere Messungen bzw. Einspiele mit veränderten Besaitungen erfolgen.

Trompeten
Es handelt sich durchweg um Perinet-Instrumente in b. Die Instrumente unterscheiden sich einerseits in der Bauart und in der Meinung von Musikern aus früheren Tests. Wir können jedoch nicht wie im Falle der Geigen und Gitarren aus eigenen Vorabkenntnissen Gruppen ähnlicher bzw. verschiedener Instrumente vorhersagen. Um wenigsten ein definitiv anderes Instrument einzubeziehen, wählten wir als zehntes Instrument ein Flügelhorn. Die Instrumentenliste findet sich in **Anlagen Trompetenstichprobe.**

Klarinetten

Die Beschaffung der Klarinetten stellte ein Problem dar, das wir in der Vorbereitung unterschätzten. Während Gitarre, Geige und Trompete bereits vor Projektbeginn im IfM ausreichend verfügbar waren, besaßen wir im Bestand nur fünf Klarinetten. Die Beschaffung von weiteren fünf Instrumenten, die dauerhaft im IfM verbleiben können, erwies sich als nicht realisierbar. Von den fünf vorhandenen Instrumenten konnten wir nur drei als hinreichend unterschiedlich einstufen. Diese wurden nach einer Überholung für das Projekt ausgewählt. Auf unsere Bitte hin, stellten uns zwei vogtländische Firmen je ein Instrument dauerhaft zur Verfügung, so dass letztendlich fünf Klarinetten in das Projekt einbezogen wurden. Eine Instrumentenliste befindet sich in **Anlagen Klarinettenstichprobe**.

7.3.2 Aufnahmeräume

Die Aufnahmen sollten in Räumen mit verschiedenen akustischen Eigenschaften erfolgen. Für die vorliegenden Erstuntersuchungen war dabei ein sehr deutlicher Unterschied angestrebt worden. Nicht zuletzt aus logistischer Sicht wählten wir zwei Räume im IfM: den reflexionsfreien Raum des IfM, als einen raumakustischen Extremfall und den Konferenzraum des Instituts. Der reflexionsfreie Raum weist zwischen den Keilspitzen die Maße

- Höhe: 3,10 m
- Breite: 4,88 m
- Tiefe: 4,50 m

auf. Die Wandverkleidung ist für eine untere Grenzfrequenz von 125 Hz ausgelegt. Messungen ergaben, dass man in der Diagonale bis 80 Hz sinnvoll messen kann. Der Konferenzraum hat die Abmessungen

- Höhe: 2,75 m
- Breite: 5,09 m
- Tiefe: 6,47 m.

Dieser wird in gering möblierten Zustand, Tisch und Stuhl für den Testmusiker, Tisch und Stuhl für den Testleiter, Schrankwand mit Büchern, üblicherweise für Spieltests genutzt. Der Raum weist eine Fensterwand, eine glatte Wand mit einem weiteren Fenster, eine Wand mit Eingangstür und Whiteboard, mit der Schrankwand bestellte Wand, Parkettfußboden sowie eine Kassettendecke auf. Die stark strukturiert aufgebaute Schrankwand, die zudem sehr uneinheitlich mit Büchern bestückt ist, und die Kassettendecke verhindern störende Raumresonanzen. Abbildung 59 stellt das Nachhallzeitspektrum des Konferenzraumes dar. Der Verlauf der Nachhallzeit über der Frequenz zeigt, dass der Raum eine relativ niedrige aber gut ausgewogene Nachhallzeit aufweist. Er ist für Musik etwas „trocken". Für die Beurteilung von Instrumenten ist dies aber durchaus von Vorteil, da lange Nachhallzeiten Fehler an Instrumenten wie auch im Spiel leicht verdecken. Der Vermerk Originalzustand in Abbildung 59 kennzeichnet den Normalzustand des Raumes im Gegensatz zu einer getesteten Variante mit aufgehängten Diffusoren.

Die Aufnahmesituation ist in **Anlagen Anordnung von Spieler und Kunstkopf bei Aufnahme** dargestellt. Auf einer Decke in Reichweite des Spielers wurden jeweils drei bis fünf Instrumente zum schnelleren Wechseln bereitgelegt. Die Saiteninstrumente lagen dabei jeweils „auf den Saiten" um diese zu bedämpfen. Im Konferenzraum war die Aufnahmetechnik samt Bediener mit im Raum installiert. Nebengeräusche entstanden dadurch nicht in den Aufnahmen. Die Einstellung einer einheitlichen konstanten Entfernung zwischen Spieler und Aufnahmekunstkopf war etwas schwierig, da sich die Spieler beim Musizieren immer bewegen. Nach einigen Versuchen erwies sich die Einstellung in Form des Maßes Kunstkopfohr – Stuhlvorderkante als recht brauchbar.

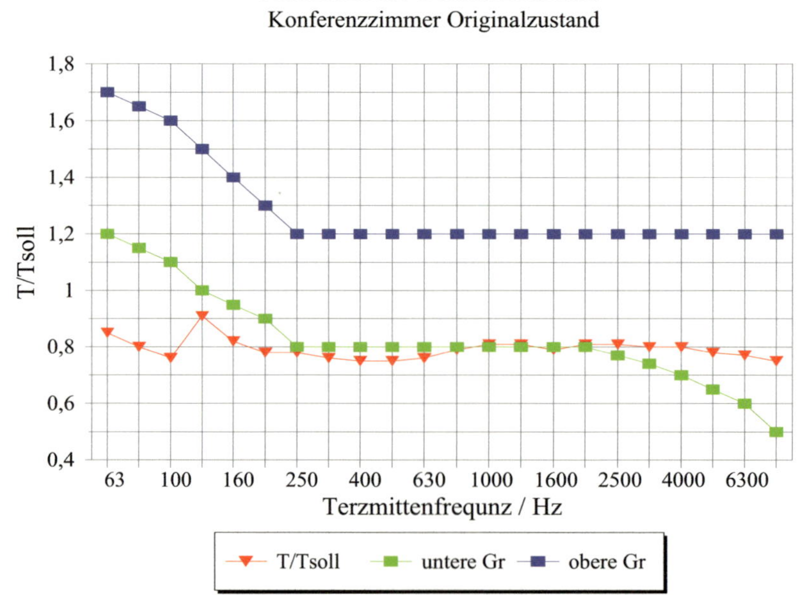

Abbildung 59: Nachhallzeit des Konferenzzimmers des IfM im Möblierungszustand Testraum

7.3.3 Musikstücke

Bei der Auswahl der Musikstücke gingen wir davon aus, dass sie zum einen das Instrument möglichst umfassend beschreiben sollen, zum anderen nicht über 30 s lang sind, da mit den Klangproben auch Hörtests vorgesehen waren.
Ein musikalisch nicht besonders angenehmes, aber aus akustischer Sicht vollständiges Stück für ein Instrument ist die chromatische Tonleiter über den Hauptspielbereich. So wählten wir diese als erstes Stück für alle Instrumente aus. Tempo und Spielweise der Tonleiter legten wir gemeinsam mit dem jeweils ersten Testmusiker fest.
Die Auswahl der weiteren Stücke entstand in vielfältigen Diskussionen der Projektbeteiligten und Musiker. Ein wesentliches Kriterium dabei war, dass das Stück allgemeine Akzeptanz der Musiker fand, d. h. dann auch nicht mit Unlust gespielt werden musste. Weiterhin sollten die Stücke wegen der vorgesehenen Hörtests gefällig klingen und einen Schluss aufweisen. Teilweise zeichneten wir Anspiele probeweise auf und sandten die Aufnahmen den Beteiligten zu. Mit dem jeweils ersten Musiker erfolgte dann während seiner Aufnahmen die endgültige Fixierung der Passagen, Tempi und Spielweisen. Die weiteren Musiker erhielten neben den Noten die Aufnahmen des ersten Musikers, um sich daran zu orientieren. So wollten wir Effekte durch verschiedene „Interpretationen der Stücke“ ausschließen. Im Einzelnen wählten wir die nachfolgend beschriebenen Musikstücke aus. Die Noten findet man in den **Anlagen.** Auf die Notierung der Tonleiter wurde teilweise verzichtet. Die angegebene Dauer der einzelnen Stücke ist eine theoretische Größe, die aus Anzahl der zu spielenden Viertelnotenwerte und dem vorgegebenen Tempo berechnet wurde.

Gitarre:

- Chromatische Tonleiter E ... e^2 im Wechselschlag einmal aufwärts und abwärts mit Tempo 80 Viertel pro Minute ***mf*** gespielt. Der Notenwert jeder Note betrug 1/8! Dauer ca. 30 s.
- „Kleiner Blues“ (8 Takte), Tempo 80 Viertel pro Minute; Dauer ca. 20 s.
- Ausschnitt aus Mathias Rother „Para Gitarra“ (8 Takte), Tempo 70 Viertel pro Minute; Dauer ca. 27 s.

Siehe **Anlagen Gitarrenanspiele**.

Geige:

- Chromatische Tonleiter g ... g^2 in Zweierbindung einmal aufwärts und abwärts mit Tempo 80 Viertel pro Minute ***mf*** gespielt. Der Notenwert jeder Note betrug ¼ ! Dauer ca. 37 s.
- Beethoven „Romanze F-Dur“ Takt 1 – 4, wobei in Takt 4 anstelle der Achtelpause und 1/8 c^2 ¼ f^2 eingefügt wurde, um einen Schluss zu erzeugen. Tempo 46 Viertel pro Minute; Dauer ca. 21 s.
- Beethoven „Romanze F-Dur“ acht Takte ab C ohne e^2 in Takt sieben, Tempo 52 Viertel pro Minute; Dauer ca. 36 s.
- Beethoven „Romanze F-Dur“ vier Takte ab D. Hier wurden die Orchestereinwürfe weggelassen und die Solistenpause in Takt 3 auf 3/8 verkürzt, um einen einheitlichen Rhythmus zu erzeugen. Das Notenbild weicht deshalb von der Partitur ab. Tempo 48 Viertel pro Minute; Dauer ca. 15 s.

Wir sehen, dass im Falle Geige vier Stücke aufgezeichnet wurden. Trotz langer Suche fanden wir kein Stück, das in wenigen Takten den ganzen Tonbereich des Instrumentes, wie im Gitarrenfall, beschreibt. Wir wählten deshalb letztlich zunächst die beschriebenen drei Passagen aus der Beethoven-Romanze aus.
Die chromatische Tonleiter überstreicht nur zwei Oktaven, lässt also die dritte Oktave aus. Wir wählten dies so, da ein schnelleres Spiel (1/8 wie bei Gitarre) die Töne der Geige nicht gleichmäßig stabil zum Klingen bringt und bei ¼ - Spiel drei Oktaven einfach zu lang, insbesondere in Hinblick auf die Hörtests werden.

Siehe **Anlagen Geigenanspiele**.

Trompete:

- Chromatische Tonleiter (klingend) f ... f^2 einmal aufwärts und abwärts, Tempo 40 Viertel pro Minute ***mf*** gespielt. Der Notenwert jeder Note betrug 1/8! Dauer ca. 39 s.
- Ausschnitt 8 Takte aus Ravel „Bolero", ***mf***, Tempo 60 Viertel pro Minute, Dauer ca. 24 s.
- Ausschnitt 7 Takte aus Overtüre „Leichte Cavallerie", ***ff***, Tempo 80 Viertel pro Minute, Dauer ca. 19 s.

Im dritten Stück werden der ersten beiden Takte wiederholt. Wir haben für die Auswertung den ersten Takt sowie den zweiten Takt bis auf das letzte 1/16 abgeschnitten und beginnen sozusagen mit 1/16 Auftakt im zweiten Takt. Dies erschien für das Abhören der Passage günstiger, da bei vielem Hören die Wiederholung nach unserer Auffassung lästig zu werden drohte. Die Länge des verwendeten Stückes beträgt ca. 13 s.

Siehe **Anlagen Trompetenanspiele**.

Klarinette:

- Chromatische Tonleiter (klingend) d ... b^2 einmal aufwärts und abwärts, Tempo 80 Viertel pro Minute ***mf*** gespielt. Der Notenwert jeder Note betrug 1/8! Dauer ca. 25 s.
- Ausschnitt 5 Takte aus „Orpheus", ***mf***, Tempo 120 Viertel pro Minute, Dauer ca. 9 s.
- Ausschnitt 8 Takte aus „Who is the man", ***mf***, Tempo 100 Viertel pro Minute, Dauer ca. 19 s.

Siehe **Anlagen Klarinettenanspiele**.

7.3.4 Durchführung der Aufnahmen

Die Aufnahmen fanden unter den in 7.3.2 beschriebenen räumlichen Bedingungen und als Einzelsitzungen mit jedem Musiker statt. Die Spieler erhielten die Noten vorab und auf Wunsch auch eine mp3-Datei von Aufnahmebeispielen mit Spieler 1. Sie hatten zunächst Gelegenheit, sich mit den Instrumenten vertraut zu machen und stimmten sie auch jeweils selbst ein. Die Reihenfolge pro Instrument war stets chromatische Tonleiter, Stück 1, Stück 2 (Stück 3). Jedes Stück wurde zweimal hintereinander mit kurzer Pause gespielt. Bei einem erkannten Fehler erfolgten ein oder auch mehrere weitere Anspiele solange, bis zwei fehlerfreie Anspiele aufgenommen waren. Die Aufnahmen begannen stets im reflexionsarmen Raum und wurden nach Abarbeitung aller Instrumente im Konferenzraum fortgesetzt. Um Temposchwankungen als Unterscheidungsmerkmal auszuschließen, verwendeten wir in der Regel ein opti-

sches Metronom. In Ausnahmefällen spielten wir das Tempo als Klicks dem Musiker über geschlossene Kopfhörer zu.
Als Aufnahmemikrofon diente ein Kunstkopf Manikin MK 2 der Firma CORTEX GmbH. **Es wurde stets mit dem Hochpassfilter 20 Hz und ohne Entzerrung (Einstellung LC) gearbeitet**. Die Einstellung der Aufnahmeempfindlichkeit (= maximal verarbeitbarer Schalldruckpegel) erfolgte jeweils zu Beginn der Sitzungen mit Spieler 1. Über mehrere Tests wurde eine Empfindlichkeit mit ausreichender Aussteuerungsreserve gewählt, die dann für jeweils alle fünf Spieler konstant gehalten werden konnte. Im Falle der Trompete musste die Empfindlichkeit in den beiden Aufnahmeräumen unterschiedlich gewählt werden. Ursache ist die extreme Richtwirkung der Trompete. Folgende Einstellungen kamen zur Anwendung:

- Gitarre: 90 dB
- Geige: 110 dB
- Trompete: 120 dB refl. Raum, 130 dB Konferenzraum
- Klarinette: 110 dB.

Im Falle von Geige, Trompete und Klarinette baten wir die Spieler ihr eigenes Instrument mitzubringen und spielten es, soweit sie der Bitte nachkamen jeweils als Instrument 11 (bzw. 6) für evt. mögliche Beurteilungen zu Schwierigkeiten des Musikers mit einzelnen Testinstrumenten mit ein. Für die einzelnen Instrumente entstanden folgende Anzahlen von Anspielen

Anzahl = X Instrumente x Y Stücke x 2 Anspiele x 2 Räume x 5 Musiker

- **Gitarre:** 120 Anspiele pro Musiker
  600 Klangbeispiele insgesamt
- **Geige:** 176 Anspiele pro Musiker
  880 Klangbeispiele insgesamt
- **Trompete:** 132 Anspiele pro Musiker
  660 Klangbeispiele insgesamt
- **Klarinette:** 72 Anspiele pro Musiker
  360 Klangbeispiele insgesamt.

Abbildung 60 zeigt die Aufnahmesituation im reflexionsfreien Raum des IfM, während Abbildung 62 die Anordnung im Konferenzzimmer darstellt.

Abbildung 60: Aufnahmesituation Gitarre im reflexionsarmen Raum

Im Falle der Trompete musste im reflexionsfreien Raum von der typischen Kunstkopfstellung abgewichen werden. Aufgrund der starken Richtwirkung der Trompete wurde bei sitzender Position des Bläsers der Klang sehr dumpf. Wenn der Spieler die Trompete langsam genau auf den Kopf ausrichtete, konnte man sehr deutliche Klangveränderungen im Abhörsignal feststellen.

Um die Trompete genau auf den Kopf auszurichten, hätte entweder im Sitzen eine sehr unnatürliche Spielhaltung eingenommen oder aber die Anspiele im Stehen ausgeführt werden müssen. Beides erschien nach einigen Versuchen als sehr ungünstig. Wir entschieden den Kopf abzusenken bis er sich etwa in Höhe des Schallstückes befand. Die Ohren befanden sich nun 80 cm über dem Gitter (Abbildung 61). Damit wurde der Kopf von der Schallstücksymmetrieachse immer noch nicht exakt getroffen, aber wir wählten diese Position bei sitzender Spielerposition als unsere Aufnahmesituation. Damit wird sich bei der Trompete mit ihrer starken Richtwirkung im reflexionsarmen Raum allein schon resultierend aus Spielergröße und konkreter Sitzhaltung ein hörbarer Unterschied von Spieler zu Spieler ergeben. Im Konferenzraum beließen wir die Aufnahmesituation unverändert.

Abbildung 61: Spezielle Aufnahmesituation Trompete im reflexionsarmen Raum

Abbildung 62: Aufnahmesituation im Konferenzraum des IfM

Ursprünglich hatten sich die Projektpartner vorgenommen, pro Musiker zwei der beschriebenen Durchgänge, d. h. reflexionsarmer Raum, Konferenzraum, reflexionsarmer Raum, Konferenzraum aufzunehmen, um die erreichbare Reproduzierbarkeit der Musiker bei gleichen Randbedingungen besser beurteilen zu können. Bei nur einem Durchgang stehen nur zwei unmittelbar nacheinander gespielte Proben zur Reproduzierbarkeitsbeurteilung zur Verfügung. Aber die Realität im Verlaufe der Session mit dem ersten Gitarristen ließ dies als unrealistisch erscheinen. Bereits ein Durchgang erforderte einen ganzen Tag! Man hätte jeden Musiker zweimal engagieren müssen, was 40 statt 20 Aufnahmetage bedeutet hätte. Dies war weder organisatorisch noch finanziell in das Projekt einzuordnen und hätte letztlich auch die Auswertekapazitäten überfordert. Als Alternative erwogen wir zeitweise, die zwei Anspiele nicht unmittelbar nacheinander aufzunehmen, sondern die Instrumente in zufälligem Wechsel spielen zu lassen. Da die Instrumente doch recht unterschiedlich sind, braucht aber der Musiker immer etwas Einspielgefühl, wenn er zum nächsten Instrument greift. Da hieraus neue Probleme erwuchsen, haben wir diese Gedanken wieder fallen lassen.

Im Ergebnis der Aufnahmen entstanden DAT-Bänder mit insgesamt 2500 Klangbeispielen, die die Rohdaten für die weitere Arbeit bei beiden Partner bildeten. Diese Daten stehen nach wie vor auch weiterführenden Auswertungen zur Verfügung.

7.4 Bereitstellung der Analysewerkzeuge

7.4.1 Auswahl der zu betrachtenden Größen – Formulierung der Primärmerkmale

Die reine Frequenzanalyse von Musiksignalen brachte, wie bereits erwähnt, in der Vergangenheit nicht die gewünschten Ergebnisse. Eigentlich hätte man nun zwangläufig auf die Psy-

choakustikgrößen zurückgreifen müssen. Ob man dies in ausreichendem Umfange in der Vergangenheit getan hat, ist zumindest nicht veröffentlicht. Es hielt sich aber in den 1990er Jahren hartnäckig die Meinung, dass die Psychoakustikgrößen für die und mit Hilfe der Untersuchung von technischen Geräuschen entwickelt wurden und deshalb für Musiksignale ungeeignet seien. Fehlende anders lautende, veröffentlichte Ergebnisse schienen das zu bestätigen. Ein erstes positives Ergebnis legte VALENZUELA (1998) vor, indem sie nachwies, dass man einzelne Klaviertöne mit Hilfe der Schärfe und der von ihr formulierten Offenheit voneinander unterscheiden kann. Nun sind aber die Psychoakustikgrößen messtechnisch erfassbare Werte, deren Wahrnehmbarkeit zumindest für bestimmte Schalle nachgewiesen ist. Für andere denkbare Merkmalsgrößen, die man aus dem Zeitsignal gewinnen könnte, liegen solche Nachweise nicht vor. Es liegt also nahe, in einem ersten Verarbeitungsschritt die klassischen Psychoakustikgrößen Lautheit, Schärfe, Rauigkeit und Schwankungsstärke zu bestimmen und diese als Primärmerkmale in weitere Verarbeitungsschritte einzugeben.
In ersten Versuchen (ZIEGENHALS 2004) zeigte es sich, dass die traditionellen psychoakustischen Größen für eine hinreichende Differenzierung von Instrumenten gleichen Typs in Melodieanspielen zwar eine Reihe von Ansätzen bieten, insgesamt aber nicht ausreichend sind. Nun bietet es sich zunächst an, die vorliegende Größe Offenheit einzubeziehen. Die genannten Untersuchungen ergaben aber weiterhin, dass insbesondere im unteren Frequenzbereich bis ca. 500 Hz keine der Psychoakustikgrößen eine hinreichende Differenzierung erlaubt. Es muss also ein zusätzliche Größe definiert werden, die hier Informationen liefert. Wir bezeichnen sie als VOLUMEN.
Die erwähnten Forschungen sowie Arbeiten zur Tragfähigkeit von Musikinstrumenten, die sich auch auf die Psychoakustikgrößen stützten (ZIEGENHALS 2006), ergaben weiterhin, dass die Schwankungsstärke wesentlich vom gespielten Musikstück und teilweise vom Raum beeinflusst wird. Wir entschlossen uns deshalb, die Schwankungsstärke nicht als Primärmerkmal einzusetzen. Es gilt also, die Größen **Lautheit, Schärfe, Rauigkeit, Offenheit und Volumen** für die Anspiele zu bestimmen, wobei die Größe Volumen zunächst noch definiert werden muss.

7.4.2 Definition der Größe Volumen

Die Empfindungsgröße des Volumens ist in der verfügbaren Literatur bisher kaum beschrieben, man findet vorwiegend qualitative Angaben zur Wahrnehmung von Volumen. So steigt das wahrgenommene Volumen mit wachsendem Pegel, größerer Bandbreite und niedrigerem Spektralschwerpunkt. ZIEGENHALS (2004) unternahm den Versuch, diese Aussagen in einer Messvorschrift zu realisieren, die eine gewichtete Lautheitssumme im Bereich von 0 bis 400 Hz mit der Wichtungsfunktion

$$g_Z(z) = e^{-z} \qquad \textbf{Gleichung 41}$$

darstellt. Diese Rechenvorschrift stellt eine erste Arbeitshypothese dar, die weiter untersucht und verifiziert werden muss. In Hörtests am IfM wurde für Gitarren eine Bevorzugung großer Amplituden im Bereich bis etwa 200 Hz festgestellt, hinzu kommt der von BLUTNER als für das Volumen wichtig gefundene Frequenzbereich des u-Formanten bis etwa 400 Hz. Der Verlauf der Gewichtsfunktion soll auch der Zunahme des Volumens bei Absinken der Frequenz Rechnung tragen. Bei genauerer Betrachtung der von TERHARDT (1998) abgebildeten Ergebnisse von TERRACE und STEVENS, die für die Wahrnehmung des Volumens von Sinustönen einen Frequenzbereich bis über 5 kHz ermittelt haben, erscheint die harte Begrenzung auf maximal 400 Hz als nur beschränkt zulässig. Vielmehr legen diese Messungen eine gewichtete Summe über den gesamten Bereich der Tonheit nahe, wobei die Wichtungsfunktion ab etwa 1 kHz an Bedeutung gewinnt. Um einen zur Schärfe vergleichbaren Messwert zu erhalten, wird die Messvorschrift für die Schärfe nach VON BISMARCK zu Grunde gelegt

$$V = \frac{c_V}{N} \int_0^{24Bark} N'(z) g_{Vol}(z) dz \qquad \textbf{Gleichung 42}$$

und lediglich die Wichtungsfunktion durch

$$g_{Vol} = e^{-(0,13z)^2} \qquad \textbf{Gleichung 43}$$

ersetzt, deren Verlauf in Abbildung 63 dargestellt wird.

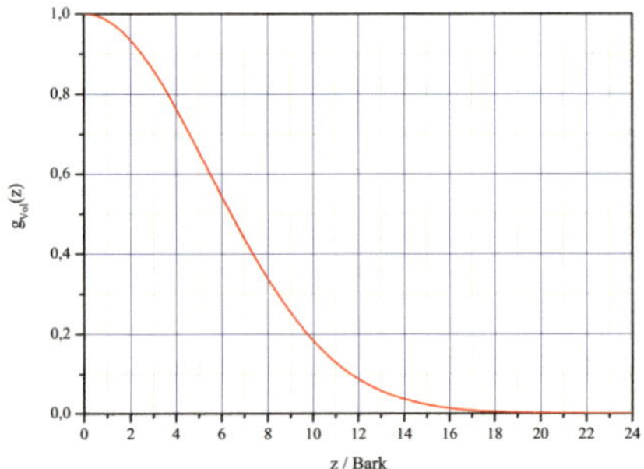

Abbildung 63: Verlauf der Volumengewichtsfunktion $g_{Vol}(z)$ (siehe auch Abbildung 58)

7.4.3 Entwicklung eines eigenen Werkzeugs

Die Größen Lautheit, Schärfe, Rauigkeit und Schwankungsstärke sind in kommerziellen Geräte- bzw. Softwarelösungen seit ca. 18 Jahren verfügbar. Das IfM verfügt hier über eine Akustik-Workstation CF90 von CORTEX. Weiterhin ist im IfM ein System 01dB Orchestra vorhanden. Dieses liefert für einen markierten Zeitbereich eines als wave-files vorliegenden Schallereignisses die Mittelwerte der Größen Lautheit, Schärfe, Tonhaltigkeit, Rauigkeit, unbeeinflusste Lästigkeit, Sensory Pleasantness, Lautheit 10 %, sowie drei Verständlichkeitsfaktoren. Beide Systeme verfügen über die Möglichkeit, die spezifische Lautheit im Raster von 2 ms als Matrix auszugeben. Aus dieser Matrix können die nicht implementierten Größen Offenheit und Volumen berechnet werden. So wurde auch zunächst verfahren. Die ersten Auswertungen ergaben, dass die klassische Rauigkeit für leise Passagen in Musiksignalen unsinnige Werte liefert, da bei leisen Passagen auftretendes Rauschen sowie Quantisierungsfehler im Algorithmus zu extremen Werten führen. Weiterhin zeigten sich erhebliche Wertedifferenzen zwischen den auf der Basis CORTEX und 01dB ermittelten Merkmalen. Ursache ist, dass bislang lediglich die Größe mittlere Lautheit über ein Ereignis durch DIN 61260 einheitlich definiert wird. Alle anderen Größen ergeben wegen der mehr oder weniger willkürlichen Parameterwahl (und offensichtlich auch bei der Wahl der Aufeinanderfolge der einzelnen Rechenschritte) einzelner Hersteller oft keine vergleichbaren Ergebnisse. Kommer-

zielle Systeme sind aus verständlichen Gründen geschlossen aufgebaut, so dass eine gezielte Parametervariation durch den Nutzer wenn, dann nur sehr eingeschränkt möglich ist. Da zudem für die Größen Offenheit und Volumen sowieso eine eigene Software-Lösung erforderlich war und ein Ausweg für das Problem Rauigkeit gefunden werden musste, entschlossen wir uns, für die Analysen ein komplett eigenes Werkzeug zu schaffen.
Dieses Werkzeug, eine Softwarelösung in VISUAL BASIC, erwartet wave-files als Eingangsdatensätze und berechnet die Mittelwerte folgender Größen über die Signalprobe:

- Lautheit nach dem PET-Verfahren von TERHARDT im 2-ms-Raster als spezifische und Summenlautheit
- Schärfe nach dem Algorithmus von AURES im 2-ms-Raster
- Offenheit nach dem Algorithmus von VALENZUELA im 2-ms-Raster
- Volumen nach dem in 7.4.2 beschriebenen eigenen Verfahren im 2-ms-Raster
- Rauigkeit nach dem in 7.4.4 beschriebenen eigenen Verfahren im 2-ms-Raster als Summengröße.

Lautheit und Schärfe wurden auf die bekannten Psychoakustikgrößen sone und acum kalibriert. Für Offenheit und Volumen sind noch keine Kalibrierbedingungen vorgegeben. Es kann daher lediglich der zu erwartende qualitative Frequenzverlauf überprüft werden, welcher für einen gleitenden Sinuston der Wichtungsfunktion selbst entsprechen muss. Auf die Einführung eines Kalibierfaktors wurde mit der Begründung verzichtet, dass sich aus der unkalibrierten Definition der Gleichungen für Volumen und Offenheit bereits eine ausreichende Systematik ergibt. So nimmt das Volumen für Sinustöne mit gerade noch wahrnehmbar tiefer Frequenz den Wert 1 an, die Offenheit erreicht für Sinustöne den maximalen Wert von 1 bei einer Bezugsfrequenz von 1000 Hz.
Die modifizierte Rauigkeit (sie wird im Folgenden der Einfachheit halber weiter als Rauigkeit bezeichnet) kann nicht die gleiche Kalibrierung erfüllen, wie der „Originalalgorithmus". Der Kalibrierung der Rauigkeit wurde zunächst die Analyse eines Testsinustons mit einem mittleren Pegel von 60 dB und einer Frequenz von 1000 Hz zugrunde gelegt, der zu 100 % mit einer Modulationsfrequenz von 70 Hz amplitudenmoduliert ist. Die daraus resultierende Rauigkeit wird zu 1 asper festgelegt. Die von uns errechneten Rauigkeitswerte unterscheiden sich aber für ein reales Signal deutlich von den nach „Originalalgorithmus" berechneten Werten!

7.4.4 Vereinfachtes Rauigkeitsmodell / Diffusität

Unter der Maßgabe, dass die grundlegenden Empfindungen auf möglichst einfachem Weg und unter Beteiligung möglicht weniger Neuronen entstehen, und um die umfangreichen Berechnungen mit der gewünscht hohen Kanalzahl in akzeptabler Zeit durchführen zu können, erschien es sinnvoll die existierenden Berechnungsmodelle in ihrer Komplexität zu überprüfen. Basierend auf dem Modell von SOTTEK wird hier ein vereinfachtes Modell zur Ermittlung der Rauigkeit dargestellt. Dabei wird vor allem auf die Verwendung der Autokorrelation verzichtet. Prinzipiell soll das neue Modell dem in Abbildung 64 dargestellten Funktionsschema folgen.
Für die Autokorrelationsfunktion eines als Fourier-Reihe dargestellten Signals

$$x(t) = a_0 + \sum_{n=1}^{\infty} c_n \cos(n\omega_0 t + \varphi_n) \qquad \textbf{Gleichung 44}$$

wird z. B. in HOFFMANN (1998) die Gleichung

$$\psi_{xx}(\tau) = a_0^{\ 2} + \sum_{n=1}^{\infty} \frac{c_n^{\ 2}}{2} \cos(n\omega_0\tau) \qquad \textbf{Gleichung 45}$$

angegeben. Damit geht die Fourier-Reihe wieder in eine solche über, wobei die Phaseninformation ihrer Komponenten verloren geht und Amplituden der Teilschwingungen der ursprünglichen Reihe durch ihre jeweiligen Effektivwertquadrate ersetzt werden. Im Modell von SOTTEK wird dem Umstand der veränderten Amplituden durch Veränderung des Exponenten bei der nichtlinearen Vorverzerrung Rechnung getragen. Die Halbierung dieses Exponenten führt wieder zu qualitativ gleichwertigen Amplituden der Filterkanäle, wie bei der Berechnung der Lautheit nach ZWICKER.

Wendet man SOTTEKs Annahme, dass statistische Fluktuationen sich bei Mittelung über einen breiten Frequenzbereich auch im Zeitbereich ausmitteln, auch auf schmalere Frequenzbänder an, so kann man die Autokorrelation zur Ausblendung der Phaseninformation auch durch eine wesentlich unkompliziertere Effektivwertbildung je Kanal nach der phasenrichtigen Zusammenfassung über je ein Bark Bandbreite ersetzen. Zunächst erfolgt eine Glättung im Frequenzbereich mit einem Glättungskern von 1 Bark Breite. Dies hat zur Folge, dass Teilrauigkeiten mit Abständen unter 1 Bark in Abhängigkeit ihrer Phasenlage zusammengefasst werden. Weißes Rauschen hat definitionsgemäß im zeitlichen Mittel eine konstante spektrale Verteilung. Der Effektivwert als quadratischer zeitlicher Mittelwert wird ähnliches Verhalten zeigen. Werden die Effektivwerte dieser Signale zusammengefasst, überlagern sich große Schwankungsamplituden konstruktiv und unabhängig von ihrer Phasenlage zueinander.

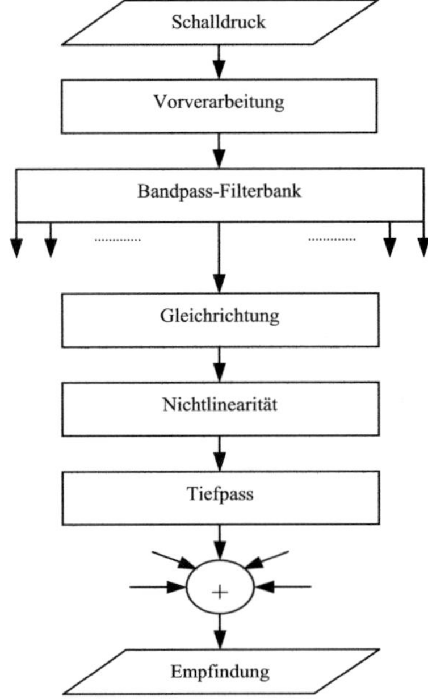

Abbildung 64: Schema der generellen Schallverarbeitung im menschlichen Gehör

Das Schema dieses vereinfachten Berechnungsmodells ist in Abbildung 65 dargestellt. Für weißes Rauschen ergibt sich in diesem Modell eine Restrauigkeit, die daraus resultiert, dass Teilrauigkeiten mit einer Bandbreite von einem Bark gebildet und zusammengefasst wurden, wobei ein bandbegrenztes Rauschen immer einen größeren effektiven Modulationsgrad besitzt, als Breitbandrauschen. Untersuchungen von AURES (1985) deuten an, dass Rauschen mit wachsender Bandbreite abnehmende Rauigkeit zeigt, diese jedoch nicht auf absolut Null sinkt.

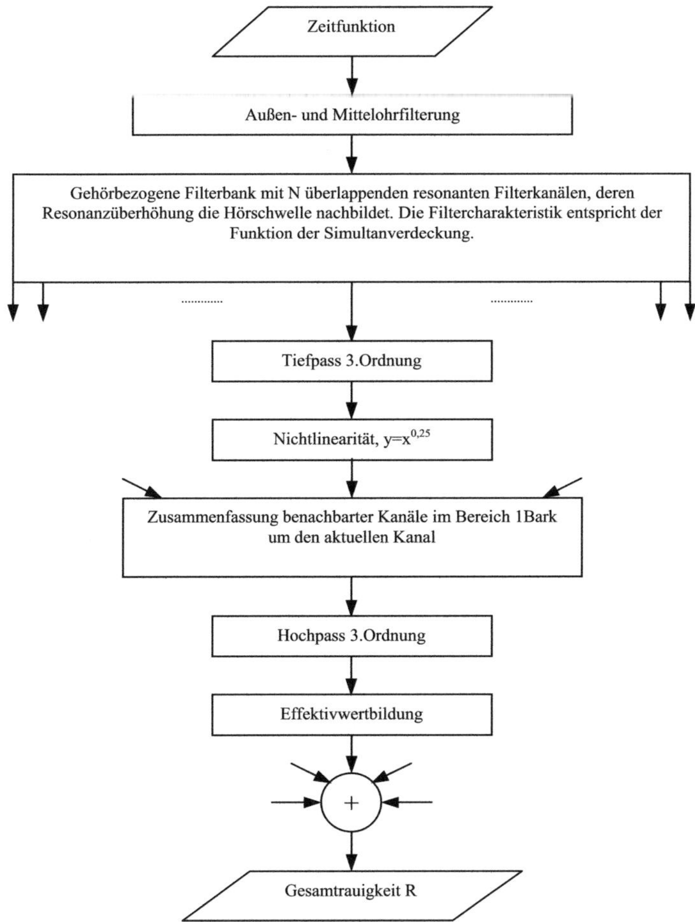

Abbildung 65: Blockschaltbild des Berechungsmodells der vereinfachten Rauigkeitsberechnung

Beim Rauigkeitsmodell von AURES wird eine zeitlich konstante Gewichtsfunktion bei der Zusammenfassung der Teilrauigkeiten verwendet. SOTTEK schlägt eine zeitabhängige Gewichtung der Teilrauigkeiten in Abhängigkeit der spektralen Zusammensetzung des Signals vor. Da zur Untersuchung einer geeigneten Gewichtung in der vereinfachten Version umfangreiche Untersuchungen nötig wären, die den Rahmen dieser Arbeit sprengen würden, wird in der Berechnung vorläufig eine ungewichtete Zusammenfassung der Teilrauigkeiten verwendet. Dies hat zur Folge, dass bereits für Sinustöne im Frequenzbereich bis etwa 200 Hz eine relativ große Rauigkeit errechnet wird, die sich daraus ergibt, dass die Frequenz der Signale in diesen Bändern selbst im Bereich der Rauigkeits-Modulationsfrequenzen liegt. Bei der Untersuchung von musikalischem Klangmaterial bleibt zudem herauszustellen, dass Musik, zumindest sofern es sich um Solomusik handelt, meist wenig rauschartig ist, die angegebene rechentechnische Vereinfachung des Modells durchaus akzeptabel ist. Die Rauigkeit in der verwendeten Berechnungsvariante stellt eher ein Maß für die Modulation des Signals an sich dar, im Gegensatz zu anderen Definitionen, die ein Maß für die synchronen Modulationen sind. Es ist davon auszugehen, dass bei zunehmender Diffusität des Schallfelds der Grad der Modulation zunimmt, da sich zunehmend mehr Schallsignale nicht phasensynchron überlagern. Eine Definition der Rauigkeit über den Grad der Synchronität der Modulation würde bei zunehmendem Raumeinfluss abnehmen. Dies wird beim Vergleich der durch die Cortex Workstation berechneten mittleren Rauigkeit mit der hier berechneten Rauigkeit deutlich. Das hier vorgestellte Maß entspricht also in seiner Charakteristik eher einem Maß der Diffusität des Schalls. Es soll im weiteren Verlauf dennoch als Rauigkeit bezeichnet werden.

7.4.5 Formulierung des Merkmalsvektors

Nach Tests mit dem Werkzeug anhand von ausgewählten Proben des aufgezeichneten Materials entschlossen wir uns, die Klangproben jeweils über die Mittelwerte der fünf betrachteten Psychoakustikgrößen zu beschreiben. Im Ergebnis der Auswertung der Rohdaten erhält also jedes Klangbeispiel einen fünfdimensionalen Merkmalsvektor zur Charakterisierung.

Die Entwicklung des eigenen Analysewerkzeuges einschließlich der Überarbeitung des Volumenmodells und der Formulierung des vereinfachten Rauigkeitsmodells waren wesentlicher Inhalt der in das Projekt integrierten Diplomarbeit von LÖSCHKE (2006). Diese Teile der Arbeiten sind in der Diplomarbeit ausführlicher beschrieben.

7.5 Auswertung der Rohdaten

7.5.1 Abhören und Schneiden der Aufnahmen, Berechnung der Merkmale

Die Aufnahmen wurden zunächst noch einmal komplett abgehört, um evtl. während der Einspiele aufgetretene und nicht bemerkte Fehler zu erkennen. Anschließend schnitten wir aus den jeweils als Gesamtfile auf PC überspielten Aufnahmen je Musiker die entsprechenden Passagen als Einzel-wave-Datei heraus. Hierzu verwendeten wir das Programm „WaveLab". Das Schneiden nahm mehrere Wochen in Anspruch.
Beim Abhören der ersten geschnittenen Geigenanspiele fiel uns auf, dass die gewählten Anspiele für ein angenehmes Abhören zu lang gewählt waren. Wir verwendeten letztlich nur das erste (Tonleiter) und zweite Anspiel in Originallänge. Aus Anspiel 3 extrahierten wir zwei gekürzte Passagen und aus Anspiel 3 eine kurze Passage wie in **Anlagen Geigenanspiele** dargestellt. So verwendeten wir letztlich für Geige fünf Melodieanspiele. Der Partner IAS wertete die ursprünglich gewählten Anspiele in Originallänge aus!
Der Arbeitsplan sah vor, auch die Gleichheit bzw. den Einfluss von Wiederholungen der Anspiele zu betrachten. Deshalb waren stets mehrere Anspiele (mindestens zwei) pro Fall aufgezeichnet worden. Während der Aufnahmen achtete der Testleiter darauf, dass immer zwei fehlerfreie Aufzeichnungen verfügbar waren. Dadurch ergaben sich oft vier bis sechs Aufzeichnungsversuche. Aufgrund der Vielzahl der Aufzeichnungen pro Musiker konnten die Aufnahmen während der Anwesenheit der Musiker nicht unmittelbar abgehört werden. Für Wiederholungstermine stand andererseits keine Kapazität zur Verfügung. Das Abhören zeig-

te, dass nur von etwa der Hälfte der Fälle wirklich zwei fehlerfreie Anspiele aufgezeichnet waren. Wir mussten uns daher entscheiden, die Wiederholung der Anspiele gänzlich aus der Auswertung zu nehmen. So wurde pro Fall (= Instrumententyp, Raum, Musiker, Musikstück und Instrument) nur jeweils ein Anspiel in die Auswertung einbezogen! **Es gelangten schließlich 1242 Anspiele in die Auswertung.**
Das erstellte Programm zur Berechnung der Merkmalswerte wurde auf mehreren PCs installiert, so dass die Rohdatenauswertung innerhalb von drei Wochen abgearbeitet werden konnte.

7.5.2 Betrachtung der Merkmale anhand der Gesamtstichprobe

Wir wollen zunächst die Verteilung der Merkmale anhand der Gesamtstichprobe betrachten. Obwohl dies nicht die eigentliche Problemstellung darstellt, ist natürlich als erstes die Frage berechtigt, ob die Merkmale überhaupt eine Trennung der Instrumententypen gestatten. In Abbildung 66 ist die Verteilung der klassischen Psychoakustikmerkmale Lautheit und Schärfe für die Gesamtstichprobe, d. h. aller 1242 Anspiele zu sehen. Wir betrachten also zunächst nur zwei Dimensionen.
Man erkennt drei wesentliche Fakten: 1. Eine Trennung der Instrumente anhand Lautheit und Schärfe erscheint mit einem gewissen Fehler möglich. Zwischen Geige und Klarinette sowie Klarinette und Trompete gibt es noch nicht näher quantifizierbare Überlappungsbereiche. 2. Die Gitarre spaltet sich deutlich ab und bildet im Verhältnis zu den anderen Instrumenten einen nur sehr kleinen Merkmalsraum. 3. Entgegen der klassischen Aussage der Psychoakustik, dass es sich bei Lautheit und Schärfe um fundamentale und damit linear unabhängige Merkmale der Hörempfindung handelt, stellen wir insbesondere innerhalb der Instrumententypen eine starke lineare Abhängigkeit fest.

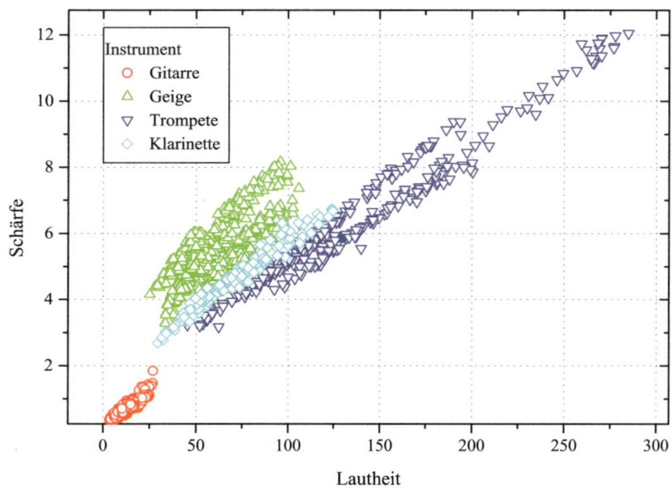

Abbildung 66: Verteilung von Lautheit und Schärfe für die Gesamtstichprobe

Betrachtet man die Korrelation unserer Merkmale für die Gesamtstichprobe (Tabelle 42 und Tabelle 43), stellt sich heraus, dass für die Gesamtstichprobe lediglich Lautheit und Offenheit unabhängige Merkmale darstellen! Es erscheint nun sinnvoll, die Verteilung für diese beiden

Merkmale darzustellen (Abbildung 67). Eine manuelle Clusterung nach visuellen Kriterien anhand von Abbildung 67, d. h. man zeichnet manuell Geraden als Grenzen in Abbildung 67 ein, liefert etwa eine Trefferquote von 95 %. Führt man eine Clusterberechnung aus, so liefert für die Merkmale Lautheit und Offenheit die Methode „Zentroid“ mit 83 % die besten Ergebnisse (Abbildung 68). Es zeigt sich aber, dass die Klarinette als Typ nicht erkannt wird!

Merkmal	Lautheit	Volumen	Offenheit	Schärfe	Rauigkeit
Lautheit	1	-0,5165	**0,0992**	0,8578	0,36781
Volumen	-0,5165	1	0,56902	-0,84838	0,10087
Offenheit	**0,0992**	0,56902	1	-0,36735	0,41275
Schärfe	0,8578	-0,84838	-0,36735	1	0,13923
Rauigkeit	0,36781	0,10187	0,41275	0,13923	1

Tabelle 42: Korrelationskoeffizienten der Merkmale Gesamtstichprobe (1242 Proben)

Merkmal	Lautheit	Volumen	Offenheit	Schärfe	Rauigkeit
Lautheit	1	-0,27968	**-0,00282**	0,77837	0,38651
Volumen	-0,27968	1	0,79829	-0,77816	0,18879
Offenheit	**-0,00282**	0,79829	1	-0,58732	0,40342
Schärfe	0,77837	-0,77816	-0,58732	1	0,09817
Rau8igkeit	0,38651	0,18879	0,40342	0,09817	1

Tabelle 43: Partielle Korrelationskoeffizienten der Merkmale Gesamtstichprobe (1242 Proben), Kontrollvariable - Instrumente

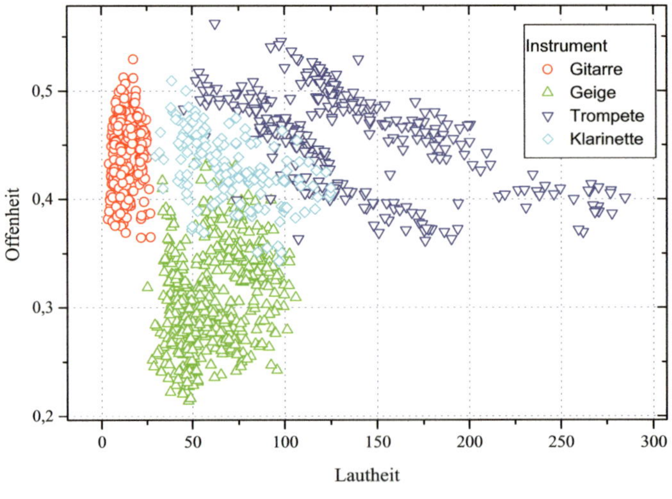

Abbildung 67: Verteilung von Lautheit und Offenheit für die Gesamtstichprobe

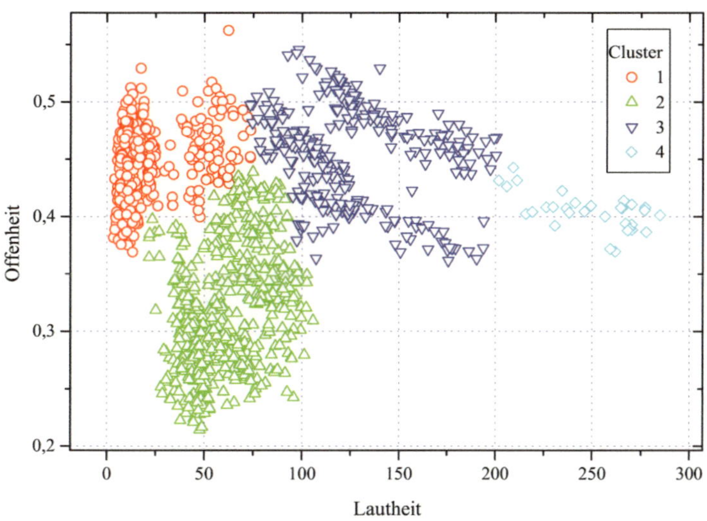

Abbildung 68: Clusterung (Zentroid) mit Lautheit und Offenheit

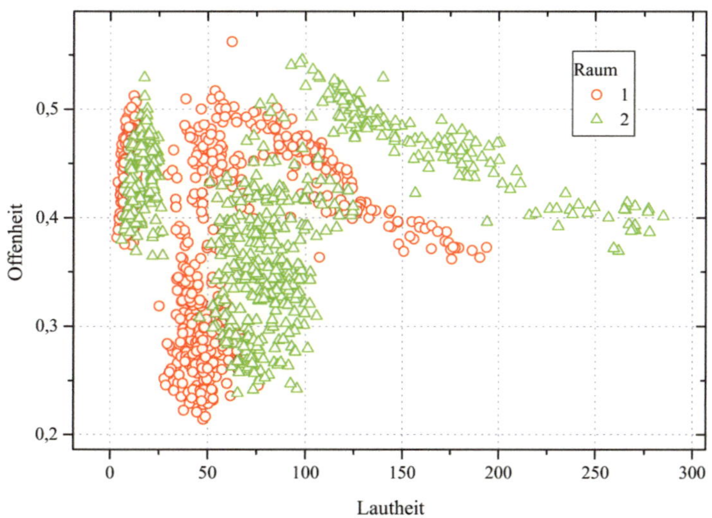

Abbildung 69: Lautheit über der Offenheit getrennt nach Räumen

Für die Aussagen von VALENZUELA, dass Schärfe und Offenheit musikalische Einzeltöne (Klavier) charakterisieren, spricht die ebenfalls geringere Korrelation zwischen beiden Größen. Eine Clusterung nach diesen Merkmalen liefert aber keine besseren Ergebnisse. Auch hier wird die Klarinette nicht erkannt, sondern den Trompeten zugeordnet. In Konsequenz

müssen nun weitere Merkmale in die Clusterung einbezogen werden. D. h., wir erhöhen die genutzte Dimension unseres potentiell fünfdimensionalen Merkmalsraumes schrittweise. Dabei werden nacheinander die Merkmale mit wachsender Korrelation angefügt. Auch dieser Prozess liefert keine Verbesserung in der Erkennung. Die Verwendung von Lautheit, Offenheit und Schärfe bringt z. B. eine Trefferquote von nur 61 %.
Interessant für die Gesamtstichprobe ist noch die Repräsentation der beiden Aufnahmeräume (Abbildung 69). Eine wirkliche Trennung der Räume anhand der Merkmale ohne weitere Einschränkungen wie z. B. Ausblenden von Instrumententypen gelingt nicht. Der Einfluss des Raumes auf die Klangmerkmale liegt unter dem durch den Instrumententyp, was aber auch zu erwarten war.

Man erkennt aus der Betrachtung der Gesamtstichprobe, dass die Gitarre den deutlich geringsten Streubereich aufweist, sich die Klänge verschiedener Instrumente, Stücke, Spieler und Räume am geringsten unterscheiden im Vergleich zu den anderen betrachteten Instrumententypen. **Die Gitarre ist also das akustisch (klanglich) uninteressanteste Instrument!** Verfolgt man diese Tatsache weiter und bedenkt, dass gerade bei der Gitarrenstichprobe doch sehr unterschiedliche Instrumente zum Einsatz kommen, drängt sich die Folgerung auf, dass die klanglichen Gestaltungsmöglichkeiten sowohl der Musiker als auch der Gitarrenhersteller im Vergleich deutlich eingeschränkt sind.

7.5.3 Plausibilitätstest anhand der Gitarrenstichprobe

Für die Einschätzung, ob die Einzeleinspiele typisch für den jeweiligen Musiker sind, standen nur die beiden Wiederholungen pro Einspiel, und dies wie bereits ausgeführt nur für einen Teil der Musiker frei von Störungen zur Verfügung. Deshalb wurde unter Beschränkung der Randbedingungen auf das Musikstück 1, einen Spieler, den reflexionsarmen Raum und das Instrument das Anspiel fünfzehn Mal wiederholt. Da zum Zeitpunkt dieser Aufnahmen keiner der ursprünglichen fünf Gitarristen zur Verfügung stand, wurde ein neuer Gitarrist (Spieler 6) eingesetzt. Dieser beherrscht das Instrument jedoch nicht in dem professionellen Umfang, wie die vorhergehenden Spieler. Die fünfzehn Aufnahmen fanden in drei Blöcken zu je fünf Wiederholungen an verschieden Tagen zu unterschiedlichen Tageszeiten statt. Es ist somit davon auszugehen, dass diese zusätzlichen Aufnahmen den ungünstigsten Fall der Reproduzierbarkeit eines Anspiels durch einen Spieler darstellen.
Die Ergebnisse der Auswertung der Reproduktionseinspiele lassen den Schluss zu, dass die Unterschiede in den Aufnahmen zwischen den Spielern systematischer Natur sind und kaum von der Tagesform des Spielers abhängen. Bei den vorliegenden Aufnahmen beträgt der maximale zeitliche Abstand zwischen zwei Wiederholungen lediglich einen Tag, was für eine Aussage zur Tagesformabhängigkeit genügt, jedoch weitergehende psychologische Umwelteinflüsse, wie allgemeines Wohlbefinden, Stress oder sich verändernde Hörgewohnheiten nicht ausreichend berücksichtigen kann.
Abbildung 70 zeigt die mittlere Lautheit der Anspiele für die 10 Gitarren und die fünf Musiker. Zusätzlich ist für Instrument 1 die Streubreite für Spieler 6 über die Aufnahmen an verschiedenen Tagen. Man erkennt, dass seine Streubreite deutlich unter der Gruppenbildung der Gitarristen bleibt. Da es sich bei Spieler 6 um einen Amateur handelt, kann man hieraus folgern, dass die Einspiele als typisch für die einzelnen Musiker betrachtet werden können.

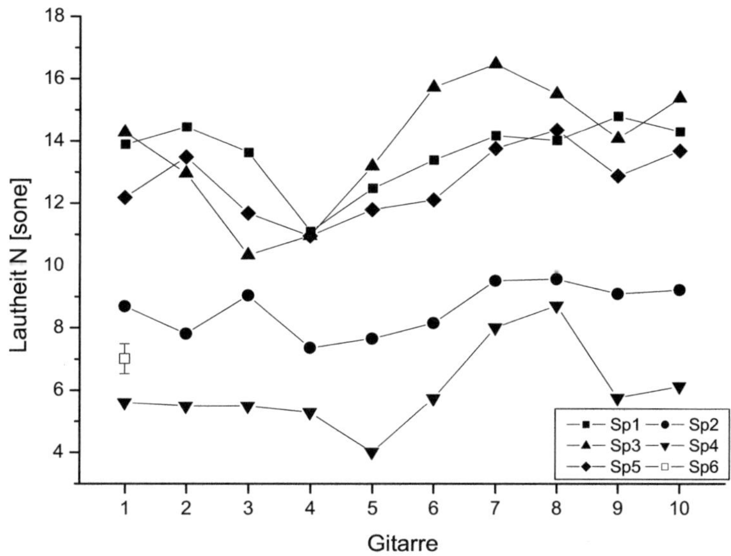

Abbildung 70: Lautheit der Gitarren, angespielt durch verschiedene Spieler im reflexionsarmen Raum

7.6 Verarbeitung der Merkmale

7.6.1 Gitarrenstichprobe

7.6.1.1 Erste Auswertung im Rahmen der Diplomarbeit LÖSCHKE

Folgt man ZIEGENHALS (2000), so sind akustische Merkmale von Musikinstrumenten im Allgemeinen normalverteilt. Dies lässt sich aus der Tradition heraus erklären, wonach Veränderungen an klassisch, handwerklich hergestellten Instrumenten nach dem Prinzip Versuch und Irrtum erfolgen. Merkmale, die technisch gut beherrschbar sind, zeigen sich dagegen kaum normalverteilt. Hier wird lediglich offenbar, ob der jeweilige Hersteller den technischen Prozess beherrscht, oder nicht. Unter der Voraussetzung, dass die psychoakustischen Merkmale nicht ausreichend mit heute beherrschten technischen Zusammenhängen verknüpft sind, lassen sich die statischen Untersuchungen unter Annahme der Normalverteilung der Merkmale vornehmen.
Bemerkung: Alle beschriebenen statistischen Untersuchungen (auch die in Kapitel 7.5.2) wurden mit dem Statistikprogramm WinSTAT® Version 3.1 vorgenommen.

Im Rahmen der Diplomarbeit LÖSCHKE (2006) fand eine erste Auswertung der Gitarrenstichprobe statt. Da zu diesem Zeitpunkt nur die Gitarrenaufnahmen zur Verfügung standen und die anderen Aufnahmen zu weiteren Folgerungen für die Auswertung führten, weicht seine Methodik von der später für alle Stichproben verwendeten etwas ab. Prinzipiell kommt er jedoch zu den gleichen Ergebnissen. Die Vorgehensweise der Arbeit soll hier nicht abgehandelt werden. Es erfolgt nur eine kurze Darstellung der Ergebnisse:
Die Untersuchungen mit dem Merkmalssatz aus zeitlich gemittelten Größen haben gezeigt, dass eine Unterscheidung von Gitarren mittels der betrachteten Größen möglich ist, sofern die Randbedingungen der Aufnahme, also Raum, Spieler und Stück, konstant gehalten werden.

Bauartbedingt ähnliche Instrumente werden dabei auch ähnlich bewertet. Instrumente, die sich in ihrer akustisch wirksamen Struktur stark unterscheiden, variieren auch in den psychoakustischen Merkmalen untereinander stark.
Zur Wahrnehmbarkeit von Unterschieden kann auch weiterhin keine allgemeingültige Aussage getroffen werden. Ausreichend untersucht sind hier lediglich die Unterscheidungsschwellen der Lautheit, diese stellt sich jedoch als besonders weit streuend heraus, so dass davon ausgegangen werden muss, dass sie bei der Urteilsbildung nur geringen Einfluss hat. Dennoch konnte gezeigt werden, dass die Merkmale bei konstanten Randbedingungen reproduzierbare Einordnungen der Gitarren erlauben, wobei die Extremwerte der jeweiligen Merkmalsausprägung außerhalb der ungünstigsten zufälligen Streuung bei Wiederholung des Anspiels liegen.
Differenzen in den psychoakustischen Merkmalen zwischen einzelnen Spielern sind überwiegend systematischer Natur und kaum von der Tagesform abhängig. Nicht ausreichend geklärt werden konnten die Abhängigkeiten der psychoakustischen Merkmale vom Zusammenspiel der Randbedingungen während der Aufnahme, da die hierzu erforderlichen Vergleichsmöglichkeiten mit Hörversuchen und erheblich erweiterten Datensätzen nicht zu Verfügung standen. Auf der Basis der ausgewerteten Daten kann aber davon ausgegangen werden, dass eine Interaktion zwischen Raum und Spieler stattfindet. Auch die spielerabhängigen Merkmalsdifferenzen deuten auf eine Interaktion zwischen Spieler und Instrument hin. Die Spielerabhängigkeit ist durch unterschiedliche Sensitivität gegenüber der Rückmeldung des Instruments erklärbar. Die Offenheit stellte sich bei der Untersuchung der vorliegenden Daten als das am wenigsten von den gewählten Randbedingungen der Aufnahme abhängige Merkmal heraus. Zudem stimmen die Verhältnisse der Offenheit weitestgehend mit den konstruktiven Ähnlichkeiten der Gitarren überein.

7.6.1.2 Standardauswertung der Gitarrenstichprobe

7.6.1.2.1 Gesamtstichprobe

Den Ausgangspunkt der Auswertung stellt die Betrachtung der Korrelationen der Merkmale für die Gitarrenstichprobe dar (Tabelle 44). Abbildung 71 veranschaulicht die Verteilung der Merkmale mit der geringsten Korrelation, Offenheit und Rauigkeit für die Instrumente der Stichprobe Gitarre. Eine Systematik hinsichtlich der Instrumente ist nur sehr, sehr bedingt mit großen Überschneidungen erkennbar.

Merkmal	Lautheit	Volumen	Offenheit	Schärfe	Rauigkeit
Lautheit	1	-0,67489	0,11071	0,89482	0,85793
Volumen	-0,67489	1	-0,03328	-0,87428	-0,48099
Offenheit	0,11071	-0,03328	1	-0,13412	**0,00431**
Schärfe	0,89482	-0,87428	-0,13412	1	0,73839
Rauigkeit	0,85793	-0,48099	**0,00431**	0,73839	1

Tabelle 44: Korrelationskoeffizienten der Merkmale Gitarrenstichprobe (292 Proben)

Als Ausgangspunkt für die weiteren Betrachtungen führen wir eine Faktorenanalyse durch. Die Ergebnisse zeigen Tabelle 45 bis Tabelle 47. Wir finden drei Faktoren, die zusammen 97 % der Varianz beschreiben. Ein Faktor beeinflusst im wesentlichen Lautheit und Rauigkeit, ein Faktor die Offenheit und ein Faktor das Volumen. Es stellt sich die Frage, inwieweit die statistischen Faktoren unseren Einflussfaktoren Raum, Stück, Musiker und Instrument zugeordnet werden können. Clusteranalysen zeigen die erwartete Struktur (Abbildung 72).

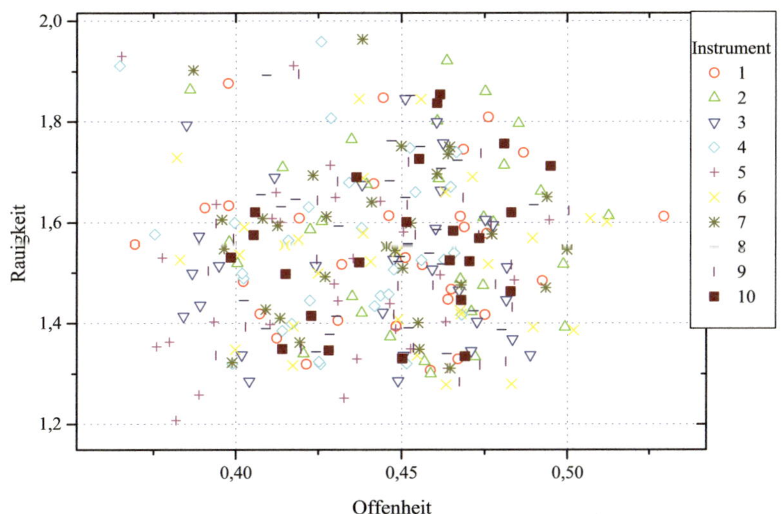

Abbildung 71: Rauigkeit über der Offenheit getrennt nach Instrumenten, Gitarre

Faktor	Eigenwert	Varianz / %	Kumuliert / %
1	3,27454	65,4908	65,4908
2	1,03314	20,6629	86,1537
3	0,572	11,44	97,5937

Tabelle 45: Faktorenanalyse, Gitarre

Merkmal	Faktor 1	Faktor 2	Faktor 3
Lautheit	0,95175	-0,12068	0,17929
Volumen	-0,8361	0,00149	0,53099
Offenheit	0,00286	-0,99829	-0,05472
Schärfe	0,97202	0,14583	-0,1428
Rauigkeit	0,85136	-0,02676	0,48426

Tabelle 46: Unrotierte Faktorladungen, Gitarre

Merkmal	Faktor 1	Faktor 2	Faktor 3
Rauigkeit	0,95464	-0,22032	-0,0122
Lautheit	0,82738	-0,50718	0,10366
Volumen	-0,25616	0,95602	-0,03775
Schärfe	0,6106	-0,77103	-0,13837
Offenheit	0,01781	0,00979	0,99959

Tabelle 47: Varimax Faktorladungen, Gitarre

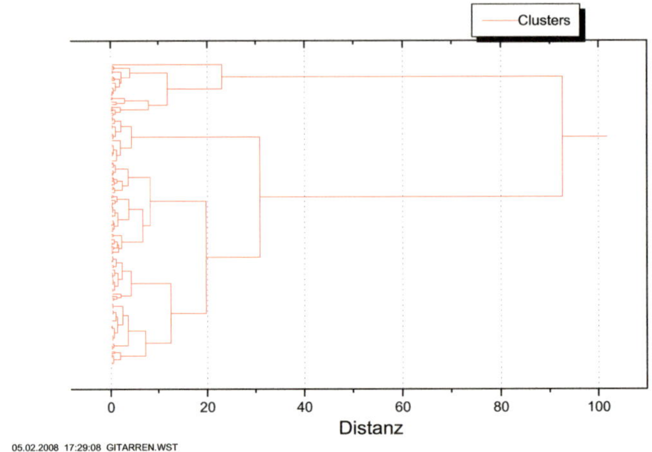

Abbildung 72: Clusteranalyse Gitarre mit Lautheit, Schärfe, Volumen und Rauigkeit

Es entstehen zwei, dann drei, dann fünf Bereiche. Das scheint zunächst unseren Faktoren 2 Räume, 3 Stücke und 5 Musiker zu entsprechen. Jedoch ist die Trefferquote der Clusterung eher gering. Betrachten wir die Verteilung für die in den jeweiligen Faktoren dominierenden Merkmale, so finden wir für Stücke und Musiker eine gewisse Übereinstimmung (Abbildung 73 und Abbildung 74).

Das deutet darauf hin, dass einerseits im dominierenden statistischen Faktor 1 die Spieler maßgeblich eingehen und im zweiten statistischen Faktor die Stücke eine Rolle spielen. Diese Folgerung beruht aber im Wesentlichen auf der visuellen Einschätzung von Abbildung 73 und Abbildung 74.

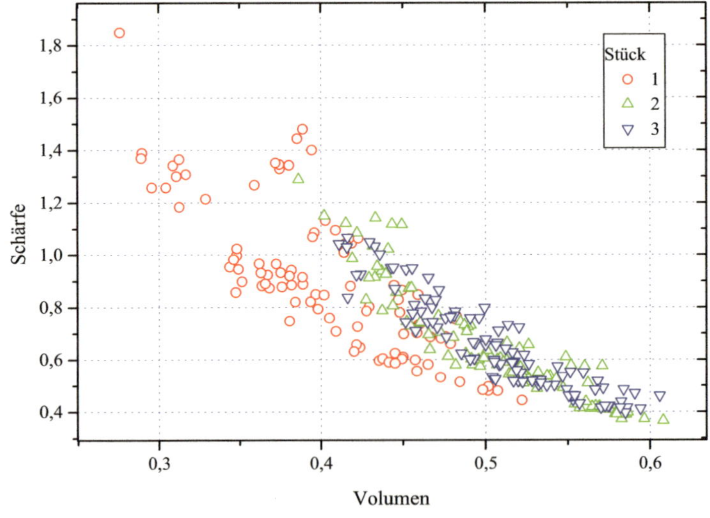

Abbildung 73: Schärfe über dem Volumen getrennt nach Stücken, Gitarre

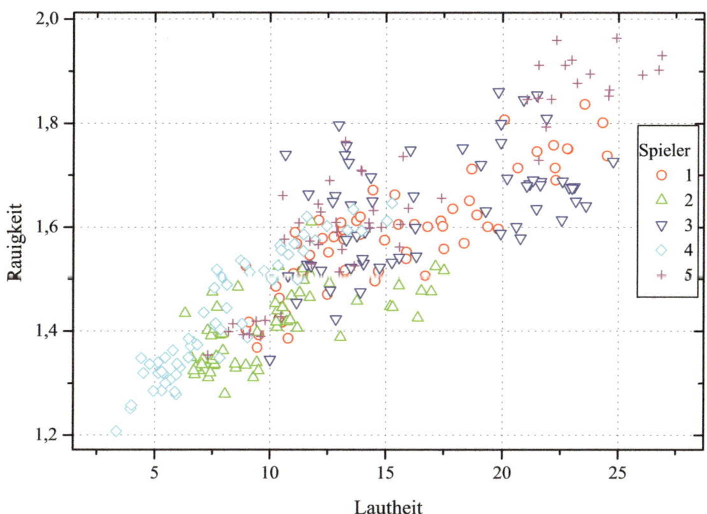

Abbildung 74: Rauigkeit über der Lautheit getrennt nach Spielern, Gitarre

Für die weiteren Betrachtungen wurden Mittelwert und Standardabweichung für die Einflussfaktoren Instrumente, Musiker, Stücke und Räume berechnet. Die Ergebnisse sind in den **Anlagen Tabelle A5.1** und **Tabelle A5.2** zusammengefasst. Die mittlere Lautheit Instrument 1 z. B. stellt den Mittelwert über alle Anspiele mit Instrument 1 unter Einbeziehung alle Spieler, Stücke und Räume dar. In **Anlagen Tabelle A5.1** sind zudem die Standardabweichungen der Merkmale für die Einflussfaktoren in Prozent bezogen auf den Mittelwert angegeben. Man erkennt sehr schön, dass die Merkmalsmittelwerte der Instrumente sehr dicht beisammen liegen. Die Lautheit streut hier z. B. lediglich um 7 %, hingegen streuen die Spieler um 30 %. Andererseits treten stets große Standardabweichungen innerhalb der Instrumente auf, bei der Lautheit hier z. B. im Mittel von 42 % (**Anlagen Tabelle A5.2**). Die Merkmale streuen für das einzelne Instrument also über einen großen Bereich, d. h. die anderen Einflussfaktoren überwiegen. Die Mittelwerte Spieler, Stück und Raum fallen auseinander, die Streuungen aber werden geringer. Diese Faktoren bilden also eher Cluster. Die in den beiden Tabellen dargestellten Werte weisen darauf hin, dass die Unterschiede zwischen den Instrumenten offensichtlich in den von Spieler, Stücken und Räumen verursachten Unterschieden untergehen. Wertet man anhand dieser Überlegungen **Anlagen Tabelle A5.1** und **Tabelle A5.2** konsequent aus, so findet man, dass der Musikereinfluss bei den Merkmalen Offenheit und Rauigkeit, der Raum bei Schärfe und die Stücke bei Volumen im Einfluss dominieren. Die Lautheit wird hingegen offenbar von Raum und Musiker gleichermaßen beeinflusst. Abbildung 75 zeigt anschaulich die Wirkung der Einflussfaktoren für die Merkmale Offenheit und Rauigkeit. Deutlich stellt sich der dominierende Spielereinfluss dar. Andererseits sind die Instrumente offensichtlich durch Mittelung über einzelne Einflussfaktoren (was in gewisser Weise einer Konstanthaltung entspricht) in unserem Fall bis auf die Exemplare 6 und 9 zu trennen. Fraglich ist natürlich, ob diese Trennung sinnvoll ist. Dazu schauen wir uns die Instrumente an. Die Nummern sind in Abbildung 75 vermerkt. Die Exemplare 4 und 5 und auch 2 setzen sich ab. Vergleichen wir mit **Anlagen Gitarrenstichprobe** so finden wir, dass es sich bei den Exemplaren 4 und 5 um die schlechtesten, bei 2 jedoch um das Spitzenmodell handelt! Es offenbart sich also ein durchaus sinnvoller Trend.

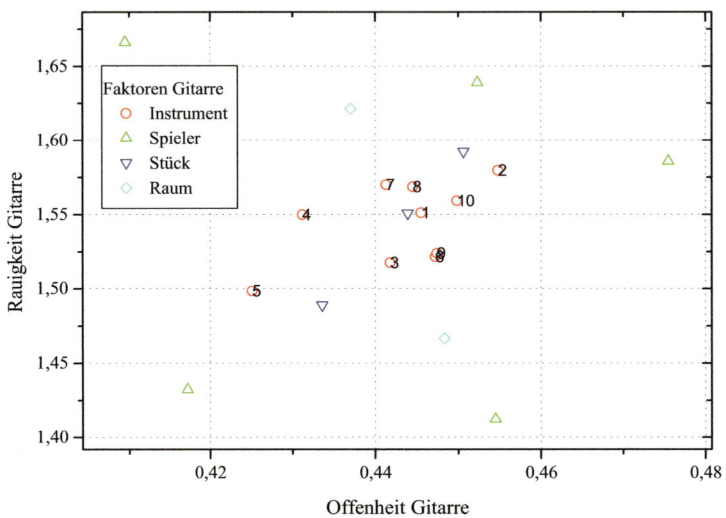

Abbildung 75: Verteilung der Einflussfaktoren bei Gitarre für Offenheit und Rauigkeit

Abbildung 76 zeigt eine zweite Verteilung für die Merkmale Offenheit und Volumen. Die getroffenen Aussagen erhärten sich. Diesmal streuen auch die Musikstücke stärker, die Instrumente bleiben aber als Gruppe zusammen. Wieder heben sich die Exemplare 2, 4 und 5 deutlich ab.

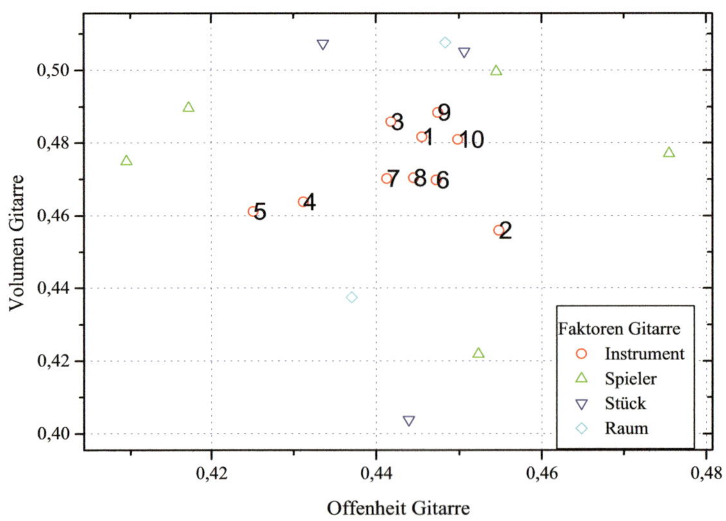

Abbildung 76: Verteilung der Einflussfaktoren bei Gitarre für Offenheit und Volumen

Die Betrachtung der Verteilung der Instrumente im Merkmalsraum anhand der Grafiken schließt jeweils nur zwei der verfügbaren Dimensionen ein. Wir können aber natürlich den Abstandsbetrag im vollständigen Merkmalsraum berechnen. Wir wollen dies für die mittleren Merkmale der Instrumente tun. Um nicht einzelne Merkmale aufgrund ihrer physikalischen Dimension hierbei überproportional zu berücksichtigen ist eine Normierung der Merkmale erforderlich. Nach mehreren Versuchen entschieden wir uns hierbei zunächst für folgende Vorgehensweise:

- Wir betrachten nur die mittleren Merkmale der Exemplare.
- Normiert wird für jeden Instrumententyp getrennt.
- Wir normieren prozentual zum jeweiligen Merkmalsmaximum.

Berechnen wir anhand der so normierten Merkmalswerte die Abstände der Exemplare im vollständigen Merkmalsraum, so ergeben sich die Werte entsprechend Tabelle 48.

Exemplar	**1**	**2**	**3**	**4**	**5**	**6**	**7**	**8**	**9**	**10**
1	-	9,72	6,65	11,45	13,81	**3,88**	10,86	10,61	4,27	**2,29**
2	9,72	-	15,14	15,56	15,61	7,54	7,06	6,59	13,70	11,11
3	6,65	15,14	-	8,21	11,78	8,15	17,25	17,02	4,37	5,93
4	11,45	15,56	8,21	-	**6,02**	10,97	19,64	19,47	11,79	11,44
5	13,81	15,61	11,78	**6,02**	-	11,98	19,66	19,53	14,91	14,64
6	3,88	7,54	8,15	10,97	11,98	-	10,06	9,74	6,95	5,42
7	10,86	7,06	17,25	19,64	19,66	10,06	-	**0,76**	14,63	12,60
8	10,61	**6,59**	17,02	19,47	19,53	9,74	**0,76**	-	14,38	12,32
9	4,27	13,70	**4,37**	11,79	14,91	6,95	14,63	14,38	-	3,20
10	**2,29**	11,11	5,93	11,44	14,64	5,42	12,60	12,32	**3,20**	-
MW	**8,2**	**11,3**	**10,5**	**12,7**	**14,2**	**8,3**	**12,5**	**12,3**	**9,8**	**8,8**

Tabelle 48: Abstände der "mittleren Exemplare Gitarre" im normierten Merkmalsraum

In Tabelle 48 sind jeweils die minimalen Abstandsbeträge fett markiert. Die Folgerung aus der visuellen Auswertung der Schnitte im Merkmalsraum bestätigt sich: Die Instrumente 4 und 5 liegen abseits der anderen Exemplare. Nahe zusammen fallen die Instrumente 1, 6, 9 und 10. 9 und 10 sind vom selben Modell, HGL 50! Praktisch zusammen fallen die Exemplare 7 und 8. Wieder finden wir hier das gleiche Modell, HF 12! Das Instrument 3 lässt sich evtl. noch der Gruppe um die Instrumente 9 und 10 zuordnen. Exemplar 2 bildet offensichtlich ein spezielles Einzelstück, was der Vorabinformation „Spitzeninstrument“ entspricht.

Im Falle der Gitarre dominieren die Faktoren Spieler, Musikstück und Raum den Einfluss der Instrumente, wobei den Spielern die größte Bedeutung zukommt. Will man die Unterschiede zwischen Gitarren mit Hilfe der gewählten Psychoakustikmerkmale beschreiben, so muss man die Faktoren Musiker, Stück und Raum konstant halten, d. h. einen Testmusiker in einem Raum das gleiche Stück auf verschiedenen Instrumenten spielen lassen, oder, wie in unserem Falle, über eine repräsentative Variation der Einflussfaktoren mitteln. Inwieweit die dann festgestellten Unterschiede wirklich Praxis relevant sind, ist eine andere Fragestellung, die aber aufgrund dieser Ergebnisse äußerst wichtig erscheint. Anhand des Abstandsbetrages im normierten Merkmalsraum lassen sich die Instrumente hinsichtlich ihrer Ähnlichkeit bzw. Unterschiedlichkeit einordnen. Eine Beurteilung selbst wäre aber erst dann möglich, wenn ein „GUT-Bereich“ im Merkmalsraum definiert ist.

Die Ergebnisse zeigen eine gute Übereinstimmung mit den Schlussfolgerungen von LÖSCHKE (2006).

7.6.1.2.2 Auswertung für einzelne Musiker

Sind die Ergebnisse und Folgerungen des vorangehenden Abschnittes richtig, so müssen bei der Auswertung der Anspiele einzelner Musiker zumindest die Faktoren Raum und Stück deutlich zu Tage treten. Für die Spieler 1 und 3 werden zunächst die statistischen Daten in Tabelle 49 bis Tabelle 56 dargestellt. Wie zu erwarten, variieren die Korrelationen zwischen den Merkmalen von Spieler zu Spieler, wobei im Allgemeinen die Grundtendenz erhalten bleibt. Es gibt jedoch auch deutliche Unterschiede insbesondere in der Korrelation Schärfe / Rauigkeit. Das legt nahe, die Clusterung oder anderweitige Auswertung zur Identifikation der Faktoren für jeden Musiker spezifisch zu gestalten, was aber natürlich im Sinne der Hörpraxis wieder fragwürdig ist.

Merkmal	Lautheit	Volumen	Offenheit	Schärfe	Rauigkeit
Lautheit	1	-0,81892	**-0,22087**	0,93414	0,85312
Volumen	-0,81892	1	0,3961	-0,94848	-0,78613
Offenheit	**-0,22087**	0,3961	1	-0,43793	-0,23537
Schärfe	0,93414	-0,94848	-0,43793	1	0,83725
Rauigkeit	0,85312	-0,78613	-0,23537	0,83725	1

Tabelle 49: Korrelationskoeffizienten der Merkmale Gitarrenstichprobe Spieler 1 (60 Proben)

Merkmal	Lautheit	Volumen	Offenheit	Schärfe	Rauigkeit
Lautheit	1	-0,5033	-0,35342	0,81975	0,49349
Volumen	-0,5033	1	0,38985	-0,89731	0,23375
Offenheit	-0,35342	0,38985	1	-0,49262	0,11935
Schärfe	0,81975	-0,89731	-0,49262	1	**0,07345**
Rauigkeit	0,49349	0,23375	0,11935	**0,07345**	1

Tabelle 50: Korrelationskoeffizienten der Merkmale Gitarrenstichprobe Spieler 3 (60 Proben)

Faktor	Eigenwert	Varianz / %	Kumuliert / %
1	3,74476	74,8952	74,8952
2	0,89209	17,842	92,7372
3	-	-	-

Tabelle 51: Faktorenanalyse, Gitarre Spieler 1

Merkmal	Faktor 1	Faktor 2	Faktor 3
Lautheit	0,93318	-0,23207	-
Volumen	-0,94218	-0,00767	-
Offenheit	-0,44598	-0,88964	-
Schärfe	0,9888	0,00699	-
Rauigkeit	0,89976	-0,21601	-

Tabelle 52: Unrotierte Faktorladungen, Gitarre Spieler 1

Merkmal	Faktor 1	Faktor 2	Faktor 3
Lautheit	0,9596	-0,06212	-
Schärfe	0,94003	-0,30679	-
Rauigkeit	0,92288	-0,06727	-
Volumen	-0,8954	0,29328	-
Offenheit	-0,15491	0,98304	-

Tabelle 53: Varimax Faktorladungen, Gitarre Spieler 1

Faktor	Eigenwert	Varianz / %	Kumuliert / %
1	2,79113	55,8226	55,8226
2	1,36012	27,2024	83,025
3	0,68585	13,717	96,7421

Tabelle 54: Faktorenanalyse, Gitarre Spieler 3

Merkmal	Faktor 1	Faktor 2	Faktor 3
Lautheit	0,84338	-0,46745	-0,02092
Volumen	-0,848	-0,35887	0,3342
Offenheit	-0,6137	-0,28941	-0,73272
Schärfe	0,98458	0,0295	-0,16335
Rauigkeit	0,12118	-0,96342	0,10076

Tabelle 55: Unrotierte Faktorladungen, Gitarre Spieler 3

Merkmal	Faktor 1	Faktor 2	Faktor 3
Volumen	0,94703	0,20386	0,14543
Schärfe	-0,94435	0,16909	-0,27668
Lautheit	-0,68756	0,63691	-0,22769
Rauigkeit	0,07053	0,97012	0,08313
Offenheit	0,24472	0,03393	0,96759

Tabelle 56: Varimax Faktorladungen, Gitarre Spieler 3

Abbildung 77 und Abbildung 78 zeigen die Verteilung der Merkmale für die Musiker 1 und 3 nach den Faktoren Raum und Stück. Nach visueller Clusterung kann nunmehr der Raum für beide Musiker eindeutig erkannt werden. Für den Faktor Musikstück trifft das nur sicher für Spieler 3 bei Verwendung der nicht korrelierenden Merkmale Schärfe und Rauigkeit zu. Eine Clusterung nach drei Merkmalen liefert für Stücke bei Musiker 1 (Lautheit, Offenheit, Rauigkeit) eine Trefferquote von 73 % und Musiker 3 (Schärfe, Offenheit und Rauigkeit) interessanterweise nur 60 % (Abbildung 79). Die visuelle Methode nach nur zwei Merkmalen ist hier wieder effektiver. Eine Clusterung mit nur zwei Merkmalen führt zu keinen brauchbaren Ergebnissen. Die Betrachtung einzelner Musiker verbessert zwar die Situation, jedoch können die Instrumente immer noch nicht im einzelnen Anspiel identifiziert werden. Nach den Aussagen der Untersuchung der Gesamtstichprobe Gitarren war das aber auch nicht zu erwarten.

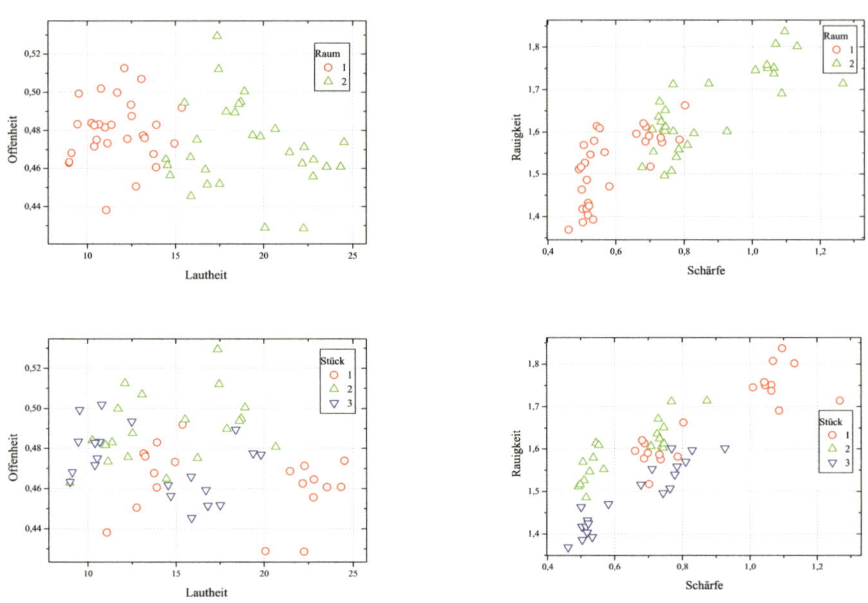

Abbildung 77: Verteilung verschiedener Merkmalskombinationen nach Raum und Musikstück für Spieler 1

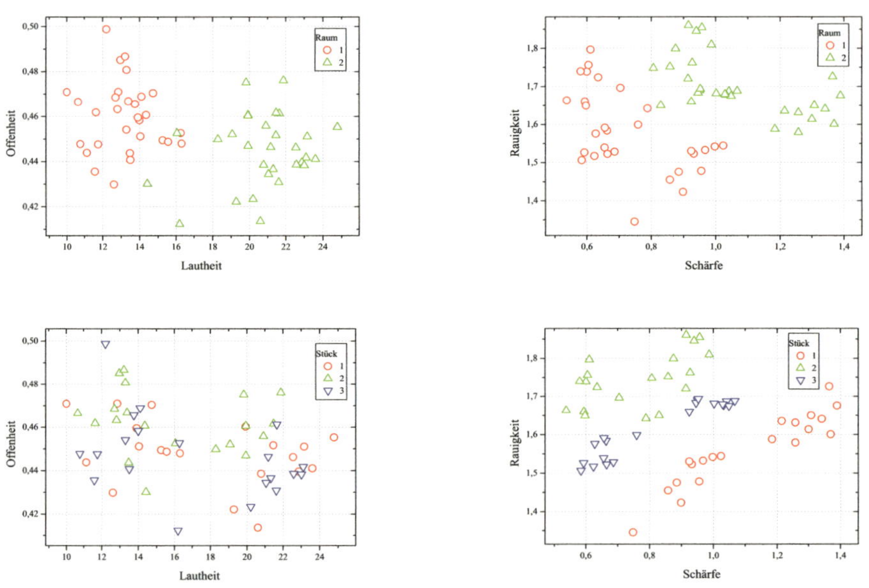

Abbildung 78: Verteilung verschiedener Merkmalskombinationen nach Raum und Musikstück für Spieler 2

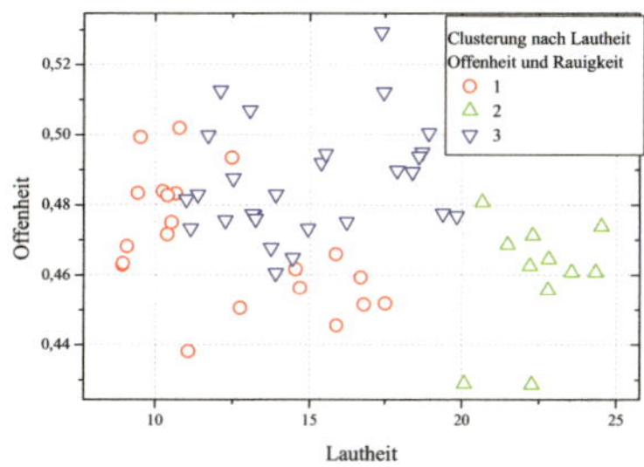

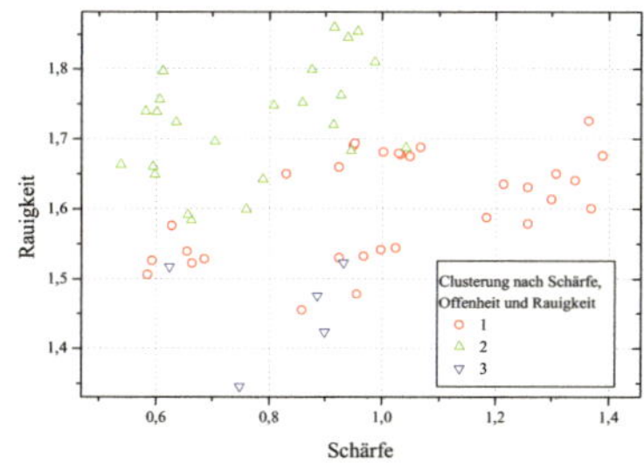

Abbildung 79: Ergebnis der Clusterung mit drei Merkmalen und dem Ziel drei Cluster (=Stücke) zu finden; Spieler 1 links, Spieler 3 rechts

Abbildung 80 zeigt zur Illustration die Verteilung der Merkmale Schärfe und Rauigkeit getrennt nach Instrumenten. Die Faktorenanalyse liefert für Spieler 1 einen wesentlichen statistischen Einflussfaktor, dem man eindeutig als den Aufnahmeraum identifizieren kann. Bei Spieler 3 sind es zwei Faktoren, wobei der erste Faktor zum Raum und der zweite zum Stück tendiert, ohne jedoch von diesen jeweils eindeutig beschrieben zu werden. Insgesamt bestätigen die Einzelbetrachtungen der Anspiele von Musiker 1 und 3 die aus der Gesamtstichprobe gewonnenen Erkenntnisse.

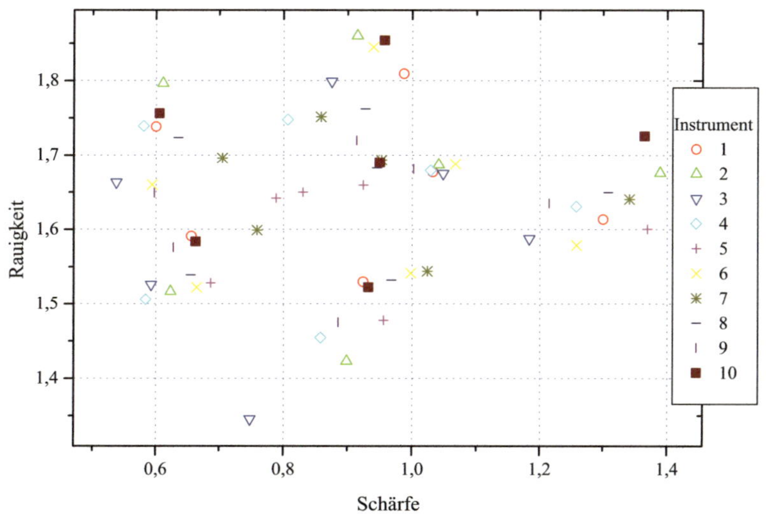

Abbildung 80: Rauigkeit über der Schärfe getrennt nach Instrumenten, Gitarre Spieler 3

<u>Bemerkung:</u> Die Behandlung der anderen drei Instrumententypen erfolgt nun völlig analog zum Gitarrenfall. Die einzelnen Schritte werden deshalb nicht mehr vollständig in ihrer Vorgehensweise beschrieben.

7.6.2 Geigenstichprobe

Wir beginnen die Auswertung wie im Gitarrenfall mit der Berechnung der Korrelationen der Merkmale unter Einbeziehung aller Geigenanspiele. Tabelle 57 stellt die Ergebnisse dar. Man sieht, dass Lautheit und Volumen die unabhängigen Merkmale bilden.

Merkmal	Lautheit	Volumen	Offenheit	Schärfe	Rauigkeit
Lautheit	1	**-0,00231**	0,24771	0,77774	0,63854
Volumen	**-0,00231**	1	0,83899	-0,60148	0,13458
Offenheit	0,24771	0,83899	1	-0,35873	0,42825
Schärfe	0,77774	-0,60148	-0,35873	1	0,39141
Rauigkeit	0,63854	0,13458	0,42825	0,39141	1

Tabelle 57: Korrelationskoeffizienten der Merkmale Geigenstichprobe (500 Proben)

Stellt man diese beiden Merkmale für alle Anspiele unter Kennzeichnung der Instrumente übereinander dar (Abbildung 80), so zeigen sich signifikante Gruppierungen, die jedoch nicht von den Instrumenten bestimmt werden.

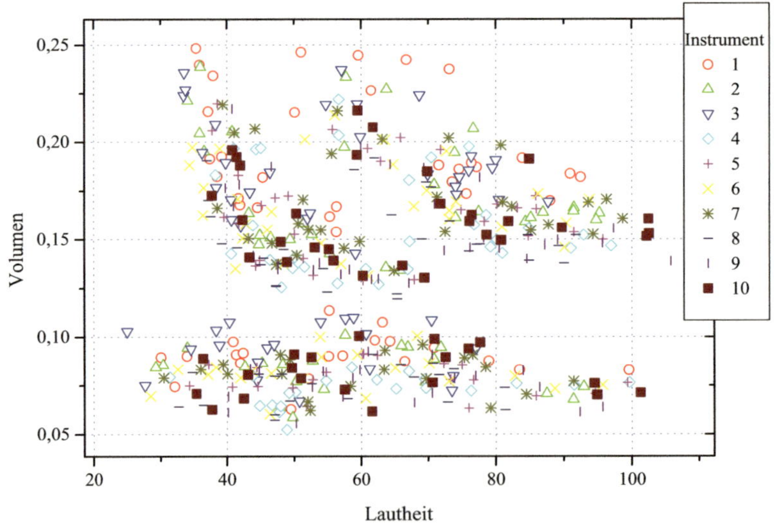

Abbildung 81: Volumen über der Lautheit getrennt nach Instrumenten, Geige

Die Faktorenanalyse, die Ergebnisse fassen Tabelle 58, Tabelle 59 und Tabelle 60 zusammen, verweist auf zwei gleichwertige statistische Faktoren, die zusammen 90 % der Varianz bestimmen. Faktor 1 bestimmt vorwiegend Lautheit, Schärfe und Rauigkeit, Faktor 2 Volumen und Offenheit. Betrachtet man die entsprechenden Verteilungen der Merkmale (Abbildung 82), kann man folgern, dass es sich bei dem statistischen Faktor 1 um den Raum und bei Faktor 2 um das Musikstück handelt.

Faktor	Eigenwert	Varianz / %	Kumuliert / %
1	2,31086	46,2171	46,2171
2	2,17738	43,5476	89,7647

Tabelle 58: Faktorenanalyse, Geige

Merkmal	Faktor 1	Faktor 2
Lautheit	0,70963	-0,63405
Volumen	-0,6865	-0,66946
Offenheit	-0,4348	-0,86609
Schärfe	0,98236	-0,06456
Rauigkeit	0,42647	-0,75689

Tabelle 59: Unrotierte Faktorladungen, Geige

Merkmal	Faktor 1	Faktor 2
Lautheit	0,95154	0,01309
Rauigkeit	0,81839	0,29155
Schärfe	0,78384	-0,59565
Volumen	-0,07903	0,95562
Offenheit	0,23993	0,93893

Tabelle 60: Varimax Faktorladungen, Geige

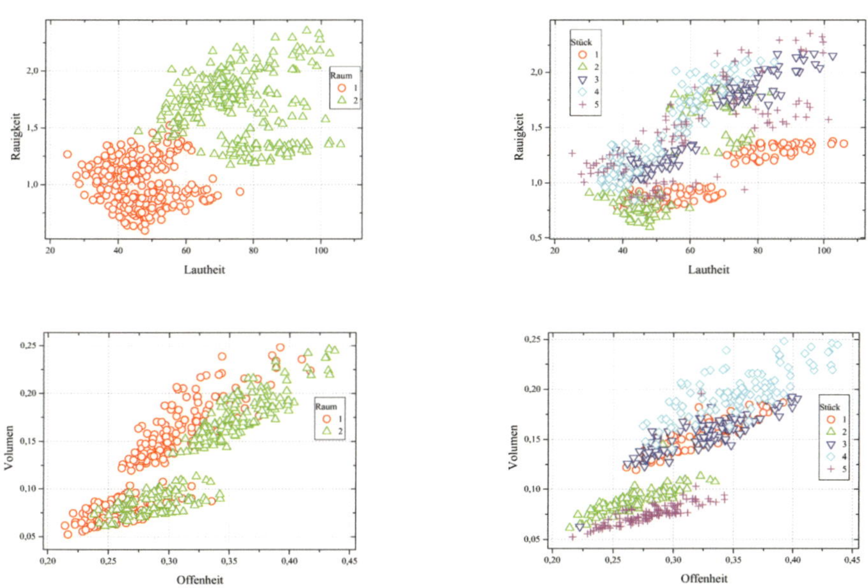

Abbildung 82: Verteilung der Merkmale Lautheit und Rauigkeit sowie Offenheit und Volumen nach Raum und Musikstück für alle Geigenanspiele

Der stärkere Einfluss des Musikstücks bei Geigen gegenüber Gitarren ist möglicherweise auf die Wahl von fünf statt drei verschiedenen Stücken für die Anspiele im Falle der Geige zurückzuführen. Der Einfluss des Musikers liegt bei Geigen niedriger als bei Gitarren und rangiert hinter Raum und Musikstück. Die Clusterung nach den Merkmalen Lautheit und Rauigkeit liefert für den Raum eine Trefferquote von 86 %, nimmt man die Schärfe hinzu sind es nur noch 83 %. Es ergibt sich also keine Verbesserung. Für die Musikstücke ergaben Clusterversuche keine brauchbaren Resultate.
Wir betrachten nun wieder Mittelwert und Standardabweichung für die Einflussfaktoren Instrument, Musiker, Stück und Raum über jeweils alle entsprechenden Anspiele (**Anlagen Tabelle A5.3** und **Tabelle A5.4**). Setzt man wie im Gitarrenfall beschrieben die Maßstäbe an, dass sich ein dominierender Einflussfaktor durch eine große Streuung der Mittelwerte über die Objekte und geringe Standardabweichungen innerhalb eines Faktorenobjektes (z.B. Spieler 1) auszeichnet, so gelangen wir zu folgenden Aussagen: Bei Lautheit und Rauigkeit dominiert hier der Raum, bei Volumen und Offenheit das Musikstück. Die Schärfe wird sowohl von Musiker als auch vom Raum maßgeblich beeinflusst. Instrument und Spieler nähern sich im Vergleich zur Gitarre in ihrer Bedeutung zwar an, jedoch bleibt die der Spieler insgesamt noch die größere. Der in der statistischen Auswertung erkannte dominierende Einfluss von Raum und Musikstück bestätigt sich also. In der zweidimensionalen Darstellung der mittleren Merkmale bilden die Instrumente wieder stets die kompakteste Gruppe, was für den geringsten Einfluss des Instrumentes unter den Faktoren spricht. Wird die Schärfe über der Rauigkeit aufgetragen (Abbildung 83), heben sich die Exemplare 3 und 1 deutlich von den anderen ab. Die Beschreibung der Instrumente (**Anlagen Geigenstichprobe**) bestätigt, dass es sich tatsächlich um zwei von der Hauptgruppe (Instrumente 5 bis 10) abweichende Instrumente handelt. Dies würde aber zumindest auch auf Instrument 4 zutreffen.

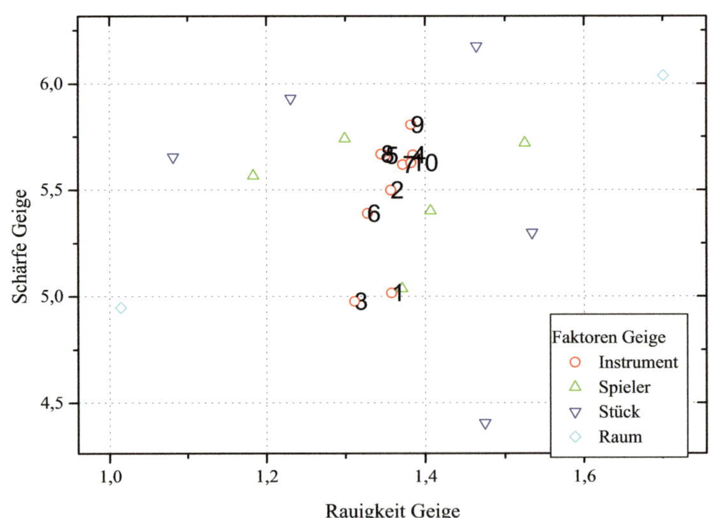

Abbildung 83: Verteilung der Einflussfaktoren bei Geige für Rauigkeit und Schärfe

Die Abstandsbeträge im Merkmalsraum (Tabelle 61) bestätigen zunächst deutlich die Absonderung der Instrumente 1 und 3. Nahe zusammenfallen die Exemplare 2, 5, 7 und 10, wofür die Beschreibung der Instrumente allerdings keine Anhaltspunkte gibt.

Exemplar	**1**	**2**	**3**	**4**	**5**	**6**	**7**	**8**	**9**	**10**
1		17,99	**6,49**	26,87	22,62	17,22	22,40	29,89	30,45	23,78
2	17,99		19,88	9,87	5,56	**6,36**	4,90	13,24	13,35	7,31
3	**6,49**	19,88		28,24	24,23	17,14	24,58	30,10	32,34	26,01
4	26,87	9,87	28,24		5,57	11,65	6,26	**6,07**	**5,23**	4,96
5	22,62	5,56	24,23	5,57		8,52	**3,00**	9,69	8,39	3,45
6	17,22	6,36	17,14	11,65	8,52		9,72	13,04	16,13	10,91
7	22,40	**4,90**	24,58	6,26	**3,00**	9,72		10,89	8,71	**3,23**
8	29,89	13,24	30,10	6,07	9,69	13,04	10,89		9,03	10,57
9	30,45	13,35	32,34	5,23	8,39	16,13	8,71	9,03		6,71
10	23,78	7,31	26,01	**4,96**	3,45	10,91	3,23	10,57	6,71	
MW	**22**	**10,9**	**23,2**	**11,6**	**10,1**	**12,3**	**10,4**	**14,7**	**14,5**	**10,8**

Tabelle 61. Abstände der "mittleren Exemplare Geige" im normierten Merkmalsraum

Auch für den Fall der Geige ist für die Unterscheidung der Instrumente anhand der gewählten Psychoakustikmerkmale eine Konstanthaltung der anderen Einflussfaktoren (Raum, Teststück und Musiker) erforderlich. Interessant ist der deutlich geringere Musikereinfluss bei Geigen gegenüber Gitarren.

Aufgrund des etwa gleichen Einflusspotentials von Musiker und Instrument erscheint hier eine getrennte Betrachtung einzelner Musiker zunächst nicht erforderlich.

7.6.3 Trompetenstichprobe

Den Ausgangspunkt für die Auswertung bildet wiederum die Berechnung der Korrelationen der Merkmale unter Einbeziehung aller Anspiele. Tabelle 62 enthält die Ergebnisse. Es zeigt, dass Rauigkeit und Volumen die geringste Korrelation aufweisen. Die Darstellung dieser Merkmale übereinander (Abbildung 84) zeigt auch für Trompeten keine deutlichen Hinweise auf Gruppierung nach Instrumenten.

Merkmal	**Lautheit**	**Volumen**	**Offenheit**	**Schärfe**	**Rauigkeit**
Lautheit	1	-0,73105	-0,54888	0,97913	0,38469
Volumen	-0,73105	1	0,51434	-0,76128	**-0,1312**
Offenheit	-0,54888	0,51434	1	-0,6947	0,22934
Schärfe	0,97913	-0,76128	-0,6947	1	0,25795
Rauigkeit	0,38469	**-0,1312**	0,22934	0,25795	1

Tabelle 62: Korrelationskoeffizienten der Merkmale Trompetenstichprobe (300 Proben)

Die Faktorenanalyse ergibt zwei wesentliche statistische Faktoren, die zusammen 88 % der Varianz bestimmen. Faktor 1 bestimmt Lautheit, Schärfe, Offenheit und Volumen, Faktor 2, der von deutlich geringerer Bedeutung als Faktor 1 ist, nur die Rauigkeit (Tabelle 63, Tabelle 64 und Tabelle 65). Wir wollen die Verbindung zwischen den statistischen Faktoren und unseren realen Faktoren (Instrument, Musiker, usw.) wieder durch die Betrachtung der entsprechenden Merkmalsverteilungen identifizieren (Abbildung 85). Es zeigt sich, dass der Raum (Ort) die Rauigkeit deutlich bestimmt, die anderen Merkmale jedoch nicht. Also handelt es sich bei dem statistischen Faktor 2 offensichtlich um den Raum. Hinsichtlich des wichtigeren Faktors 1 kann aber anhand der Verteilungen nicht eindeutig entschieden werden, ob es sich um das Stück oder die Musiker handelt.

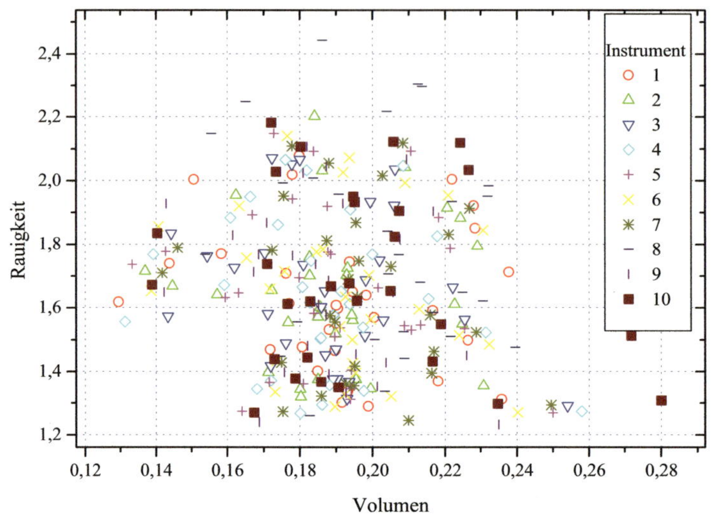

Abbildung 84: Rauigkeit über dem Volumen getrennt nach Instrumenten, Trompete

Faktor	Eigenwert	Varianz / %	Kumuliert / %
1	3,18408	63,6817	63,6817
2	1,21412	24,2824	87,9641

Tabelle 63: Faktorenanalyse, Trompete

Merkmal	Faktor 1	Faktor 2
Lautheit	0,95221	-0,18875
Volumen	-0,84764	-0,04551
Offenheit	-0,72453	-0,55555
Schärfe	0,98335	-0,02078
Rauigkeit	0,25869	-0,93131

Tabelle 64: Unrotierte Faktorladungen, Trompete

Merkmal	Faktor 1	Faktor 2
Schärfe	0,97257	0,14666
Lautheit	0,92016	0,30925
Volumen	-0,84648	-0,06352
Offenheit	-0,78977	0,45809
Rauigkeit	0,13718	0,95679

Tabelle 65: Varimax Faktorladungen, Trompete

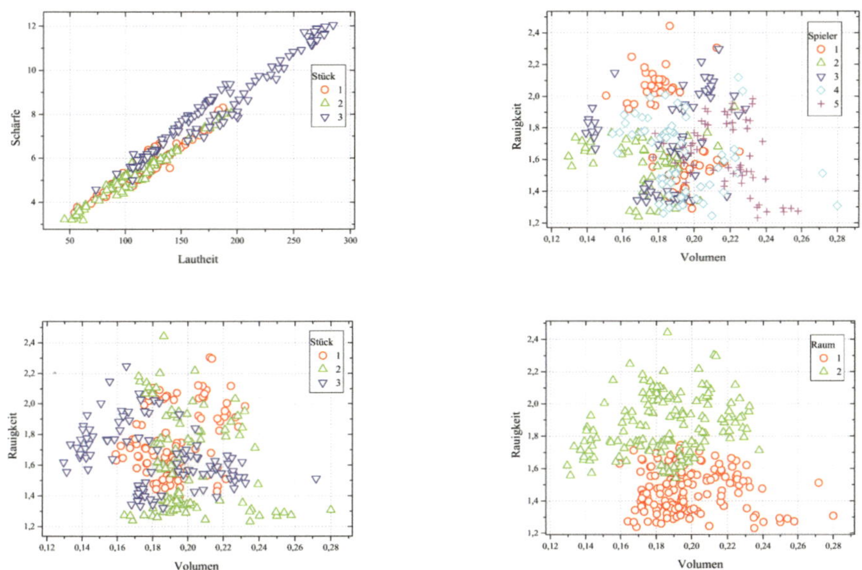

Abbildung 85: Verteilung der Merkmale Lautheit und Schärfe sowie Volumen und Rauigkeit nach Raum und Musikstück für alle Trompetenanspiele

Da auch im Trompetenfall über Clusterversuche keine wesentlichen Erkenntnisse gewonnen werden konnten, gehen wir zur Betrachtung der Mittelwerte und Standardabweichungen für die Einflussfaktoren Instrument, Musiker, Stück und Raum über (**Anlagen Tabelle A5.5** und **Tabelle A5.6**). Für die Merkmale Lautheit, Offenheit und Schärfe zeigen die Musikstücke die größten Streuungen der Mittelwerte und die geringsten Standardabweichungen innerhalb der Faktorenobjekte. Diese drei Merkmale bestimmt also das Musikstück am stärksten. Im Falle des Volumens finden wir die Spieler und für die Rauigkeit den Raum als wesentliche Einflussfaktoren. Im Falle der Rauigkeit bestätigt sich die Folgerung aus der statistischen Analyse (Faktor 2). In den statistischen Faktor 1 gehen Musikstücke und Musiker ein. Stellen wir die Rauigkeit über dem Volumen dar, so müssen in diesem Diagramm (Abbildung 86) Spieler und Raum die größte Fläche umschließen. Tatsächlich ist das auch der Fall. Den wesentlichen Einflussfaktor stellen im Falle der Trompete also offensichtlich die Musikstücke dar. Alle Einflüsse umschließen den Variationsbereich der Instrumente. Diese haben die wiederum geringste Auswirkung auf die Psychoakustikmerkmale und damit auf den hörbaren Klangcharakter!

In der Verteilung der Instrumente, so auch in Abbildung 86, hebt sich deutlich Exemplar 8 ab. Die Trompete 8 ist ein „Negativexemplar" aus dem Fundus des IfM. Mit seinen „Macken" kamen die Musiker z. T. überhaupt nicht zurecht. Die resultierenden Ansatzprobleme spiegeln sich im Klang deutlich wieder. Bei Instrument 10 handelt es sich um keine Trompete sondern ein Flügelhorn. Seine Auswahl sollte ein deutlich unterscheidbares Exemplar in der Stichprobe darstellen, d. h. seine Absonderung vom typischen Merkmalsbereich der Stichprobe war zu erwarten. Sie fällt in Abbildung 86 aber geringer aus als erwartet.

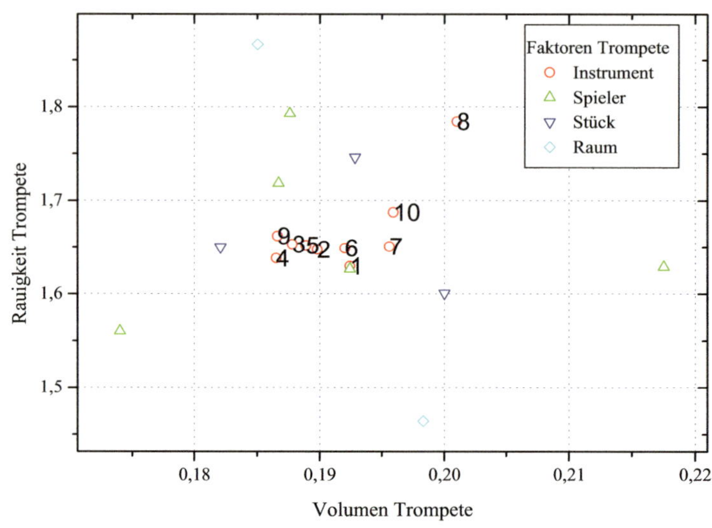

Abbildung 86: Verteilung der Einflussfaktoren Trompete für Volumen und Rauigkeit

In den Abständen im normierten Merkmalsraum (Tabelle 66) hebt sich Instrument 8 zunächst sehr deutlich ab. Für das Flügelhorn, Instrument 10, ist eine Sonderstellung nicht auszumachen. Etwas entfernt sich Exemplar 6 von den anderen Instrumenten. Dabei handelt es sich um ein älteres Instrument, dessen Qualität eher schlecht eingeschätzt wird. Für die Trompeten stellt sich eine sinnvolle Trennung im Merkmalsraum, wie es scheint, schwieriger dar als für Gitarren und Geige.

Exemplar	**1**	**2**	**3**	**4**	**5**	**6**	**7**	**8**	**9**	**10**
1		1,89	4,89	5,97	2,55	6,98	3,92	32,32	5,84	3,79
2	**1,89**		3,59	4,74	**0,74**	7,48	4,92	32,83	4,27	4,00
3	4,89	3,59		**1,68**	2,98	11,03	8,32	36,24	1,83	6,28
4	5,97	4,74	**1,68**		4,14	12,04	9,55	37,39	1,78	7,75
5	2,55	**0,74**	2,98	4,14		8,06	5,61	33,35	3,61	4,41
6	6,98	7,48	11,03	12,04	8,06		4,12	**25,62**	11,29	7,26
7	3,92	4,92	8,32	9,55	5,61	**4,12**		28,70	8,94	**3,65**
8	32,32	32,83	36,24	37,39	33,35	25,62	28,70		36,35	31,16
9	5,84	4,27	1,83	1,78	3,61	11,29	8,94	36,35		6,97
10	3,79	4,00	6,28	7,75	4,41	7,26	**3,65**	31,16	6,97	
MW	**7,6**	**7,2**	**8,5**	**9,4**	**7,3**	**10,4**	**8,6**	**32,7**	**9**	**8,4**

Tabelle 66: Abstände der "mittleren Exemplare Trompete" im normierten Merkmalsraum

Auch im Falle der Trompete ist für die Unterscheidung der Instrumente anhand der gewählten Psychoakustikmerkmale eine Konstanthaltung der Einflussfaktoren Raum, Teststück und Musiker erforderlich. Wiederum dominiert der Einfluss der Musiker über das Instrument.

7.6.4 Klarinettenstichprobe

Die Berechnung der Korrelationskoeffizienten innerhalb der Merkmale weist Rauigkeit und Offenheit als die beiden unabhängigen Merkmale aus (Tabelle 67). Die Darstellung dieser beiden Merkmale übereinander für alle Anspiele liefert ein nun schon sehr bekanntes Bild: Es zeigen sich deutliche Gruppierungen, jedoch nicht verursacht von den Instrumenten (Abbildung 87).

Merkmal	Lautheit	Volumen	Offenheit	Schärfe	Rauigkeit
Lautheit	1	-0,75259	-0,46503	0,98267	0,79908
Volumen	-0,75259	1	0,5248	-0,82326	-0,54403
Offenheit	-0,46503	0,5248	1	-0,58771	**0,00147**
Schärfe	0,98267	-0,82326	-0,58771	1	0,72429
Rauigkeit	0,79908	-0,54403	**0,00147**	0,72429	1

Tabelle 67: Korrelationskoeffizienten der Merkmale Klarinettenstichprobe (150 Proben)

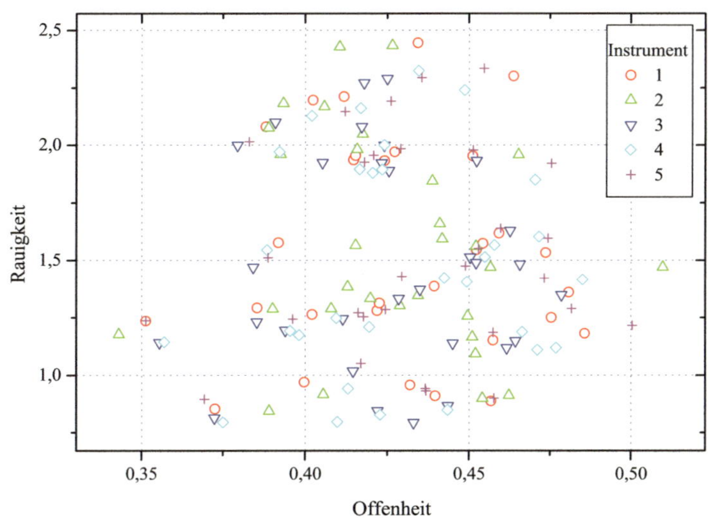

Abbildung 87: Offenheit über der Rauigkeit getrennt nach Instrumenten, Klarinette

Die Faktorenanalyse (Tabelle 68, Tabelle 69, Tabelle 70) ergibt einen mit 70 % dominierenden Faktor, der alle Merkmale außer der Offenheit beeinflusst, am stärksten jedoch die Lautheit. Ein zweiter, deutlich weniger wertiger Faktor zielt vor allem auf die Offenheit.

Faktor	Eigenwert	Varianz / %	Kumuliert / %
1	3,58634	71,7267	71,7267
2	1,02795	20,5589	92,2856

Tabelle 68: Faktorenanalyse, Klarinette

Merkmal	Faktor 1	Faktor 2
Lautheit	0,96808	-0,12744
Volumen	-0,87315	-0,12807
Offenheit	-0,5756	-0,7881
Schärfe	0,98925	0,02241
Rauigkeit	0,75948	-0,61129

Tabelle 69: Unrotierte Faktorladungen, Klarinette

Merkmal	Faktor 1	Faktor 2
Rauigkeit	0,9662	0,13013
Lautheit	0,89436	-0,39184
Schärfe	0,83493	-0,53104
Volumen	-0,68091	0,56138
Offenheit	-0,08478	0,97223

Tabelle 70: Varimax Faktorladungen, Klarinette

Die bewährte Betrachtung der Merkmalsverteilung für unsere Faktoren (Abbildung 88) liefert die Vermutung, dass der statistische Faktor 1 offensichtlich der Raum ist. Für den zweiten Faktor lassen sich keine sicheren Schlüsse ableiten. Wir wollen deshalb zusätzlich die Verteilung der mittleren Merkmale (Abbildung 89 und Abbildung 90) zu Rate ziehen. Aus den Abbildungen entnehmen wir jeweils die maximalen Einflüsse auf unsere mittleren Merkmale:

- Lautheit – Raum
- Schärfe – Raum
- Offenheit – Musiker
- Volumen – Musiker
- Rauigkeit – Musikstück.

Die Auswertung der Mittelwerte und Standardabweichungen für die Einflussfaktoren Instrument, Musiker, Stück und Raum (**Anlagen Tabelle A5.7** und **Tabelle A5.8**) liefert zunächst die Aussage, dass im Klarinettenfall der Raum praktisch alle Merkmale dominant beeinflusst. Lautheit und Schärfe lassen sich im Wesentlichen nur auf den Raum zurückführen. Im Falle des Volumens kommen Einflüsse aller anderen Faktoren hinzu, erstmals auch vom Instrument. Bei der Rauigkeit addiert sich ein geringerer Beitrag der Musikstücke und die Offenheit wird von den Stücken am stärksten beeinflusst. Bei dem gefundenen 70 %-Faktor handelt es sich also offensichtlich um den Raum, den zweiten Faktor bilden die Musikstücke.
Die Instrumente sind also auch im Klarinettenfall am wenigsten für die wahrgenommenen Klänge verantwortlich.

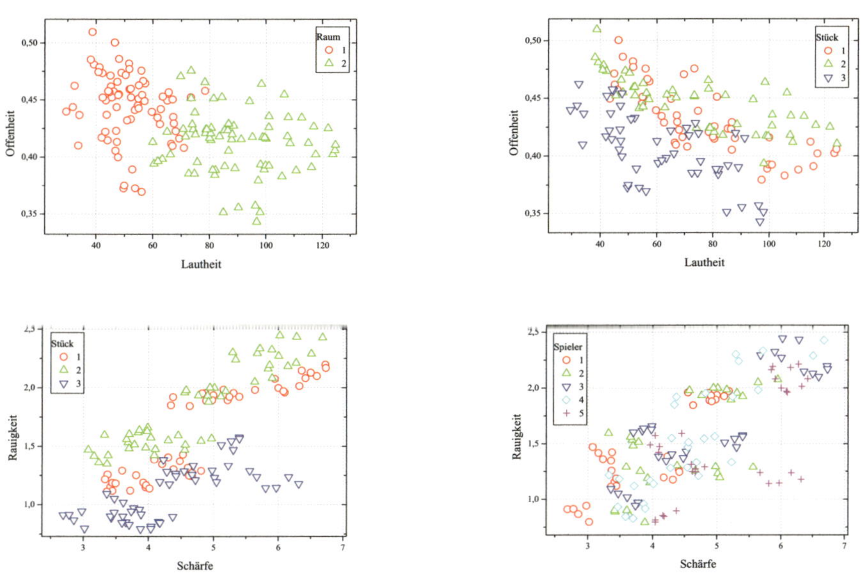

Abbildung 88: Verteilung von Merkmalen nach Raum, Musikstück und Spieler für alle Klarinettenanspiele

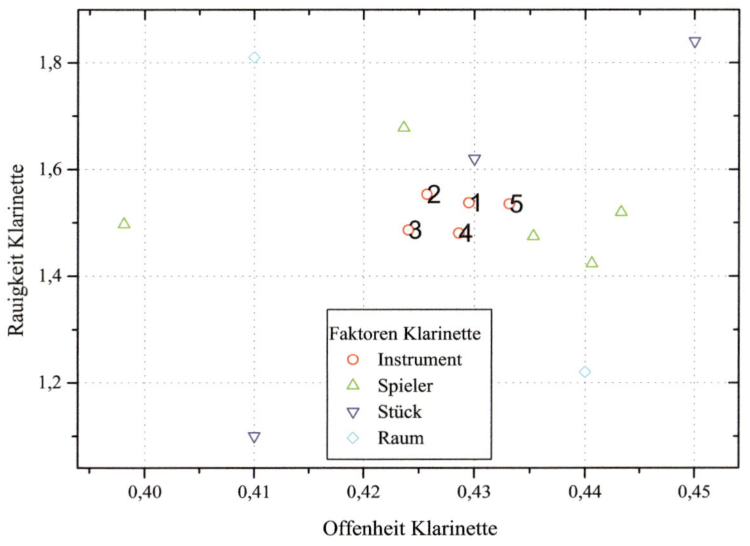

Abbildung 89: Verteilung der Einflussfaktoren Klarinette für Offenheit und Rauigkeit

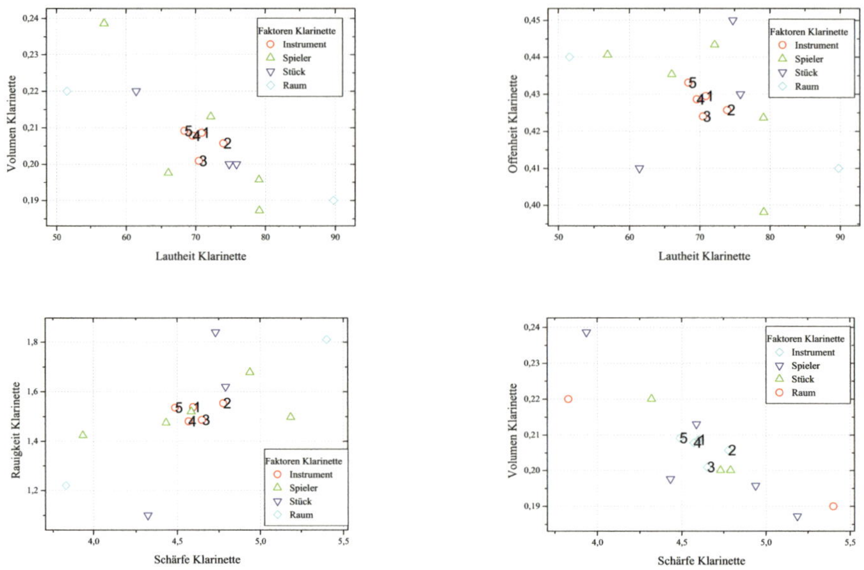

Abbildung 90: Verteilung der Einflussfaktoren Klarinette für verschiedene Merkmalskombinationen

Betrachten wir die Anordnung der fünf Klarinetten in den verschiedenen Darstellungen der Verteilung der mittleren Merkmale (Abbildung 89 und Abbildung 90) so erahnt man, dass sich Exemplar 2 etwas von den anderen abhebt. Bei Exemplar 2 handelt es sich um die einzige Boehmklarinette der Stichprobe. Die anderen vier Exemplare sind von deutscher Bauart. Den beiden Bauarten werden vorrangig aufgrund unterschiedlicher Bohrungen jeweils eigene Klangcharakteristika zugesprochen. Die Analyse der Abstandsbeträge im Merkmalsraum (Tabelle 71) bestätigt die Beobachtung. Tatsächlich ist Exemplar 2 am unähnlichsten zu allen anderen.

Exemplar	1	2	3	4	5
1		**5,92**	5,26	4,14	**4,17**
2	5,92		7,29	8,78	10,00
3	5,26	7,29		**4,05**	7,04
4	**4,14**	8,78	**4,05**		4,45
5	4,17	10,00	7,04	4,45	
MW	**4,9**	**8**	**5,9**	**5,4**	**6,4**

Tabelle 71: Abstände der "mittleren Exemplare Klarinette" im normierten Merkmalsraum

Abschließend kann man wiederum aussagen, dass auch für die Klarinette zur Unterscheidung der Instrumente anhand der gewählten Psychoakustikmerkmale eine Konstanthaltung der Einflussfaktoren Raum, Teststück und Musiker erforderlich ist. Bei der Klarinette bilden Raum und Musikstück die wesentlichen Einflüsse. Das Instrument selbst steht aber wieder hinter den Musikern an letzter Stelle der Einflussfaktoren.

7.7 Diskussion der Ergebnisse

Im Rahmen einer Gesamtzielstellung der Beurteilung von Musikinstrumenten auch anhand von manuellen Anspielen ging es in diesen ersten Untersuchungen darum, herauszufinden, ob Musikinstrumente anhand solcher Anspiele überhaupt unterscheidbar sind. Als Anspiele betrachteten wir hier zunächst kurze (Solo-)Melodiestücke. Der grundsätzliche Lösungsweg bestand in der Anwendung eines erweiterten Satzes der psychoakustischen Messgrößen. Die Datenbasis bildeten im Rahmen des Projektes erstellte Aufnahmen mit jeweils 10 Gitarren, Geigen, Trompeten und 5 Klarinetten, die jeweils fünf Musiker in zwei sehr unterschiedlichen Aufnahmeräumen einspielten. Es wurden verschiedene Musikstücke von ca. 30 s Dauer unter Vorgabe von Tempo und Dynamik gespielt. Neben den Instrumenten stellen also Musiker, Musikstücke und Räume Einflussfaktoren dar.

Es zeigte sich, dass für die vier untersuchten Instrumententypen unterschiedliche Paare von Psychoakustikmerkmalen die geringste Korrelation aufweisen und damit die wesentlichsten Aussagen liefern. In Tabelle 72 sind die Merkmale jeweils für die entsprechenden Instrumententypen gekennzeichnet.

Merkmal **Instrumententyp**	Lautheit	Schärfe	Offenheit	Volumen	Rauigkeit
Gitarre			■		■
Geige	■			■	
Trompete				■	■
Klarinette			■		■

Tabelle 72: Merkmale mit geringster Korrelation für die Instrumententypen

Wir erkennen, dass alle Paarungen die im Rahmen der Untersuchungen erstmals konsequent verwendeten Merkmale Offenheit und Volumen enthalten! Damit scheint klar zu werden, warum bisherige Anwendungen der Psychoakustikgrößen auf Musikinstrumente keine Resultate lieferten und deshalb nur sehr sporadisch erfolgten. Interessant ist auch, dass bis auf den Fall Geige jeweils die Kombination eines Frequenzmerkmals mit dem Zeitmerkmal Rauigkeit vorliegt.

Die in die Anspiele eingegangenen Faktoren Instrument, Musiker, Musikstück und Raum wiesen je nach Instrumententyp unterschiedliche Bedeutungen hinsichtlich ihres Einflusses auf die gemessenen Größen aus. Die im Folgenden aufgeführten Reihenfolgen entsprechen der Bedeutung der Faktoren:

- **Gitarre**: Musiker – Raum – Musikstück – Instrument
- **Geige**: Raum – Musikstück – Musiker – Instrument
- **Trompete**: Musikstück – Musiker = Raum – Instrument
- **Klarinette**: Raum – Musikstück – Musiker – Instrument.

In Auswertung der Datenbasis wurden die mittleren Werte folgender Psychoakustikgrößen über die Anspiele ermittelt: Lautheit, Schärfe, Rauigkeit, Offenheit und Volumen. Für Lautheit, Schärfe und Offenheit verwendeten wir bekannte Algorithmen. Den bekannten Algorithmus der Rauigkeit verwendeten wir nicht, da in den Pausen der Stücke extreme Werte entstanden, die die Ergebnisse stark verfälschten. Wir schufen einen modifizierten Algorithmus. Mittlerweile stellte sich heraus, dass der Algorithmus in den verwendeten Systemen nicht korrekt implementiert war, woraus die nicht sinnvollen Werte resultierten (LÖSCHKE 2008). Die Definition des Volumens entstand im Rahmen des Projektes auf der Basis früherer

Arbeiten des IfM neu. Die fünf Mittelwerte der Merkmale für jedes Anspiel bildeten den für die Auswertung verwendeten Merkmalsraum.
Es zeigt sich bei allen vier Instrumententypen, dass die Instrumente selbst den geringsten Einfluss auf die Ausprägung der Merkmale ausüben. Die Wirkung der Einflussfaktoren Spieler, Stück und Raum überwiegen. Die konkrete Verteilung des Einflusses schwankt je nach Instrumententyp. Interessant ist, dass bei Gitarren die Musiker den größten Einfluss ausüben. In jedem Falle ist jedoch der Musikereinfluss größer als der der Instrumente!
Im Ergebnis der Untersuchungen kann man feststellen, dass eine sichere Unterscheidung der Instrumente anhand der mittleren Psychoakustikgrößen nur möglich ist, wenn die Einflussfaktoren Musiker, Stück und Raum konstant gehalten werden. Geht man einen Schritt weiter zur Bewertung der Instrumente, bedeutet das, dass die Bewertung nur für die konkreten Bedingungen zutreffend ist. Eine allgemeingültige Bewertung bzw. Charakterisierung der Instrumente wird nur möglich, wenn man, wie im vorliegenden Projekt, über eine repräsentative Faktorenmischung mitteln kann. Für eine praktische Anwendung stellt das zweifellos ein Problem dar.
Die als Basis für die Berechnung der Abstandsbeträge verwendete Normierung der Merkmale stellt noch keine optimale Lösung dar. Es fehlt insbesondere einerseits an Anschaulichkeit, zum anderen liegen noch viel zu wenige Aussagen bzgl. der Wahrnehmungsschwellen der Psychoakustikgrößen vor. Sinnvolle Unterscheidungsmaße müssen solche Schwellen berücksichtigen und sollten zudem Wichtungen aufweisen, die ggf. vorhandenen unterschiedlichen Bedeutungen der einzelnen Merkmale für den Instrumententyp Rechnung tragen.
Wir verwendeten für diese messtechnisch gestützte Bewertung der Schallereignisse „Instrumentenanspiele" psychoakustische Größen. Sie basieren alle auf der gehörgerecht bestimmten spezifischen Lautheit. Diese Größen wurden in früheren Untersuchungen verschiedener Arbeitsgruppen als hörgerechte Messgrößen entwickelt. Man kann deshalb davon ausgehen, dass gemessene Unterschiede auch wahrgenommen und nicht festgestellte oder wie im vorliegenden Falle verdeckte Unterschiede nicht erkannt werden. Aus den Ergebnissen unserer Arbeiten kann man deshalb die These ableiten, dass Unterschiede im Klang bzw. in den klanglichen Eigenschaften von Gitarre, Geige, Trompete und Klarinette nur sicher wahrgenommen werden, wenn die Einflussfaktoren Spieler, Musikstück und Raum konstant bleiben.
Ein wichtiges Ergebnis stellt die Erkenntnis dar, dass der Einfluss der Musiker stets den der Instrumente übertraf. Es ist hier zu beachten, dass die für die Experimente ausgesuchten Instrumente jeweils ein sehr breites Qualitätsspektrum (nach traditioneller Auffassung und entsprechend früheren Untersuchungen an eben diesen Instrumenten im IfM) darstellen.
Betrachtet man alle Aufnahmen mit den vier Instrumententypen als Gesamtheit, so weisen die Gitarren mit Abstand die geringste Variation in den betrachteten hörgerechten Größen auf. Bei der Bewertung dieser Tatsache kommt hinzu, dass einerseits die Musiker einen nunmehr nachgewiesen großen Einfluss ausüben können und die Qualitätsbandbreite bei den Gitarrenmustern mit Sicherheit am größten war. Die Spannweite reichte vom teuren Meisterinstrument über Muster aus verschiedenen Forschungsprojekten bis hin zum extremen Billigprodukt. Aufgrund der Tatsache, dass sich auf dem Gitarrensektor im Gegensatz z. B. zu den Streichinstrumenten in Sachen Entwicklung noch sehr viel tut und Gitarren auch wirtschaftlich ein interessantes Produkt darstellen, wurden in der Vergangenheit Untersuchungen zur musikalischen Akustik häufig am Objekt Gitarre vorgenommen. Die Brauchbarkeit der Ergebnisse und insbesondere ihre Verallgemeinerung sollte aufgrund der hier erzielten Erkenntnisse überdacht werden.

8 Beurteilung von Musikinstrumenten mittels Fragebogen

8.1 Klangliche und spieltechnische Bewertung durch Musiker

8.1.1 Aufbau der Fragebögen und Testdurchführung

In den Abschnitten 4.4.3, 4.4.4 und 4.4.5 wurden Hör- und Spieltest für verschiedene Gitarrenstichproben beschrieben. Dabei konnte eine Korrelation zwischen Hörtest und klanglichen Urteilen der Spieltests (bei der gleichen Gruppe von Testpersonen) festgestellt werden. Gleichzeitig zeigte sich die Bedeutung optischer Aspekte der Instrumente. Nun fanden diese Untersuchungen zunächst nur mit Gitarren statt und die Ausdehnung auf andere Instrumente und zwar nicht nur in Hinblick auf Hör- und Spieltests, sondern vor allem zur Anwendung des Beurteilungsverfahrens, war wünschenswert. Ein mehrjähriger Auftrag an das IfM zur Beurteilung verschiedener Instrumentenstichproben bot die Gelegenheit dazu. Allerdings wurde die Art der Fragebogen gestützten Beurteilung durch die Testpersonen vom Auftraggeber vorgegeben. Es sollte sich ausschließlich um Spieltests handeln. Die Spieltests nahmen pro Instrumentenstichprobe jeweils fünf hervorragende Musiker vor. Für zusätzliche Hörtests mit den einzelnen Stichproben bot sich keine Gelegenheit.
Für die hier beschriebenen Arbeiten wurde auf einen Fragebogen und eine Testdurchführung zurückgegriffen, die vom Grundsatz her im Labor für Musikalische Akustik der Physikalisch-Technischen Bundesanstalt Braunschweig (PTB) entwickelt wurden. Zur Methodik wurde von KOBZIK auf dem Seminar des Fachausschusses Musikalische Akustik in der DEGA 1992 in Braunschweig vorgetragen. Eine schriftliche Fassung der Vorträge des Seminars existiert nicht. Darüber hinaus diskutierte ich die Methodik in einer Reihe von Konsultationen mit dem ehemaligen Leiter des Labors Dr. KLAUS WOGRAM, der mir auch ein Exemplar eines entsprechenden Fragebogens, spezifiziert für das Instrument Zither, zur Verfügung stellte. Wir entwickelten sowohl die Methodik als auch die Fragebogen einerseits weiter und passten sie andererseits für verschiedene Instrumente an. Teile des PTB-Fragebogens blieben jedoch erhalten.
Der Fragebogen gliedert sich im akustischen Teil zunächst nach den grundsätzlichen psychoakustischen Merkmalen Klangfarbe, Lautstärke und Tonhöhe (Stimmung). Hinzu kommt das Merkmal Ansprache, welches in gewisser Weise eine Brücke zwischen akustischen und spieltechnischen Eigenschaften darstellt. Jedes dieser vier Hauptmerkmale wird als Merkmalsgruppe behandelt, deren Gliederung sehr ähnlich ausfällt. Zunächst wird stets nach dem Gesamteindruck gefragt, dann nach dem Eindruck in den einzelnen Spiellagen und zum Schluss nach der Ausgeglichenheit über die Lagen. Der Begriff „Lage“ steht hier für einzelne Tonlagen oder Tonbereiche der Instrumente. Im Gegensatz dazu bezeichnet der Begriff „Lage“ bei Streich- und Zupfinstrumenten bestimmte Positionen der Greifhand auf dem Griffbrett! In Bezug auf die Spiellagen reicht in der Regel eine Aufteilung in tiefe Lage, Mittellage und hohe Lage, ohne diese genauer zu kennzeichnen. Die Musiker haben zwar gelegentlich für sich leicht voneinander abweichende Abgrenzungen für einzelne Lagen, jedoch macht sich dies nicht negativ für die Auswertung bemerkbar. Versuche, die Lagen näher zu definieren, führten oft zu ausufernden Diskussionen mit den Testpersonen, die das jeweilige Instrument natürlich viel besser kennen. Daraus resultieren eigene Vorstellungen, die dann im Test auch durchgesetzt werden wollen. Räumt man ihnen durch offenere Fragestellungen mehr eigenen Spielraum ein, verläuft der Test entspannter und es ergibt sich letztlich kein Informationsverlust.
Während Klang, Lautstärke und Tonhöhe bekannte Begriffe darstellen, sollte die Ansprache etwas erläutert werden, obwohl sie unter Musikern, insbesondere den Bläsern, ein gängiges Merkmal darstellt. Der Begriff Ansprache charakterisiert die Reaktion des Instrumentes auf die Bemühungen des Musikers, einen Ton zu generieren. Dabei sind zwei Aspekte von Bedeutung: Wie lange dauert es, einen stabilen Ton zu erzeugen? Hier geht es offensichtlich um den komplexen Einschwingvorgang. Zum anderen bewegt die Musiker, wie das Instrument

auf sehr vorsichtige und sehr massive Erregung hinsichtlich leisem oder lautem Spiel reagiert. Spricht das Instrument beim Versuch, sehr leise zu spielen, noch an, oder reagiert es bei forciertem Anspiel beispielsweise mit Überblasen. Hier geht es offensichtlich um den Aspekt der Dynamik des Instrumentes.
Während die beteiligten Testmusiker für die Hauptmerkmale Lautstärke, Ansprache und Stimmung die beschriebene Unterteilung stets gut hießen, regten sie für die Klangfarbe Änderungen an. Da die Klangfarbe aus der allgemeinen Einschätzung heraus ein sehr wichtiges Merkmal darstellt, wurden stets noch zwei konkrete Klangmerkmale wie z. B. Schärfe, Helligkeit oder Klarheit eingebaut. Hier zeigten sich wiederholt einerseits Irritationen bei der Beschreibung der Merkmale durch den Testleiter. Zum anderen äußerten die Musiker, dass sie ihre Vorstellungen von der Qualität des Instrumentes, die sich vorrangig im Klang äußern sollte, zu wenig einbringen können. Deshalb verwenden wir nunmehr zwei freie Klangmerkmale, die jeder Testmusiker nach eigenen Vorstellungen benennen und beschreiben darf. Auf Wunsch der Musiker wurde außerdem in der Merkmalsgruppe Klangfarbe das Teilmerkmal Variabilität angefügt. Dies beschreibt, inwieweit es dem Musiker möglich ist, durch die Spielweise die Klangfarbe nach seinen Wünschen zu variieren. In den **Anlagen** sind Beispiele für die Fragebogengestaltung beigefügt. Die in den Fragebogen behandelten, akustisch geprägten Hauptmerkmale können wie folgt definiert oder besser beschrieben werden:

Klangfarbe: Inwieweit entspricht der vom Instrument erzeugte Klang den Vorstellungen des jeweiligen Testmusikers? Dabei gilt ausschließlich die Vorstellung der Testperson.

Lautstärke: Lässt sich das Instrument laut genug spielen, um die im Spielbetrieb auftretenden Anforderungen zu erfüllen? In die Beantwortung geht hierbei nicht nur die reine Lautstärkeempfindung ein. Es werden auch Aspekte der für die Funktion des jeweiligen Instrumentes typischen Frequenzbereiche einbezogen. So z. B. das Klangvolumen, die Klangfülle bei Instrumenten, die die Bass- oder Begleitstimme zu spielen haben.

Ansprache: Hier werden die Ansprech- und Einschwingzeit und die Dynamik des Instrumentes beurteilt. Die Ansprech- und Einschwingzeit macht sich beispielsweise dabei bemerkbar, ob schnelle Passagen mit sauber getrennten Einzeltönen spielbar sind.

Stimmung: Die Fragestellung lautet schlechthin, ob das Instrument bei korrekter Bedienung die richtigen Tonhöhen erzeugt. Da dies aus verschiedenen Gründen oft exakt nicht möglich ist, dehnt sich die Frage dahingehend aus, ob mit dem Musiker zur Verfügung stehenden Mitteln die unvermeidlichen Fehler mit vertretbarem Aufwand korrigiert werden können.
Bei Streichinstrumenten hängt die erzeugte Tonhöhe praktisch nur vom Spieler ab. Deshalb entfällt hier der Komplex Stimmung. Bei Zupfinstrumenten wird meist der Begriff „Bundreinheit" verwendet.

Hinsichtlich der Ausgeglichenheit ist es bei manchen Instrumenten nützlich, neben der Ausgeglichenheit zwischen den Lagen zusätzlich auch nach der Ausgeglichenheit zwischen typischen Zuständen des Instrumentes zu fragen; z. B. bei Quartposaunen nach der Ausgeglichenheit bei gedrücktem und nicht gedrücktem Ventil oder bei Doppelhörnern nach der Ausgeglichenheit der beiden Hörner.
Neben den akustisch geprägten Aussagen sind bei Spieltest immer auch spieltechnisch geprägte Aspekte von Bedeutung. Hier gilt es die Spielbarkeit unter technischen und ergono-

mischen Aspekten zu bewerten. Auf diesen Teil des Tests soll hier nicht näher eingegangen werden. Die entsprechenden Teilmerkmale sind in den angeführten Beispielen ersichtlich und anhand der gewählten Begriffe auch ohne weitere Erläuterung verständlich. Es sei nur auf die mechanische und akustische Ventilfunktion bei Metallblasinstrumenten kurz eingegangen. Unter der mechanischen Funktion werden die Beweglichkeit, die Spielfreiheit der Hebelsysteme und natürlich auch die Rückstellfähigkeit verstanden. Die akustische Funktion soll Mängel der Luftführung, der Gleichmäßigkeit der Bohrung aufzeigen, die z. B. Klangveränderungen während des Schaltvorgangs oder zwischen den Schaltzuständen verursachen.
Für die Bewertung aller Merkmale wird eine neunstufige Skala verwendet. Dies steht nun scheinbar im Widerspruch zu den Ausführungen in Abschnitt 3.2, in dem eine fünfstufige Skala begründet und eingeführt wurde. Die Nutzung der neunstufigen Skala entsprach einer hier nicht näher zu erläuternden Forderung des Auftraggebers der Arbeiten. Konkret gingen wir so vor, dass im Vorgespräch dem Musiker zunächst eine fünfstufige Skala vorgegeben wurde. Je nach Wunsch kann er dabei Punkte von 5 (hohe Wertung) bis 1 (niedrige Wertung) oder die Noten 1 bis 5 vergeben. Kurz vor Beginn des Tests wird dann auch die Vergabe von X,5-Wertungen eingeräumt. Es zeigt sich, dass die Testpersonen von den möglichen neun Stufen im Allgemeinen auch Gebrauch machen. Inwieweit jedoch wirklich eine solche Differenzierung in der Bewertung der Einzelmerkmale erreicht werden kann, sollte aber angesichts der festgestellten doch sehr geringen Korrelationen der Musikerurteile untereinander in Zweifel gezogen werden.
Die in der **Anlage** aufgeführten Beispiele für Konzertgitarre, Violine, Bassposaune und Bassklarinette ähneln sich natürlich in ihrem Aufbau. Die Gestaltung der Fragebogen war über den gesamten Zeitraum der beschriebene Arbeiten nicht einheitlich, sondern hat sich, wie teilweise bereits beschrieben, aufgrund von Erfahrungen und Hinweisen verändert. Die dargestellten Beispiele repräsentieren den gegenwärtigen Endzustand.
Noch einige Erläuterungen zu den Fragebogen: Es hat sich bei Streich- und Zupfinstrumenten bewährt, als erstes nach dem Merkmal Stimmbarkeit zu fragen. Die Musiker erhalten die Instrumente stets nur vorgestimmt. Sie müssen sie also als Erstes feinstimmen. Die dabei gewonnenen Eindrücke sollen sofort dokumentiert werden. Bei Blasinstrumenten (Metallblasinstrumente werden immer mit vollständig eingeschobenen Stimmzügen gereicht.) kann man die Qualität, hier vorrangig repräsentiert durch die Gängigkeit und Erreichbarkeit der Stimmzüge, problemlos auch später abfragen. In Zusammenhang mit den Blasinstrumenten hat sich aus der Vergangenheit die Frage nach Störgeräuschen etabliert. Vorgesehen ist nur eine ja/nein-Antwort, ob störende Geräusche vorhanden sind. In der letzten Zeit wurde die Frage nur noch mit nein (im Fragebogen also ein sehr gutes Urteil) beantwortet. Die Hersteller haben die Ursachen praktisch ausgemerzt, so dass dieses Merkmal wohl zukünftig verschwinden wird. Ebenfalls bei den Blasinstrumenten ist es günstig, in den Merkmalsgruppen Ansprache und Stimmung jeweils nach konkreten Problemtönen zu fragen. Manche Musiker neigen dazu, wegen eines einzigen Problemtones Stimmung oder Ansprache insgesamt als schlechter zu bewerten. Die Nennung der Problemtöne hilft in den Messungen, gezielt auf diese Töne bzw. Griffe zu achten.
In Vorbereitung der Tests verdecken bzw. entfernen wir alle Markenzeichen der Instrumente. Zudem nehmen wir die Tests in einem stark abgedunkelten Raum vor. Beides soll das Erkennen der Hersteller verhindern. Trotz immer währender Beteuerungen einer objektiven Herangehensweise lassen sich die Testpersonen zumindest von renommierten Herstellernamen nachweislich beeinflussen. Aber auch umgekehrte Fälle treten auf: In der Branche kursierende Meinungen von aktuellen Problemen eines Herstellers können durchaus auch zu schlechteren Beurteilungen führen.
Zu Beginn der Tests werden zunächst die Fragebogen ausführlich mit den Testpersonen besprochen. Für den Test erhalten die Testpersonen die Instrumente einzeln gereicht und müssen sie absolut, also nicht im Vergleich untereinander, beurteilen. Nachdem ein Instru-

ment abgearbeitet ist, kann es nicht noch einmal betrachtet oder gar beurteilt werden. Um den Effekt des Eindrucks des letzten Instrumentes (nach einem sehr schlechten Kandidaten wirkt das nachfolgende Instrument u. U. besser als es in Wirklichkeit ist) oder auch den Vorhalt einer Bewertungsreserve bei den ersten Kandidaten zu kompensieren, bekommt jede Testperson die Instrumente in einer anderen Reihenfolge gereicht. Dabei werden auch Wiederholungen von Einzelfällen vermieden.
Zunächst erhält der Musiker Gelegenheit, sich mit dem jeweiligen Instrument vertraut zu machen. Nachdem er einen gewissen Überblick signalisiert hat, beginnen wir die einzelnen Teilmerkmale abzufragen. Dabei besteht zu jeder Fragestellung erneut Gelegenheit, speziell mit dem Instrument zu probieren. Da der Raum abgedunkelt ist, übernimmt der Testleiter das Ausfüllen des Fragebogens im Schein eines gedimmten Pultlichtes.
Die in den folgenden Abschnitten beschriebenen Spieltests erfolgten an den in den Abschnitten 5.1 bis 6.2.4 beschriebenen 10 Instrumentenstichproben. Zusätzlich floss eine Stichprobe von 11 Konzertgitarren ein. Keines der darin enthaltenen Instrumente war in die Untersuchungen nach Abschnitt 4 involviert. Für die Stichprobe der 11 Gitarren wurde nur der Spieltest mit wiederum fünf Musikern ausgewertet. Die gemessenen Werte gehen nicht in die Betrachtungen ein.

8.1.2 Test der Erkennbarkeit der Hersteller

Bei Tests mit Musikern wird immer wieder das Problem aufgeworfen, dass die Kenntnis des Herstellers die abgegebenen Urteile beeinflusst. Dabei geht es nicht allein um bekannte und weniger bekannte Produzenten, sondern auch um die Wirkung des vom jeweiligen Musiker selbst gespielten Instrumentes. Der vorangehende Abschnitt beschreibt, wie dieses Phänomen durch unkenntlich machen von Labeln, Gravuren, Brandstempeln und Ähnlichem sowie die Durchführung der Test im stark abgedunkelten Raum beherrscht werden soll. Wir prüften nun, inwieweit diese Maßnahmen tatsächlich die Erkennbarkeit der Hersteller einschränken. Dazu befragten wir die Musiker während der Test und zwar am Ende der „Dunkelphase", nachdem sie sich schon recht ausführlich mit dem Instrument beschäftigt hatten, ob sie den Hersteller nennen können. Nannten sie einen Hersteller, so notierte der Testleiter, ob diese Nennung zutraf oder nicht. Die folgende Tabelle 73 zeigt das Ergebnis. Die Werte stellen das mittlere Ergebnis über die jeweils fünf beteiligten Musiker dar. Bei den Instrumenten handelte es sich ausschließlich um Produkte deutscher Hersteller.

Instrument	Exemplare	Antwort richtig		Antwort falsch	
		Anzahl	%	Anzahl	%
Trompete h b	14	1	7	1	7
Posaune	8	2	25	0	0
Bariton	10	2	20	1	10
Klarinette	11	2	18	2	18
Fagott	5	3	60	1	20
Gitarre	8	1	12	0	0
Zither	12	4	33	0	0
Violine	13	0	0	0	0

Tabelle 73: Erkennung des Herstellers der Instrumente bei abgedunkeltem Testraum und unkenntlichen Markenzeichen

Im Schnitt werden 20 % der Instrumente trotz aller Maßnahmen dem richtigen Hersteller zugeordnet. Die häufiger erkannten Instrumente weisen deutliche Herstellungsmerkmale wie

Verzierungen (Zither) oder konstruktive Besonderheiten (Blasinstrumente) auf, die Profimusikern aufgrund ihrer Erfahrungen bekannt sind. Hinzu kommt, dass die Musiker von der Beschränkung auf deutsche Hersteller wussten. Letzteres ist allerdings nicht als Mangel des Tests anzusehen, da die Musiker sehr häufig deutsche Fabrikate bevorzugen und deren besondere Merkmale sehr gut kennen. Bei Geigen und Bratschen kommt hinzu, dass Hersteller typische Merkmale wie z. B. die Ausführung der Randeinlage, die äußere Form oder die Gestaltung der Wölbung im abgedunkelten Raum nur schwer auszumachen sind.
Andererseits wurden eben nur 20 % erkannt. Das lässt den Schluss zu, dass nicht spieltechnische und akustische Merkmale, die ja trotzdem uneingeschränkt wahrgenommen werden konnten, sondern optische Merkmale mehrheitlich den Hersteller prägen! Zumindest trifft dass für eine Beschäftigung der Musiker mit dem Instrument von ca. 1 h Dauer zu.
Im Rahmen der Tests wiesen die Musiker einen weiteren Vorteil der Tests im abgedunkelten Raum hin: Wenn aus optischen Gesichtspunkten ein Instrument nun gar nicht gefällt, so bauen sich oft Aversionen auf, die trotz aller Bemühungen zu einem objektiven Urteil letztlich zu niedrigeren Einschätzungen führen. Das trifft auch für ungewöhnliche Konstruktionsmerkmale, wie beispielsweise die Verwendung moderner Werkstoffe zu. Das Phänomen spiegelt sich für die Testleiter durchaus auch in den wahrzunehmenden Klängen wider.

8.1.3 Auswertung der Spieltests

Letztlich zielen die Fragebögen darauf ab, vom Gutachter jeweils eine Bewertung der fünf Hauptmerkmale Klangfarbe, Lautstärke, Ansprache, Stimmung und Spielbarkeit zu erhalten. Würden wir jedoch nur diese fünf abfragen, so wäre die Differenzierung sehr gering. Durch die mehrfache Frage nach den Merkmalen unter gezieltem Hinweis auf Details, wie z. B. eine bestimmte Tonlage, wird der Gutachter angeregt, sich wiederholt mit dem Merkmal zu befassen und so differenzierter zu urteilen. Für die Auswertung der Fragebögen in Zusammenhang mit der Merkmalskorrelation und dem Vergleich der messtechnisch gestützten Bewertung mit der Fragebogen gestützten Bewertung wurden zum Einen die Summenbewertung innerhalb der Hauptmerkmale sowie die Summenbewertung insgesamt verwendet. Dazu wurden jeweils die vergebenen Bewertungen (Punkte) aller Detailfragen bzw. die zu einem Hauptmerkmal gehörenden addiert. Über die jeweils fünf beteiligten Musiker wurde danach für jede Kategorie noch einmal summiert. Das Hauptmerkmal Spielbarkeit berücksichtigten wir für diese Untersuchungen nicht! In die Korrelationsbetrachtungen mit den Merkmalen ging jeweils die Summe über die Musiker ein. Für den Vergleich der Bewertungen bildeten wir anhand der Summe über die fünf Musiker eine Rangfolge. Die Zusammenhänge dieser mittleren Musikerurteile mit den Merkmalen wurden jeweils zu den einzelnen konkret betrachteten Instrumenten in Abschnitt diskutiert. Wir wollen hier festgestellte Zusammenhänge innerhalb der Musikerbewertung analysieren.
Zunächst wollen wir die Korrelation der Hauptmerkmale analysieren und zwar jeweils in Summe der Musiker und für jeden Musiker getrennt. Dazu zählen wir die Anzahl der anzunehmenden Korrelationen ($r > r(5\ \%)$). Bei drei Hauptmerkmalen (Streich- und Zupfinstrumente) sind jeweils drei Korrelationen, bei vier Hauptmerkmalen (Blasinstrumente) sechs Korrelationen möglich. Tabelle 74 stellt die Ergebnisse dar. Betrachten wir die Summenurteile über jeweils alle beteiligten Musiker, so korrelieren die Hauptmerkmale außer im Fagottfall vollständig miteinander. Das bedeutet, dass diese Instrumentenmerkmale nicht unabhängig sind. Es gibt in der Summe der Musikermeinungen keine Instrumente, die eine sehr ansprechende Klangfarbe aber eine mangelhafte Ansprache aufweisen. Gut- und Schlechtzustände der Hauptmerkmale sind also stets miteinander verknüpft. Die Instrumente erhalten immer eine mehr oder weniger durchgängig einheitliche Bewertung für alle Merkmale. Die Instrumente gefallen insgesamt oder eben insgesamt nicht.

Sehen wir uns diesbezüglich die einzelnen Musiker an, so stellt sich eine etwas andere Lage dar. Nur in etwa der Hälfte der Fälle finden wir eine vollständige Korrelation der Hauptmerkmale vor. Ein Teil der Musiker differenziert also sehr wohl hinsichtlich der Merkmale. Der Grad der Differenzierung ist aber für die Instrumentengruppen sehr unterschiedlich. Während bei den Streichinstrumenten praktisch nicht zwischen den Hauptmerkmalen differenziert wird, ist dies bei den Holzblasinstrumenten sehr ausgeprägt. Hier ist es insbesondere das Hauptmerkmal Stimmung, dass in etwa der Hälfte der Fälle nicht mit den anderen Hauptmerkmalen korreliert.

Instrument	Summe M	Musiker 1	Musiker 2	Musiker 3	Musiker 4	Musiker 5
Zither	3	3	3	3	3	3
Mandoline	3	0	2	3	2	3
Gitarre	3	2	2	2	2	3
Geige 2009	3	3	3	3	3	1
Bratsche	3	3	3	3	3	3
Cello	3	3	3	3	3	3
Kontrabass	3	3	2	3	3	0
b-Klarinette	6	3	6	6	6	3
Fagott	5	1	6	3	0	6
Oboe	6	4	6	3	2	1
Bassklarinette	6	1	5	5	1	3

Tabelle 74: Anzahl der Korrelationen zwischen den Urteilen zu den einzelnen Hauptmerkmalen (Summe M = Summe Musiker)

Von großer Bedeutung ist auch die Tatsache, inwieweit die Urteile der Musiker untereinander korrelieren. Hierzu sind in Tabelle 75 jeweils die Anzahl der Korrelationsfälle pro Instrument und Hauptmerkmal aufgeführt. Bei fünf Musikern liegen 10 Kombinationsfälle vor. Es können also zwischen keiner und zehn Korrelationen auftreten.

Instrument	Klang	Volumen	Ansprache	Stimmung	Summe	%
Gitarre	1	0	0		1	3
Zither	8	10	8		26	87
Mandoline	4	2	1		7	23
Violine	0	0	0		0	0
Bratsche	2	1	2		5	17
Cello	5	3	3		11	37
Kontrabass	1	1	2		4	13
b-Klarinette	8	7	7	3	25	62
Oboe	1	0	2	0	3	8
Fagott	3	1	2	1	7	18
Bassklarinette	2	3	4	2	11	28

Tabelle 75: Anzahl der Korrelationen zwischen den fünf Testmusikern für die Hauptmerkmale

Die letzte Spalte in Tabelle 75 stellt die Summe der beobachteten Korrelationen bezogen auf die mögliche Maximalanzahl dar. Die Korrelation der Musikerurteile untereinander ist im Allgemeinen wenig ausgeprägt. Lediglich für die Tests Zither und Klarinette kann man wirklich von einem Zusammenhang der Musikerurteile sprechen. Extrem sind natürlich die Fälle Geige und Gitarre, für die praktisch gar keine Übereinstimmung zwischen den Musikern festzustellen ist. Dieser Sachverhalt erschwert natürlich einen Vergleich zwischen den mess-

technisch gestützten Bewertungen und den Fragebogen gestützten Bewertungen erheblich. Allerdings fällt sofort auf, dass für den Fall der Klarinette, für den eine recht gute Übereinstimmung der Musikerurteile besteht, die Korrelation zu den gemessenen Merkmalen auch nicht deutlich besser ausfällt.
Die Ergebnisse zeigen aber auch, dass die traditionelle Bewertung durch Musiker keine repräsentativen Ergebnisse liefert. Daraus folgt zwingend die Notwendigkeit der messtechnisch gestützten Methodik. Eine Ursache der deutlichen Meinungsunterschiede der Musiker kann darauf zurückgeführt werden, dass die betrachteten Stichproben der 11 Instrumententypen keine allgemein gültigen Schwächen aufweisen, da ihre Entwicklung entsprechend ausgereift ist. Der verbleibende Unterschied fällt zum überwiegenden Teil in den Ermessensspielraum, den Geschmack, die persönliche, individuelle Auffassung der Musiker. Die Urteile könnten demnach nicht aus der Frage entstehen, ob das betrachtete Instrument gut oder schlecht ist, sondern vielmehr wie gut es zum jeweiligen Gutachter passt.
Interessant ist die geringe Korrelation für das Merkmal Stimmung bei den Holzblasinstrumenten. Gemeinhin wird der Stimmung bei Blasinstrumenten eine dominierende Rolle zugeschrieben. Die Uneinigkeit der Musiker widerlegt dies scheinbar. Offensichtlich gilt aber auch hier die eben getroffene Feststellung, d. h. dass die Stimmung der Stichproben hinreichend ausgefeilt war.

8.1.4 Spieltest kontra Hörtest

Bei der systematischen Suche nach relevanten Frequenzkurvenmerkmalen für Gitarre wurden sowohl Hör- als auch Spieltests eingesetzt. Alle anderen beschriebenen Fälle stützen sich ausschließlich auf Spieltests. Hörtest bedeutet in erster Linie, dass den Testpersonen alle Informationen außer dem reinen Höreindruck entzogen werden. In der modernen Laborpraxis realisiert man das heute fast nur noch über Kopfhörerdarbietung der auf geeigneten Medien gespeicherten Klangbeispiele. In der Musizierpraxis findet man gelegentlich noch die berühmten Anspiele hinter einem (mehr oder weniger akustisch neutralen) Vorhang.
Die Forschung für den Musikinstrumentenbau zielt letztendlich auf die Herstellung anerkannter Instrumente. Nur eine solche Anerkennung durch die Musiker führt letztlich zu einer Kaufentscheidung bzw. zu einer Kaufempfehlung für die Instrumente. Das Ausprobieren der Instrumente in Zusammenhang mit Kaufentscheidungen geschieht nun in der Praxis ausschließlich in Form von Spieltests. Es sind zwar bei teuren Instrumenten häufig mehrere Kollegen beteiligt, die sich die Kandidaten gegenseitig vorspielen, der Kern dieser Aktionen entspricht aber eher der Spieltestsituation. Gleiches triff für die heute sehr beliebten Testberichte über Neuentwicklungen in Zeitschriften zu. Hier beurteilen Profimusiker Produkte, indem sie sie unter verschiedenen Praxisbedingungen selbst verwenden. **Der Spieltest erscheint unter diesen Gesichtspunkten die Praxis relevantere Version der Beurteilung von Musikinstrumenten**. Nur unter solchen Bedingungen erkannte Schwächen oder Unterschiede sind für die Entwicklungsarbeiten von Bedeutung. Der Hörtest oder besser die Demonstration von bestimmten Effekten und Phänomenen anhand von gespeicherten Hörbeispielen kann nach eigenen Erfahrungen nur ergänzend eingesetzt werden. Zwar sind Musiker immer wieder verblüfft über entsprechende Effekte, jedoch wollen sie, bevor sie sich festlegen, diese auch durch eigene Anspiele nachvollziehen. Und wenn sie einem Effekt misstrauen, wird er auch im eigenen Anspiel nicht vorkommen. Diese Dominanz der Musiker konnten wir in Abschnitt 7 nachweisen.

8.2 Die Bewertung der handwerklichen Qualität von Musikinstrumenten

Die Beurteilung der handwerklichen Qualität von Musikinstrumenten ist sicher nicht die Aufgabe einer akustisch orientierten Arbeit. Es soll jedoch zur Vollständigkeit ein kleiner Abschnitt dazu angefügt werden.
Der typische Bedarf nach einer nachvollziehbaren Beurteilung der handwerklichen Qualität eines Musikinstrumentes entsteht in Zusammenhang mit den Prüfungen für den Gesellen- bzw. Meisterbrief im Musikinstrumentenhandwerk. Entsprechend haben in der Berufsausbildung bzw. in den Meisterprüfungsausschüssen tätige Musikinstrumentenmacher damit einschlägige Erfahrungen. Zwar sollte man in diesem Zusammenhang die Instrumentenbauwettbewerbe nicht vergessen, doch betreffen die mit Ausnahme des vom Bundeswirtschaftsminister gestifteten Deutschen Musikinstrumentenpreises nur die Streichinstrumente. Allerdings wurde in Zusammenhang mit dem Mittenwalder Geigenbauwettbewerb vom dort ansässigen und seit Jahrzehnten in der Jury tätigen Geigenbaumeister KANTUSCHER ein Bewertungssystem entwickelt, das nachvollziehbar, in sich schlüssig und ohne weiteres auf andere Instrumente übertragbar ist. Dieses System verwenden wir, seit wir durch KANTUSCHER selbst davon Kenntnis erhielten. Er erläuterte und begründete es in mehreren Konsultationen sehr ausführlich. Beim Bewertungsverfahren nach KANTUSCHER werden den Elementen des Instrumentes, für eine Violine sind das

> Mensur, Schnecke, Wirbel, Obersattel, Hals, Griffbrett, Steg, Umriss, Zargenkranz, Wölbung, Einlage, Rund und Ecken, f-Löcher, Untersattel, Knopf, Hängesaite, Lackauswahl und Lackierung, sowie die Holzauswahl,

jeweils drei Merkmale zugeordnet:

- handwerkliche Arbeit,
- spieltechnische/konstruktive Lösung,
- gestalterische Lösung.

Jedem Merkmal ist für jedes Element ein Gewicht, eine Bedeutung zugeordnet. Diese kann auch 0, d. h. ohne Bedeutung sein. Beispielsweise messen wir Auswahl und Einbau der Hängesaite keine gestalterische Bedeutung zu. Die Bewertung erfolgt mit einer fünfstufigen Skala 1 ... 5.
Gespräche mit einer Reihe von Handwerksmeistern zeigen, dass sie sich diesem grundsätzlichen Schema der Bewertung prinzipiell anschließen können. Bei der Gewichtung der einzelnen Elemente gibt es aber durchaus unterschiedliche Auffassungen. Es sollen deshalb hier keine Gewichte angegeben werden. Wichtig ist aber, welchen Elementen für ein oder zwei der drei Merkmale keine Bedeutung zukommt. Ein Beispiel für einen entsprechenden Fragebogen zeigt die **Anlage Fragebogen handwerklicher Test Violine**. Man kann die Gewichte auf eine Gesamtpunktzahl normieren. Es ist durchaus möglich, wenn man sich auf keine Gewichte einigen kann, außer den 0-Gewichten keine weiteren variierten Gewichte zu vergeben, d. h. alle anderen gleich 1 setzt.
An Hand dieses Fragebogens werden die Instrumente nacheinander beurteilt. Steht nur eine Testperson für die Beurteilung zur Verfügung, so lässt sich der sich aus der Reihenfolge ergebende Effekt nicht durch Vertauschung der Reihenfolge eliminieren. Hier wird so verfahren, dass die Testperson zunächst alle Instrumente gleichzeitig vorgelegt bekommt, um sich einen Überblick zu verschaffen. Danach erfolgt die Beurteilung einzeln und nacheinander in einer zufällig gewählten Reihenfolge.

9 Zusammenfassung und Ausblick

Es wird ein Verfahren zur Beurteilung von Musikinstrumenten auf der Basis messtechnisch gestützter Merkmale eingeführt. Das Verfahren beruht auf der Annahme einer Normalverteilung der einzelnen Merkmale und bewertet diese anhand einer fünfstufigen Skala. Die Anwendung des Verfahrens auf die Instrumente

Gitarre	Violine	b-Klarinette
Zither	Bratsche	Fagott
Mandoline	Cello	Oboe
	Kontrabass	Bassklarinette

bei der die Merkmale aus Frequenz- bzw. Eingangsimpedanzkurven gewonnen wurden, ergab folgendes:

- Es lassen sich Merkmale definieren, die hinreichend normalverteilt sind und zwischen den einzelnen Exemplaren des Instrumententyps ausreichend streuen.
- Die Merkmale weisen eine hinreichende Korrelation zu den Urteilen von Musikern zu den Instrumenten auf und es kann ein gut-Trend definiert werden.
- Auf der Basis der Merkmalswerte und ihrer gut-Trends können die Objekte hinsichtlich einer Rangfolge bewertet werden und diese Bewertung nähert sich der entsprechenden Bewertung durch Musiker an.
- Rückschlüsse auf die Bauweise der Instrumente sind anhand der Merkmale nur für die Streich- und Zupfinstrumente möglich.
- Für den Fall der Violine konnte kein brauchbares Ergebnis gewonnen werden.

Eine wichtige Motivation bei der Anwendung der messtechnisch gestützten Bewertung von Musikinstrumenten, wie sie die Aufnahme von Übertragungskurven realisiert, lag und liegt in der Ausschließung des Einflusses der Musiker. Nun vergleicht man aber sowohl bei der Entwicklung als auch bei der Evaluierung einer derartigen Bewertung messtechnisch gewonnene Merkmale mit Aussagen von Musikern, die sie in einem Hör- und/oder Spieltest treffen. In die dazu erforderlichen Anspiele geht aber in jedem Falle der Einfluss des Musikers ein. Da unabhängige Urteile nur dann sinnvoll sind, wenn sie auch vom anvisierten Klientel nachvollziehbar sind und akzeptiert werden, stößt dieses rein messtechnisch gestützte Verfahren an seine Grenzen. Hinzu kommt als Nachteil, dass nicht alle Instrumente diesen Techniken zugänglich sind. Hier sind Pianos und insbesondere die Harmonikainstrumente zu nennen. Man trifft auch auf Situationen, bei denen die Übertragungskurvenanalyse keine ausreichende Differenzierung zwischen Instrumenten liefert, obwohl Musiker Unterschiede anmerken. Solche Beobachtungen wurden in Zusammenhang mit der zunehmenden Verbesserung und Annäherung der Qualität der Instrumente weltweit gemacht. Es drängt sich der Schluss auf, die Beurteilung auch anhand von realen Musikeranspielen anzustreben. Diesen Schluss unterstreichen weitere Fakten:

- Die Qualität eines Musikinstrumentes realisiert sich erst in der durch den Spieler mit Hilfe dieses Instrumentes generierten Musik.
- Nur das Endprodukt Musik offenbart die wirklich relevanten Eigenschaften des Musikinstrumentes.
- Der Musiker verändert durch bewusste und unbewusste Eingriffe die akustischen Eigenschaften des Instrumentes z. T. erheblich. Somit berücksichtigt nur eine konsequente „in situ"-Messsituation die praxisrelevanten Randbedingungen.

- Manche Besitzer wertvoller Instrumente lassen eine Laborprüfung nicht zu. Jedoch gegen ein Anspiel durch einen Berufsmusiker hegen sie keine Bedenken. (Es gibt allerdings auch den umgekehrten Fall.)
- Bei Erreichen entsprechender Ergebnisse wäre eine Analyse verfügbarer Tonträgersignale möglich, ohne dass die Instrumente selbst verfügbar sein müssen.
- Die Realisierung von angestrebten Eigenschaften kann unter realen Bedingungen nachgewiesen werden.

Die Bewertung und Beurteilung der Instrumente anhand gespielter Musik soll die bisher vorrangig verwendete Methodik der Systemanalyse jedoch nicht ersetzen, sondern ergänzen. Hierfür sprechen folgende wesentliche Fakten:

- Die Ergebnisse der Systemanalyse lassen relativ leicht Rückschlüsse auf die bestimmenden physikalischen Parameter wie Materialeigenschaften und konstruktive Gestaltung zu.
- In nicht wenigen interessierenden Fällen ist ein reales Anspiel der Instrumente nicht möglich. Dies trifft insbesondere auf konservatorische Bedenken bei der Untersuchung historischer Instrumente zu.

Untersuchungen mit dem Ziel, Merkmale zu finden, die Musikinstrumente anhand des beim Instrumentenspiel entstehenden Schallsignals charakterisieren, wurden für folgende Instrumente vorgenommen:

- **Klarinette**,
- **Trompete**,
- **Gitarre**,
- **Geige**.

Als Datenbasis dienten Kunstkopfaufnahmen kurzer Melodiestücke, die in jeweils zwei Räumen von fünf Musikern unter Verwendung von drei kurzen Passagen (darunter stets eine chromatische Tonleiter über den Hauptspielbereich der Instrumente) eingespielt wurden.
In Auswertung der Datenbasis ermittelten wir die mittleren Werte über die Anspiele für die Psychoakustikgrößen Lautheit, Schärfe, Rauigkeit, Offenheit und Volumen. Für Lautheit, Schärfe und Offenheit kamen bekannte Algorithmen zur Anwendung. Den bekannten Algorithmus der Rauigkeit verwendeten wir nicht, da in den Pausen der Stücke extreme Werte entstanden, die die Ergebnisse stark verfälschten. Wir schufen einen modifizierten Algorithmus. Die Definition des Volumens entstand im Rahmen des Projektes auf der Basis früherer Arbeiten des IfM neu. Die fünf Mittelwerte für jedes Anspiel bildeten den für die Auswertung verwendeten Merkmalsraum.
Es zeigt sich bei allen vier Instrumententypen, dass die Instrumente selbst den geringsten Einfluss auf die Ausprägung der Merkmale ausüben. Die Wirkung der Einflussfaktoren Spieler, Stück und Raum überwiegen. Die konkrete Verteilung des Einflusses schwankt je nach Instrumententyp. Interessant ist, dass bei Gitarren die Musiker den größten Einfluss ausüben. In jedem Falle ist jedoch der Musikereinfluss größer als der der Instrumente!
Damit wurde erstmals in systematischen Untersuchungen nachgewiesen, dass der Einfluss des Musikers den Einfluss der Instrumente überwiegt. Dieses Phänomen wird zwar immer wieder in Diskussionen angesprochen, ein Beweis stand jedoch bislang aus.
Betrachtet man alle Aufnahmen mit den vier Instrumententypen als Gesamtheit, so weisen die Gitarren mit Abstand die geringste Variation im Klang auf. Aufgrund der Tatsache, dass sich auf dem Gitarrensektor beispielsweise im Vergleich zu den Streichinstrumenten in Sachen Entwicklung in den letzten 40 Jahren sehr viel getan hat (und auch heute noch tut) und

Gitarren in diesem Zeitraum ein wirtschaftlich interessantes Produkt darstellten (und es immer noch sind), wurden Untersuchungen zur Musikalischen Akustik häufig am Objekt Gitarre vorgenommen. Die Brauchbarkeit der Ergebnisse und insbesondere ihre Verallgemeinerung sollte aufgrund der hier erzielten Ergebnisse überdacht werden.

Im Ergebnis der Untersuchungen kann man feststellen, dass eine sichere Unterscheidung der Instrumente anhand der mittleren Psychoakustikgrößen nur möglich ist, wenn die Einflussfaktoren Musiker, Stück und Raum konstant gehalten werden. Das trifft natürlich auch für eine angestrebte Bewertung zu. Eine allgemeingültige Bewertung bzw. Charakterisierung der Instrumente wird nur möglich, wenn man wie im vorliegenden Projekt über eine repräsentative Faktorenmischung mitteln kann. Für eine praktische Anwendung stellt das zweifellos ein Problem dar. Trotzdem oder gerade deshalb sollten Arbeiten auf diesem Gebiet weitergeführt werden. Eine wirtschaftlich relevante Anwendung einer messtechnisch gestützten Bewertung oder gar einer Fehlerdiagnose anhand kurzer Anspiele wird noch einigen Forschungsaufwand erfordern. Jedoch erscheint dies lohnenswert, da sich die Arbeiten in eine ohnehin betriebene Forschung zur akustischen Fehlerdiagnose für technische Geräte einbinden ließen. Wünschenswert wäre natürlich eine Lösung, die dies auch aus einer polyphonen Aufnahme im Zusammenspiel mehrerer Instrumente ermöglicht.

Literatur

Askenfelt, A. G.: **EIGENMODES AND TON QUALITY OF THE DOUBLE BASS**
STL-QPSR 4/1982

Aures, W.: **Berechnungsverfahren für den sensorischen Wohlklang beliebiger Schallsignale**
Acustica 59 (1985), S.130-141.

Aures, W.: **Ein Berechnungsverfahren der Rauigkeit**
Acustica 58 (1985), S. 268-280.

Backus, J.: **Input impedance curves for the reed woodwind instruments**
J. Acoust. Soc. Am. 56(1974), S. 1266-1279

Backus, J.: **Input impedance curves for the brass instruments**
J. Acoust. Soc. Am. 60(1976), S. 470-480

Benade, A. H.; Gans, D. J.: **SOUND PRODUCTION IN WIND INSTRUMENTS**
New York Acad. Sci. 155(1968), S. 247-263

Benade, A. H.; **Fundamentals of Musical Acoustics**
New York (1976)

Benade, A. H.; Larson, C. O.: **Requirements and techniques for measuring the musical spectrum of the clarinet**
J. Acoust. Soc. Am. 78(1985), S. 1475-1498

Benade, A. H.; **Wind Instruments and Music Acoustics**
Sound Generation Stockholm, (1986)

v. Bismarck, G.: **Sharpness as an Attribute of the Timbre of Steady Sounds**
Acustica 30 (1974), S. 160-172.

Blutner, F.: **Akustische Gütebewertung mit EDV**
Forschungsbericht IfM Zwota 1978 (ZF 78028)

Blutner, F.: **Folgeaufgaben Akustische Gütebewertung mit EDV**
Forschungsbericht IfM Zwota 1981 (ZF 81003)

Blutner, F.; u. a.: **ESTIMATION OF GUITAR SOUND QUALITY**
Archives of Acoustics Nr.3/1986, S. 203-229

Blutner, F.: **Entwurf eines psychoakustischen Funktionsmodells und Möglichkeiten der technischen Systemoptimierung**
Dissertation B, TU Dresden 1987

Blutner, F.: **Klopftondiagnose von Gitarren**
Forschungsbericht IfM Zwota 1991

Bork, I.: **Zum Einfluss der Form des Mundloches auf die Tonerzeugung bei der Querflöte**
Tibia 16(1991)1

Daniel, P.; Weber, R.: **Berechnete Rauigkeit von natürlichen und generierten Schallen**
Fortschritte der Akustik – DAGA '92

Dünnwald, H.: **Ableitung objektiver Qualitätsmerkmale aus Messungen an alten und neuen Violinen**
Qualitätsaspekte bei Musikinstrumenten, S. 77-85. Meyer, J. (ed.), Moeck Verlag, 1988

Dünnwald, H.: **Zur Messung von Geigenfrequenzgängen**
Acustica 51 (6), 281-287 (1982)

Dünnwald, H.: **Ein erweitertes Verfahren zur objektiven Bestimmung der Klangqualität von Violinen**
Acustica 71 (6), 269-276 (1990)

Dünnwald, H.: **Deduction for objective quality parameters of old and new violins**
CASJ 1 (7), 1-4 (1991)

Eichner, M.; u. a.: **HMM-basierte Klassifikation von Musikinstrumenten des gleichen Typs**
Fortschritte der Akustik – DAGA 2007

Fastl, H.: **Psychoakustik II**
Tagungsband des internationalen Seminars Psychoakustik – Gehörbezogene Lärmbewertung Innsbruck-Igls 1993

Fleischer, H.: **Modalanalyse und Schallfeldberechnungen an Gitarren**
Forschungsbericht Universität der Bundeswehr München 1995

Fleischer, H.: **Admittanzmessungen an akustischen Gitarren**
Forschungs- und Seminarberichte aus dem Gebiet Technische Mechanik und Flächentragwerke, Universität der Bundeswehr München 01/97

Häcker, K.: **Prüfmethode für Zupfinstrumente**
Forschungsbericht IfM Zwota 1968 (ZF 68008)

Hoffmann, R.: **Signalanalyse und –erkennung: Eine Einführung für Informationstechniker**
Springer Verlag, 1998

Jansson, E. V.; Moral, A. J.: **EIGENMODES, INADMITTANCE, AND THE FUNCTION OF THE VIOLIN**
STL-QPSR, 1/1981 S. 58-86

Jansson E.V.; u. a.: **Körperresonanz C 3 und Tonqualität von Violinen**
Nordic acoustical meeting, 12.-14. Juni 1996 Helsinki

Jansson E.V.; u. a.: **Über die C 3 Körperresonanz und ihre Beziehung zur Steifigkeit von Decke und Boden**
TMH - QPSR 1/1996 S. 23-29

Jansson, E.V.: **Über die Funktion der Violine-Schwingung, Erregung und Schallabstrahlung**
TMH - QPSR 4/1996 S. 9-13

Jansson, E.V.; u. a.: **On the body resonance C 3 and its relation to top and back plate stiffness**
TMH - QPSR 1/1996 S. 23-29

Jansson, E. V.; Sundberg, J.: **Long-Time-Average-Spectra Applied to Analysis of Music. Part I: Method and General Applications**
Acustica 34(1975)1 S. 15-19

Jansson, E. V.; Sundberg, J.: **Long-Time-Average-Spectra Applied to Analysis of Music. Part II: An Analysis of Organ Stops**
Acustica 34(1976)5 S. 269-274

Jansson, E. V.: **Long-Time-Average-Spectra Applied to Analysis of Music. Part III: A Simple Method for Surveyable Analysis of Complex Sound Sources by Means of a Reverberation Chamber**
Acustica 34(1976)5 S. 275-280

Kobzik, B.; Wogram, K.: **Kriterien und Verfahren für die subjektive Bewertung von Instrumenten durch Musiker**
2. Seminar des Fachausschusses Musikalische Akustik in der DEGA, Braunschweig 1992 (Es liegt kein Tagungsband vor.)

Krüger, W.: **Objektive Untersuchungsmethoden bei Metallblasinstrumenten**
Das Musikinstrument 17(1968), S. 459-462

Krüger, W.: **Untersuchung der Abhängigkeit der Klangeigenschaften von Gitarren von deren geometrischen Abmessungen sowie vom Material**
Forschungsbericht IfM Zwota 1969 (ZF 69008)

Krüger, W.: **Entwicklung von Konzertgitarren mit Weltspitzenqualität**
Forschungsbericht IfM Zwota 1972 (ZF 72002 AB)

Krüger, W.: **Untersuchungen an Gitarren**
Forschungsbericht IfM Zwota 1974 (ZF 74008)

Krüger, W.: **Weltstandsvergleich Gitarren**
Forschungsbericht IfM Zwota 1976 (ZF 76021)

Krüger, W.: **Der Stand der akustischen Untersuchungen bei Gitarren**
Vortrag vor Handwerkern, Markneukirchen I/1976

Krüger, W.: **FINDINGS IN THE MANIPULATION OF GUITAR TOP-PLATES**
CAS # 38, Nov. 1982

Krüger, W.: **Betrachtungen zum akustischen Verhalten des Fagottes**
Fortschritte der Akustik – DAGA'92

Krüger, W.: **Players experiences, signal processing and the design of woodwind instruments**
SMAC '93 Stockholm 1993

Krüger, W.: **Vom Nutzen akustischer Forschung für Musikinstrumentenmacher und Bläser**
Rohrblatt 8(1993) Teil 1 S.:64-66, Teil 2 S.:96-102

Krüger, W.; Ziegenhals, G.: **Entwicklung eines Messaufbaus für die qualitätsbestimmenden akustischen Eigenschaften von Holzblasinstrumenten**
Forschungsbericht IfM März 1994

Löschke, H.: **Entwicklung einer Methodik zur Differenzierung und Beurteilung von Musikinstrumenten anhand von Solomusikstücken**
Diplomarbeit TU Dresden IAS 2006

Löschke, H.: **Berechnungsmodelle der akustischen Rauigkeit**
Fortschritte der Akustik – DAGA 2008

Lottermoser, W.; Linhardt, W.: **Beitrag zur akustischen Prüfung von Geigen und Bratschen**
Acustica 7(1957) S. 281

Meinel, E.; Holz, D.: **Überprüfung Verfahren Reumont**
Forschungsbericht IfM Zwota 1980

Meinel, E.: **Experimente an einer Zither**
Instrumentenbauzeitschrift 1-2 / 1999 S. 62-67

Meinel, H.: **Über Frequenzkurven von Geigen**
Akustische Zeitschrift, (1937) März

Meinel, St.: **Die Basszither – Geschichte, konstruktive und klangliche Besonderheiten**
Diplomarbeit Westsächsische Hochschule Zwickau 1996

Merchel, S.: **Untersuchungen zur subjektiven und objektiven Bewertung und Beurteilung von Musikinstrumenten anhand von Solomusikstücken**
Diplomarbeit TU Dresden 2005

Meyer, J.: **Physikalische Aspekte des Geigenspiels**
Verlag der Zeitschrift Instrumentenbau, Siegburg 1978

Meyer, J.: **Zum Klangphänomen der altitalienischen Geigen**
Acustica 51(1982) (1), S. 1-11

Meyer, J.: **Akustik der Gitarre in Einzeldarstellungen**
Verlag E. Bochinsky, Frankfurt/M 1985

Meyer, J. u. a.: **Investigations into the Acoustical Properties of the Violin**
Acustica 62(1986) (1), S. 1-15

Meyer, J.: **Akustik und musikalische Aufführungspraxis**
Verlag E. Bochinsky, Frankfurt/M 1995

Petiot, J. F.; u. a.: **Comperative Analysis of Brass Wind Instruments With an Artificial Moth: First Results**
Acustica 89(2003) S. 974-979

Richter, G.: **Akkordeon - Handbuch für Musiker und Instrumentenbauer**
Florian Noetzel Verlag, Wilhelmshaven, 2003, 3. verbesserte Auflage

Schleske, M.: **Eigenmodes Of Vibration In The Working Process Of A Violin**
CASJ 3 (1), 2-8 (1996)

Schleske, M.: **Untersuchungen der Eigenschwingungen im Werdegang einer Geige**
Teil 1: Eigenfrequenzen, Das Musikinstrument 2/3 (1996) S. 156-165
Teil 2: Eigenschwingungen, Das Musikinstrument 5(1996) S. 60

Sottek, R.: **Modelle zur Signalverarbeitung im menschlichen Gehör**
RWTH Aachen, Dissertation, 1993

Sottek, R.: **Gehörgerechte Rauigkeitsbestimmung**
Fortschritte der Akustik – DAGA '94

Terhardt, E.: **Akustische Kommunikation**
Springer Verlag Berlin Heidelberg New York 1998

Valenzuela, M.: **Untersuchungen und Berechnungsverfahren zur Klangqualität von Klaviertönen**
Diss. TU München 1998

Vanneste, M.: **Untersuchungen zum Abstrahlverhalten der Zither auf verschiedenen Spieltischen**
Diplomarbeit Fachhochschule Düsseldorf 1995

Voigtsberger, K.; Ziegenhals, G.: **Untersuchungen zum Übertragungsverhalten von Violinen- und Geigenstegen**
Fortschritte der Akustik – DAGA '97

Webster, J.C.: **Electrical method of measuring the intonation of cup mouthpiece instruments**
J. Acoust. Soc. Am. 19(1947), S. 902-906

Wogram, K.; Meyer, J.: **Über den spieltechnischen Ausgleich von Intonationsfehlern bei Blockflöten**
Tibia 10(1985)2

Wogram, K.: **Ein Beitrag zur Ermittlung der Stimmung von Blechblasinstrumenten**
Dissertation TU Braunschweig 1972

Wogram, K.: **Akustische Auswahlkriterien bei Blechblasinstrumenten**
Das Instrumentalspiel, Wien 1988 S.119-136

Wogram, K.: **Die Anwendung der Modalanalyse bei Musikinstrumenten Teil II**
Instrumentenbauzeitschrift 6/1991, S. 36-40

Wogram, K.: **Einfluss von Material und Oberflächen auf den Klang von Blechblasinstrumenten**
Instrumentenbauzeitschrift 5/1976, S. 414-418

Wogram, K.: **Ein verbessertes Verfahren für Doppelkorrekturen an Blechblasinstrumenten**
Seminar des FAMA in der DEGA 2007

Ziegenhals, G.: **Optimierung von Gitarren mittels Modalanalyse**
Forschungsbericht IfM Zwota (1995)

Ziegenhals, G.: **Zur Beurteilung von Gitarren aus Spieler- und Zuschauerperspektive**
Fortschritte der Akustik – DAGA '96

Ziegenhals, G.: **Beurteilung objektiver Merkmale von Musikinstrumenten**
Fortschritte der Akustik – DAGA 2000

Ziegenhals, G.: **Ermittlung von Auswahlkriterien für Resonanzholz**
Forschungsbericht IfM Zwota (2000)

Ziegenhals, G.: **Zur Dämpfung bei Zupfinstrumenten**
22. Musikinstrumentenbau-Symposium, Michaelstein 16.-18. Nov. 2001

Ziegenhals, G.; **Resonanzholzmerkmale von Gitarrendecken**
(Musikalische) Akustik im Dienste des Musikinstrumentenbaus
Seminar des FAMA in der DEGA 2001, ISBN 3-00-009226-9

Ziegenhals, G.: **Zur objektiven Beurteilung von Klavieren**
Fortschritte der Akustik – DAGA 2002

Ziegenhals, G.: **Characterisation of Musical Sounds by Means of Psychoacoustical Methods**
Fortschritte der Akustik – CFA/DAGA '04

Ziegenhals, G.: **Musikinstrumente im Praxistest**
ESSV 2006, Studientexte zur Sprachkommunikation Band 42, TUDpress 2006

Zwicker, E.; Feldtkeller, R.: **Das Ohr als Nachrichtenempfänger**
S. Hirzel Verlag, Stuttgart 1956

Zwicker, E.; Fastl, H.: **Psychoacoustics: Facts and Models**
Springer Verlag, 1999

Anlagenverzeichnis

Korrelationen zwischen den Frequenzkurvenmerkmalen und den Ergebnissen der subjektiven Tests zum Merkmal „Gesamtklangeindruck" für vier Stichproben

Stichprobe / Merkmale		Spanisch HT	Spanisch ST	Flamenco HT	Flamenco ST	29 Git HT	29 Git ST	5Ref HT
r(5%)		0,300	0,300	0,576	0,576	0,367	0,367	0,878
1. Resonanz	f	**-0,487**	-	-	-	**-0,411**	**0,377**	-
	L	-	-	Fehler	Fehler	Fehler	Fehler	Fehler
	b	kM	kM	kM	kM	-0,2236	0,270	Fehler
2. Resonanz	f	-	**0,382**	**0,816**	-	**-0,488**	**-0,510**	-
	L	Fehler	Fehler	-0,310	**-0,816**	Fehler	Fehler	Fehler
	b	-	-	-	-	**-0,470**	**-0,470**	Fehler
3. Resonanz	f	-	-	**0,623**	-	-	**0,455**	-
	L	**0,361**	-	-	**0,596**	Fehler	Fehler	-
	b	-	-	-	-	-	**-0,380**	Fehler
4. Resonanz	f	kM	kM	kM	kM	Fehler	Fehler	Fehler
	L	kM	kM	kM	kM	Fehler	Fehler	Fehler
	b	kM	kM	kM	kM	-	-	Fehler
L(50...5000)		**0,510**	**0,409**	-	**0,790**	Fehler	Fehler	**0,963**
L(50...4000)		**0,521**	**0,409**	**0,605**	**0,619**	Fehler	Fehler	**0,984**
L(50...200)		-	-	**-0,614**	-	**0,575**	**0,531**	-
L(200...800)		**0,517**	**0,532**	Fehler	Fehler	Fehler	Fehler	-
L(800...3200)		**0,449**	**0,358**	**0,600**	**0,734**	Fehler	Fehler	**0,949**
L(3200...5000)		-	-	-	**0,815**	Fehler	Fehler	Fehler
L(50..360)		Fehler	Fehler	Fehler	Fehler	Fehler	Fehler	Fehler
L(360..600)		**0,433**	**0,396**	-	-	Fehler	Fehler	-
L(500..800)		**0,367**	**0,543**	**0,700**	-	Fehler	Fehler	-
L(0,8..1,2k)		**0,363**	**0,332**	**0,733**	**0,674**	Fehler	Fehler	**0,973**
L(1,2..2,0k)		-	-	-	-	Fehler	Fehler	Fehler
L(2,0..2,8k)		Fehler	Fehler	Fehler	Fehler	Fehler	Fehler	Fehler
L(2,8..4,0k)		Fehler	Fehler	Fehler	Fehler	Fehler	Fehler	Fehler
L(4,0..5,0k)		-	-	-	**0,896**	Fehler	Fehler	Fehler
L(100...400)		Fehler	Fehler	Fehler	Fehler	Fehler	Fehler	**0,933**
L(220..450)		kM	kM	kM	kM	Fehler	Fehler	-
L(280..560)		kM	kM	kM	kM	Fehler	Fehler	-
L(400...600)		**0,343**	**0,458**	-	-	Fehler	Fehler	-
L(600...800)		**0,326**	**0,334**	**0,809**	-	Fehler	Fehler	-
L(0,7..1,4k)		kM	kM	kM	kM	Fehler	Fehler	**0,910**
L(2,0..4,0k)		Fehler	Fehler	Fehler	Fehler	Fehler	Fehler	Fehler
L(2,0..5,0k)		**0,336**	-	-	**0,829**	Fehler	Fehler	Fehler

- f – Frequenz, L – Pegel, b – Halbwertsbreite der Resonanz
- L(50...5000) – mittlerer Betragspegel der Frequenzkurve im Bereich 50 Hz ... 5000 Hz
- L(0,7..1,4k) – mittlerer Betragspegel der Frequenzkurve im Bereich 0,7 kHz ... 1,4 kHz
- Fehler – Das Fehlerkriterium 2/3 SA(Merkmal) $< F_{max}/2$ wurde nicht erfüllt
- kM – für das Merkmal wurden keine Werte ermittelt
- - – Der ermittelte Korrelationskoeffizient ist kleiner r(5%)
- HT – Hörtest, ST – Spieltest

Gitarrenstichprobe

Nr.	Instrument	Charakterisierung
1	Referenz 1	Japanisches Industrieinstrument, welches in früheren Tests stets sehr gut beurteilt wurde. **Takamine** Modell C-128 Baujahr: 10/1979
2	Referenz 2	Vogtländisches Meisterinstrument mit im Verhältnis größerem Korpus. Baujahr: 9/1977; Hersteller: Armin **Gropp**
3	Referenz 4	Japanisches Industrieinstrument, welches in früheren Untersuchungen stets mittelmäßig beurteilt wurde. **Marlin** Modell MC 315
4	Referenz 5	Finnische Industriegitarre mit im Verhältnis größerem Korpus, und auffallend dunkler Klangfärbung. Die Urteile früherer Tests waren sehr differenziert. **Landola** SL 3 Nr.: 151472
5	Referenz 22	**Session** C 425 Sehr billiges Instrument Laminierte Decke, wahrscheinlich Indonesien
6	Referenz 23	Prototyp Doppelbodengitarre Kreul Entwickelt von Zupfinstrumentenmachermeister Eberhard Kreul mit Unterstützung durch IfM ca. 1975
7	Referenz 24	Versuchsmodell IfM (Resokrit II) Decken-Nr.: 248 entspricht Höfner Modell HF 12 Baujahr: 2002; Hersteller: Höfner
8	Referenz 25	Versuchsmodell IfM (Resokrit II) Decken-Nr.: 616 entspricht Höfner Modell HF 12 Baujahr: 2002; Hersteller: Höfner
9	Referenz 26	Versuchsmodell IfM (Resokrit II) Decken-Nr.: 228 entspricht Höfner Modell HGL 50 SE Baujahr: 2001; Hersteller: Höfner Mustergitarre Instrumentenpass
10	Referenz 27	Versuchsmodell IfM Projekt „Modifiziertes Holz“ Instr.-Nr.: F03304 entspricht Höfner Modell HGL 50 Baujahr: 2005; Hersteller: Höfner

Die Instrumente wurden einheitlich mit D’Addario Classic Guitar J45 Normal Tension besaitet.

Geigenstichprobe

Instrument	Charakterisierung
Referenz 1	Roderich Paesold Nr. 821 Baujahr 1996 Besaitung: D'Addario
Referenz 2	Karl Höfner Nr. 7 Baujahr 1999 Besaitung: D'Addario
Referenz 3	ältere Musima – Geige ohne Bezeichnung Baujahr unbekannt Besaitung: D'Addario
Referenz 4	ältere Klingenthaler Geige Sächsische Musikinstrumenten – Fabrik Baujahr 1949 Besaitung: D'Addario
Referenz 5	Spielfertiges Muster V 01 aus Projekt Lacklabor Ute Kästner, Erlbach Baujahr 2004 Besaitung: Thomastik „Dominant"
Referenz 6	Spielfertiges Muster V 11 aus Projekt Lacklabor Sven Gerbeth, Oelsnitz/V. Baujahr 2004 Besaitung: Thomastik „Dominant"
Referenz 7	Spielfertiges Muster aus Projekt Resostreich D142/B1242, entspricht Höfner Modell H11-V Baujahr 2003; Hersteller: Höfner Besaitung: Pirastro „Tonika"
Referenz 8	Spielfertiges Muster aus Projekt Resostreich D401/B511, entspricht Höfner Modell H11-V Baujahr 2003; Hersteller: Höfner Besaitung: Pirastro „Tonika"
Referenz 9	Spielfertiges Weißmuster aus Projekt Resostreich D411/B2112, entspricht Höfner Modell H66 Baujahr 2003; Hersteller: Höfner Besaitung: Thomastik „Dominant"
Referenz 10	Spielfertiges Weißmuster aus Projekt Resostreich D1162/B2182, entspricht Höfner Modell H66 Baujahr 2003; Hersteller: Höfner Besaitung: Thomastik „Dominant"

Die Nummern Dxxxx bzw. Bxxxx in der Charakterisierung einiger Geigen kennzeichnen die zum Bau verwendeten Decken und Böden.

Trompetenstichprobe

Instrument	Charakterisierung
Referenz 1	Firma: Yamaha Typ: YTR 6365 HG Baujahr: unbekannt Maschinen-Nr.: 301053
Referenz 2	Firma: Getzen Typ: Eterna Baujahr: unbekannt Maschinen-Nr.: P00250
Referenz 3	Firma: JA-Musik Typ: B&S Challenger 3137 Baujahr: unbekannt Instrumenten-Nr.: 288549
Referenz 4	Firma: Bach Typ: Stradivarius Modell 37G Baujahr: unbekannt Maschinen-Nr.: 404788
Referenz 5	Firma: Schilke Typ: unbekannt Baujahr: unbekannt Maschinen-Nr.: 36281
Referenz 6	Firma: Blechblas- und Signalinstrumentenfabrik Typ: B&S Baujahr: unbekannt Instrumenten-Nr.: 211759
Referenz 7	Firma: Selmer Typ: Invicta Baujahr: unbekannt Maschinen-Nr.: 56046
Referenz 8	Firma: Robert Piering (Adorf) Typ: unbekannt Baujahr: ca. 1955 Nr.: unbekannt
Referenz 9	Firma: Boosey & Hawkes Typ: Sessionair Baujahr: unbekannt Instrumenten-Nr.: 331881
Referenz 10	Firma: Boosey & Hawkes Typ: Flügelhorn Regent Baujahr: unbekannt Instrumenten-Nr.: 363288

Klarinettenstichprobe

Instrument	Charakterisierung
Referenz 1	Firma: Schreiber & Söhne Typ: Modell 264, Versuchsmuster, Kunststoff (ABS) Baujahr: 1992 Instrumenten – Nr.: keine, deutsches System
Referenz 2	Firma: Boosey & Hawkes Typ: Regent Baujahr: unbekannt (vor 1980) Instrumenten – Nr.: 200/04, Boehmsystem
Referenz 3	Firma: JA-Musik Typ: F. Arthur Uebel, Serie 3 Nr. 621 Baujahr: unbekannt Instrumenten – Nr.: 21238, deutsches System
Referenz 4	Firma: Schreiber & Keilwerth Typ: W. Schreiber D 12 (Oehlersystem) Baujahr: 2006 Instrumenten – Nr.: 192703
Referenz 5	Firma: Schreiber & Söhne Typ: Modell 264, Versuchsmuster (S1), Pressschichtholz Baujahr: 1992 Instrumenten – Nr.: keine, deutsches System

Anordnung von Spieler und Kunstkopf bei Aufnahme

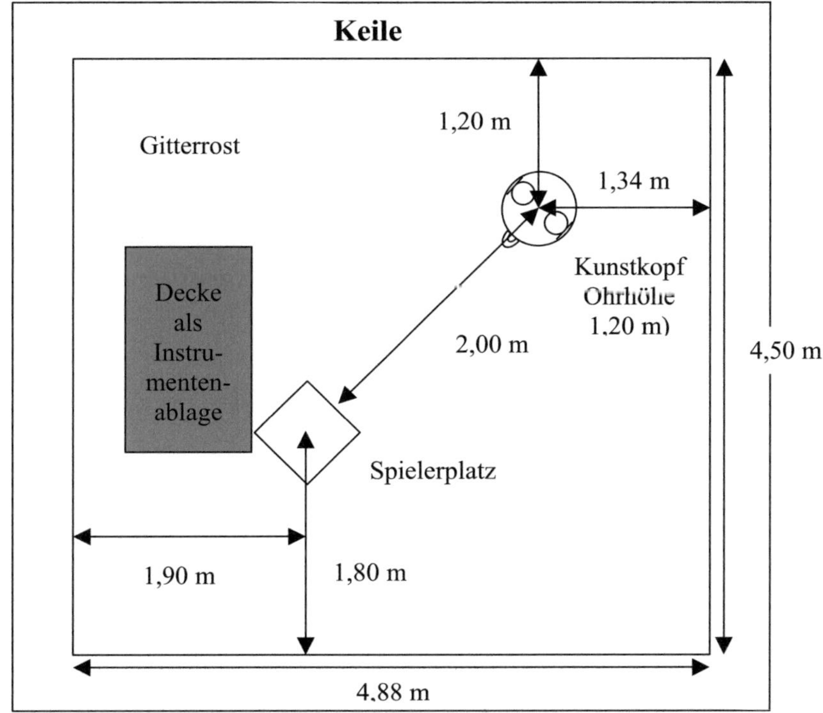

reflexionsarmer Raum

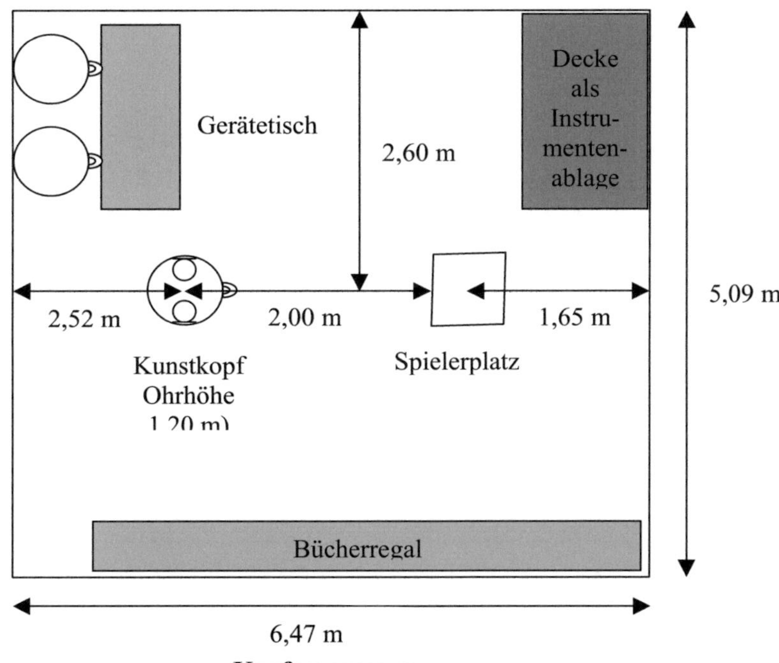

Konferenzraum

Gitarrenanspiele

Kleiner Blues

Para Gitarra

Geigenanspiele

Beethoven Romanze F - Dur op. 50

Anfang Solo Tempo = 46

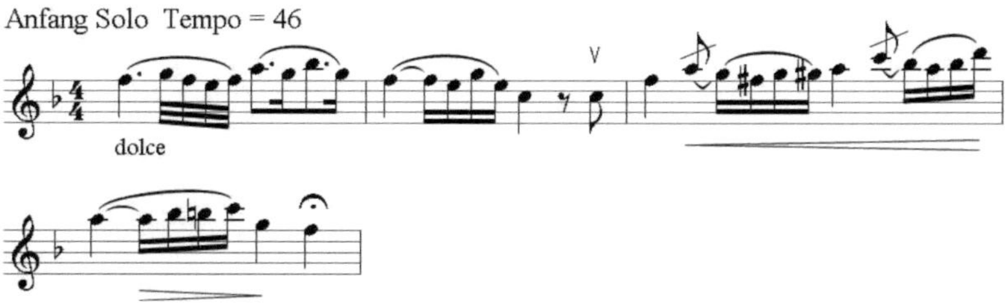

Takt 6 nach C (Solo) Tempo = 52

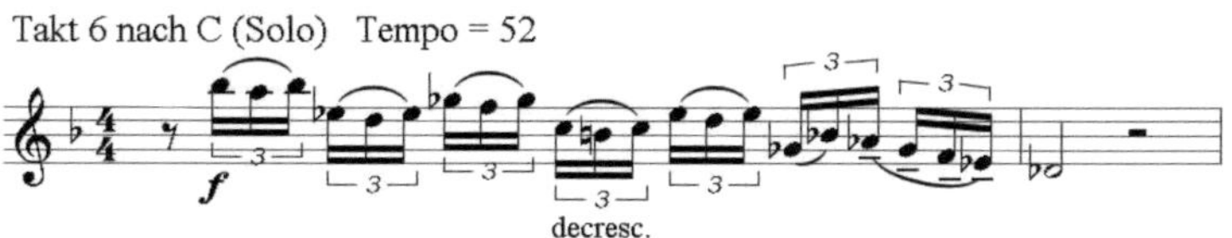

Takt 7 nach C (Solo) Tempo = 52

Takt 4 nach D (Solo) Tempo = 48

Trompetenanspiele

chromatische Tonleiter

Bolero

Ouvert. "Leichte Cavallerie"

Klarinettenanspiele

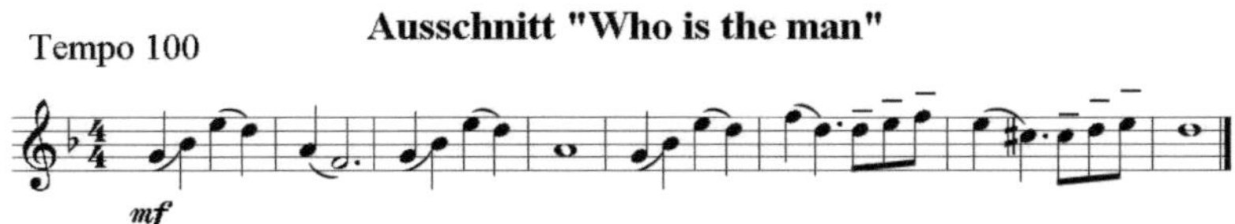

Mittelwerte und Standardabweichungen der Anspielmerkmale

Instrument	N	V	O	S	R
1	13,39	0,4816	0,4455	0,7177	1,5512
2	13,75	0,4559	0,4548	0,7742	1,5796
3	12,6	0,4858	0,4418	0,6945	1,5177
4	11,88	0,4638	0,4312	0,7226	1,5498
5	11,85	0,4612	0,4251	0,7602	1,4984
6	13,34	0,4698	0,4472	0,7358	1,5217
7	14,57	0,4702	0,4413	0,7694	1,57
8	14,53	0,4704	0,4445	0,7694	1,5687
9	13,2	0,4884	0,4474	0,6914	1,524
10	13,3	0,4809	0,4498	0,7028	1,5592
SA / %	**7**	**2**	**2**	**4**	**2**
Spieler					
1	15,39	0,477	0,4755	0,7291	1,5858
2	10,12	0,4996	0,4545	0,5826	1,4123
3	16,98	0,4219	0,4523	0,8988	1,6391
4	8,13	0,4896	0,4172	0,6029	1,4323
5	15,93	0,4749	0,4095	0,8796	1,6661
SA / %	**30**	**6**	**6**	**20**	**8**
Stück					
1	14,84	0,4038	0,4439	0,9066	1,5507
2	12,74	0,5051	0,4506	0,6491	1,5922
3	12,17	0,5073	0,4336	0,652	1,4889
SA / %	**11**	**13**	**2**	**20**	**3**
Raum					
1	9,95	0,5076	0,4483	0,5818	1,4666
2	16,53	0,4375	0,437	0,8876	1,6212
SA / %	**35**	**10**	**2**	**29**	**7**

Tabelle A5.1: Mittelwerte der Stichprobe Gitarre für unterschiedliche Einflussfaktoren

Instrument	N	V	O	S	R
1	40	14	8	34	10
2	43	15	7	35	11
3	43	15	8	35	10
4	42	15	6	34	11
5	49	18	8	44	12
6	40	16	8	34	10
7	37	14	7	33	10
8	37	14	6	32	10
9	42	14	7	33	10
10	42	15	6	34	10
MW	**42**	**15**	**7**	**35**	**10**
Spieler					
1	29	10	4	27	7
2	30	15	4	29	5
3	25	17	4	26	7
4	37	13	5	26	8
5	36	15	6	37	11
MW	**31**	**14**	**5**	**29**	**8**
Stück					
1	40	14	7	31	11
2	43	10	8	33	11
3	37	10	7	28	8
MW	**40**	**11**	**7**	**31**	**10**
Raum					
1	32	12	7	26	9
2	32	14	7	28	9
MW	**32**	**13**	**7**	**27**	**9**

Tabelle A5.2: Prozentuale Standardabweichung der Stichprobe Gitarre für unterschiedliche Einflussfaktoren

Instrument	N	V	O	S	R
1	57,81	0,1542	0,3428	5,0163	1,3579
2	60,84	0,138	0,3046	5,499	1,357
3	54,54	0,1509	0,3454	4,9767	1,3114
4	62,18	0,1246	0,2965	5,6633	1,3849
5	62,23	0,1314	0,3045	5,6612	1,3504
6	58,18	0,1335	0,3139	5,3898	1,3279
7	62,77	0,1339	0,2989	5,6179	1,3723
8	59,94	0,1198	0,2873	5,6671	1,345
9	65,04	0,123	0,2932	5,8049	1,3824
10	63,77	0,1303	0,3038	5,6263	1,3825
SA / %	**5**	**8**	**6**	**5**	**2**
Spieler					
1	52,45	0,1332	0,3113	5,0359	1,3714
2	68,22	0,1316	0,3134	5,7183	1,5252
3	58,49	0,1362	0,309	5,4019	1,4066
4	60,8	0,1367	0,3076	5,5659	1,1834
5	63,7	0,1321	0,3041	5,7393	1,2993
SA / %	**10**	**2**	**1**	**5**	**9**
Stück					
1	69,47	0,1515	0,3193	5,6536	1,0813
2	56,13	0,0879	0,2663	5,9293	1,2311
3	64,08	0,1561	0,3259	5,2987	1,5341
4	52,32	0,1983	0,3536	4,4048	1,4748
5	61,66	0,076	0,2802	6,1749	1,4645
SA / %	**11**	**38**	**11**	**13**	**14**
Raum					
1	46,3	0,1288	0,2893	4,9469	1,014
2	75,16	0,1392	0,3289	6,0376	1,7003
SA / %	**34**	**5**	**9**	**14**	**36**

Tabelle A5.3: Mittelwerte der Stichprobe Geige für unterschiedliche Einflussfaktoren

Instrument	N	V	O	S	R
1	31	38	14	19	30
2	32	38	14	19	31
3	30	34	15	19	31
4	28	38	15	16	32
5	29	36	15	18	32
6	31	35	14	18	33
7	29	36	11	16	31
8	28	34	12	15	31
9	27	36	12	17	30
10	31	34	13	17	30
MW	**30**	**36**	**14**	**17**	**31**
Spieler					
1	28	35	14	15	31
2	31	36	14	18	33
3	29	41	17	20	30
4	27	39	16	19	30
5	29	37	15	17	30
MW	**29**	**32**	**14**	**13**	**26**
Stück					
1	26	12	10	13	21
2	24	14	10	12	38
3	29	13	12	13	25
4	26	12	11	12	26
5	34	20	10	18	29
MW	**28**	**14**	**11**	**14**	**28**
Raum					
1	19	38	13	14	20
2	17	35	13	15	17
MW	**18**	**37**	**13**	**15**	**19**

Tabelle A5.4: Prozentuale Standardabweichung der Stichprobe Geige für unterschiedliche Einflussfaktoren

Instrument	N	V	O	S	R
1	140,95	0,1924	0,4579	6,5602	1,6295
2	141,43	0,1898	0,4546	6,5944	1,6475
3	145,56	0,1878	0,4534	6,7259	1,653
4	145,95	0,1865	0,4502	6,7987	1,638
5	141,91	0,1889	0,4542	6,6227	1,6518
6	132,59	0,192	0,4541	6,305	1,6489
7	137,61	0,1956	0,4564	6,3923	1,6507
8	104,3	0,201	0,4621	5,3437	1,784
9	144,93	0,1866	0,4465	6,764	1,6618
10	141,25	0,1959	0,4563	6,5071	1,6874
SA / %	**9**	**2**	**1**	**7**	**3**
Spieler					
1	154,32	0,1876	0,4403	7,1174	1,7928
2	152,28	0,174	0,431	7,2318	1,5602
3	149,42	0,1867	0,4523	6,8919	1,7183
4	119,82	0,1924	0,4709	5,7275	1,6264
5	112,39	0,2175	0,4783	5,3384	1,6286
SA / %	**14**	**8**	**4**	**13**	**5**
Stück					
1	119,1	0,1928	0,4727	5,6546	1,7458
2	111,51	0,2	0,4826	5,3663	1,6003
3	182,33	0,1821	0,4084	8,3633	1,6498
SA / %	**28**	**5**	**9**	**26**	**4**
Raum					
1	110,9	0,1983	0,4408	5,7426	1,464
2	164,4	0,185	0,4684	7,1802	1,8666
SA / %	**27**	**5**	**4**	**16**	**17**

Tabelle A5.5: Mittelwerte der Stichprobe Trompete für unterschiedliche Einflussfaktoren

Instrument	N	V	O	S	R
1	39	14	11	33	14
2	35	12	10	30	14
3	34	12	9	28	14
4	36	13	9	30	15
5	35	13	10	29	15
6	37	13	9	30	15
7	37	12	9	30	16
8	39	11	9	29	18
9	36	11	9	28	15
10	38	16	10	31	17
MW	**37**	**13**	**10**	**30**	**15**
Spieler					
1	29	8	7	22	17
2	37	12	10	30	10
3	39	12	10	33	17
4	28	12	8	20	14
5	40	9	9	28	13
MW	**35**	**11**	**9**	**27**	**14**
Stück					
1	25	9	6	18	13
2	30	11	6	21	19
3	29	17	7	23	12
MW	**28**	**12**	**6**	**21**	**15**
Raum					
1	30	11	9	25	9
2	32	14	9	29	10
MW	**31**	**13**	**9**	**27**	**10**

Tabelle A5.6: Prozentuale Standardabweichung der Stichprobe Trompete für unterschiedliche Einflussfaktoren

Instrument	N	V	O	S	R
1	70,87	0,2086	0,4295	4,5965	1,5375
2	73,93	0,2057	0,4257	4,7759	1,5533
3	70,46	0,2009	0,424	4,6492	1,486
4	69,57	0,2078	0,4286	4,5698	1,4803
5	68,38	0,2091	0,4331	4,4866	1,5356
SA / %	**3**	**2**	**1**	**2**	**2**
Spieler					
1	56,9	0,2386	0,4406	3,9367	1,4236
2	66,01	0,1976	0,4353	4,4312	1,4746
3	79,06	0,1957	0,4236	4,9381	1,6776
4	72,14	0,213	0,4433	4,5858	1,5199
5	79,11	0,1872	0,3981	5,1862	1,4968
SA / %	**13**	**10**	**4**	**10**	**6**
Stück					
1	75,79	0,2	0,43	4,79	1,62
2	74,75	0,2	0,45	4,73	1,84
3	61,39	0,22	0,41	4,32	1,1
SA / %	**11**	**6**	**5**	**6**	**25**
Raum					
1	51,56	0,22	0,44	3,83	1,22
2	89,73	0,19	0,41	5,4	1,81
SA / %	**38**	**10**	**5**	**24**	**28**

Tabelle A5.7: Mittelwerte der Stichprobe Klarinette für unterschiedliche Einflussfaktoren

Instrument	N	V	O	S	R
1	34	15	8	23	30
2	36	14	8	24	30
3	33	13	7	21	31
4	32	12	8	20	31
5	33	12	8	21	29
MW	**34**	**13**	**8**	**22**	**30**
Spieler					
1	35	13	7	21	28
2	27	9	7	18	28
3	36	11	6	23	28
4	31	7	5	19	32
5	27	9	8	18	32
MW	**31**	**10**	**7**	**20**	**30**
Stück					
1	30	15	7	21	24
2	34	10	4	21	19
3	32	14	7	21	21
MW	**32**	**13**	**6**	**21**	**21**
Raum					
1	20	14	7	13	22
2	18	11	7	13	22
MW	**19**	**13**	**7**	**13**	**22**

Tabelle A5.8: Prozentuale Standardabweichung der Stichprobe Klarinette für unterschiedliche Einflussfaktoren

Fragebogen Spieltest Konzertgitarre

	sehr schlecht ⇒ sehr gut
Mechanik/Stimmbarkeit	☐ ☐ ☐ ☐ ☐ ☐ ☐ ☐ ☐
Globalurteile	
Allgemeiner Klangeindruck	☐ ☐ ☐ ☐ ☐ ☐ ☐ ☐ ☐
Spielbarkeit	☐ ☐ ☐ ☐ ☐ ☐ ☐ ☐ ☐
Klangfarbe	
Merkmal 1..............................	☐ ☐ ☐ ☐ ☐ ☐ ☐ ☐ ☐
Merkmal 2..............................	☐ ☐ ☐ ☐ ☐ ☐ ☐ ☐ ☐
tiefe Lage	☐ ☐ ☐ ☐ ☐ ☐ ☐ ☐ ☐
Mittellage	☐ ☐ ☐ ☐ ☐ ☐ ☐ ☐ ☐
hohe Lage	☐ ☐ ☐ ☐ ☐ ☐ ☐ ☐ ☐
Ausgeglichenheit	☐ ☐ ☐ ☐ ☐ ☐ ☐ ☐ ☐
Variabilität	☐ ☐ ☐ ☐ ☐ ☐ ☐ ☐ ☐
Nebengeräusche (außer Saitenklirrer)	☐ ☐
Klangvolumen (Lautstärke, Klangfülle)	
Leere Basssaiten	☐ ☐ ☐ ☐ ☐ ☐ ☐ ☐ ☐
tiefe Lage (0.-3.B.)	☐ ☐ ☐ ☐ ☐ ☐ ☐ ☐ ☐
Mittellage (4.-10.B.)	☐ ☐ ☐ ☐ ☐ ☐ ☐ ☐ ☐
hohe Lage (ab 11.B.)	☐ ☐ ☐ ☐ ☐ ☐ ☐ ☐ ☐
Ausgeglichenheit der Lagen	☐ ☐ ☐ ☐ ☐ ☐ ☐ ☐ ☐
Ausgeglichenheit Bass- / Diskantsaiten	☐ ☐ ☐ ☐ ☐ ☐ ☐ ☐ ☐
Sustain	
Leere Basssaiten	☐ ☐ ☐ ☐ ☐ ☐ ☐ ☐ ☐
tiefe Lage (0.-3.B.)	☐ ☐ ☐ ☐ ☐ ☐ ☐ ☐ ☐
Mittellage (4.-10.B.)	☐ ☐ ☐ ☐ ☐ ☐ ☐ ☐ ☐
hohe Lage (ab 11.B.)	☐ ☐ ☐ ☐ ☐ ☐ ☐ ☐ ☐
Ausgeglichenheit der Lagen	☐ ☐ ☐ ☐ ☐ ☐ ☐ ☐ ☐
Ausgeglichenheit Bass- / Diskantsaiten	☐ ☐ ☐ ☐ ☐ ☐ ☐ ☐ ☐
Dynamik Gesamturteil	☐ ☐ ☐ ☐ ☐ ☐ ☐ ☐ ☐
Ausgeglichenheit	☐ ☐ ☐ ☐ ☐ ☐ ☐ ☐ ☐
Ansprache Gesamturteil	☐ ☐ ☐ ☐ ☐ ☐ ☐ ☐ ☐
Ausgeglichenheit	☐ ☐ ☐ ☐ ☐ ☐ ☐ ☐ ☐

Fragebogen Spieltest Konzertgitarre

sehr schlecht ⇒ sehr gut

Bundreinheit

tiefe Lage (0.-3.B.)	☐ ☐ ☐ ☐ ☐ ☐ ☐ ☐ ☐
Mittellage (4.-10.B.)	☐ ☐ ☐ ☐ ☐ ☐ ☐ ☐ ☐
hohe Lage (ab 11.B.)	☐ ☐ ☐ ☐ ☐ ☐ ☐ ☐ ☐

Spielbarkeit

Saitenlage
(einschließlich daraus resultierender Klirrer)

tiefe Lage (0.-3.B.)	☐ ☐ ☐ ☐ ☐ ☐ ☐ ☐ ☐
Mittellage (4.-10.B.)	☐ ☐ ☐ ☐ ☐ ☐ ☐ ☐ ☐
hohe Lage (ab 11.B.)	☐ ☐ ☐ ☐ ☐ ☐ ☐ ☐ ☐

Handhabung

Bünde	☐ ☐ ☐ ☐ ☐ ☐ ☐ ☐ ☐
Saitenabstände	☐ ☐ ☐ ☐ ☐ ☐ ☐ ☐ ☐
Halsform	☐ ☐ ☐ ☐ ☐ ☐ ☐ ☐ ☐
Griffbrett	☐ ☐ ☐ ☐ ☐ ☐ ☐ ☐ ☐
Gewicht / Gewichtsverteilung	☐ ☐ ☐ ☐ ☐ ☐ ☐ ☐ ☐

Fragebogen Spieltest Violine

		sehr schlecht ⇒ sehr gut
Stimmbarkeit	Stimmen/Wirbel	☐ ☐ ☐ ☐ ☐ ☐ ☐ ☐ ☐
Globalurteile	allg. Klangeindruck	☐ ☐ ☐ ☐ ☐ ☐ ☐ ☐ ☐
	Spielbarkeit	☐ ☐ ☐ ☐ ☐ ☐ ☐ ☐ ☐
Klangfarbe		
Merkmal 1..............................		☐ ☐ ☐ ☐ ☐ ☐ ☐ ☐ ☐
Merkmal 2..............................		☐ ☐ ☐ ☐ ☐ ☐ ☐ ☐ ☐
	g-d^1-Saite	☐ ☐ ☐ ☐ ☐ ☐ ☐ ☐ ☐
	d^1-a^1-Saite	☐ ☐ ☐ ☐ ☐ ☐ ☐ ☐ ☐
	a^1-e^2-Saite	☐ ☐ ☐ ☐ ☐ ☐ ☐ ☐ ☐
	Ausgeglichenheit	☐ ☐ ☐ ☐ ☐ ☐ ☐ ☐ ☐
	Variabilität	☐ ☐ ☐ ☐ ☐ ☐ ☐ ☐ ☐
Klangvolumen (Lautstärke, Klangfülle)		
	g-d^1-Saite	☐ ☐ ☐ ☐ ☐ ☐ ☐ ☐ ☐
	a^1-e^2-Saite	☐ ☐ ☐ ☐ ☐ ☐ ☐ ☐ ☐
	Ausgeglichenheit	☐ ☐ ☐ ☐ ☐ ☐ ☐ ☐ ☐
Dynamik	Einzeltöne	☐ ☐ ☐ ☐ ☐ ☐ ☐ ☐ ☐
	Doppelgriffe	☐ ☐ ☐ ☐ ☐ ☐ ☐ ☐ ☐
Ansprache	Detaché	☐ ☐ ☐ ☐ ☐ ☐ ☐ ☐ ☐
	Martelé	☐ ☐ ☐ ☐ ☐ ☐ ☐ ☐ ☐
	Springbogen	☐ ☐ ☐ ☐ ☐ ☐ ☐ ☐ ☐
	Staccato	☐ ☐ ☐ ☐ ☐ ☐ ☐ ☐ ☐
	Flageolett	☐ ☐ ☐ ☐ ☐ ☐ ☐ ☐ ☐
	Pizzicato	☐ ☐ ☐ ☐ ☐ ☐ ☐ ☐ ☐
Spielbarkeit/Handhabung		
	Halsform	☐ ☐ ☐ ☐ ☐ ☐ ☐ ☐ ☐
	Griffbrett	☐ ☐ ☐ ☐ ☐ ☐ ☐ ☐ ☐
	Saitenlage	☐ ☐ ☐ ☐ ☐ ☐ ☐ ☐ ☐
	Saitenübergänge	☐ ☐ ☐ ☐ ☐ ☐ ☐ ☐ ☐
	Abmessungen/Gewicht	☐ ☐ ☐ ☐ ☐ ☐ ☐ ☐ ☐

Fragebogen Spieltest Bassposaune

sehr schlecht ⇒ sehr gut

Globalurteile
- allg. Klangeindruck ☐☐☐☐☐☐☐☐☐
- Spielbarkeit ☐☐☐☐☐☐☐☐☐

Klangfarbe
- Merkmal 1............................... ☐☐☐☐☐☐☐☐☐
- Merkmal 2............................... ☐☐☐☐☐☐☐☐☐
- tiefe Lage ☐☐☐☐☐☐☐☐☐
- Mittellage ☐☐☐☐☐☐☐☐☐
- hohe Lage ☐☐☐☐☐☐☐☐☐
- Variabilität ☐☐☐☐☐☐☐☐☐
- Ausgeglichenheit ☐☐☐☐☐☐☐☐☐
- Ausgeglichenheit zwischen Ventilen ☐☐☐☐☐☐☐☐☐
- störende Nebengeräusche ☐ ☐

Klangvolumen (Lautstärke, Klangfülle)
- tiefe Lage ☐☐☐☐☐☐☐☐☐
- Mittellage ☐☐☐☐☐☐☐☐☐
- hohe Lage ☐☐☐☐☐☐☐☐☐
- Ausgeglichenheit ☐☐☐☐☐☐☐☐☐
- Ausgeglichenheit zwischen Ventilen ☐☐☐☐☐☐☐☐☐

Dynamik
- Möglichkeiten/Spanne ☐☐☐☐☐☐☐☐☐
- Ausgeglichenheit zwischen Ventilen ☐☐☐☐☐☐☐☐☐

Ansprache
- tiefe Lage ☐☐☐☐☐☐☐☐☐
- Mittellage ☐☐☐☐☐☐☐☐☐
- hohe Lage ☐☐☐☐☐☐☐☐☐
- Ausgeglichenheit ☐☐☐☐☐☐☐☐☐
- Ausgeglichenheit zwischen Ventilen ☐☐☐☐☐☐☐☐☐

Problemtöne:

Stimmung
- Gesamteindruck ☐☐☐☐☐☐☐☐☐
- tiefe Lage ☐☐☐☐☐☐☐☐☐
- Mittellage ☐☐☐☐☐☐☐☐☐
- hohe Lage ☐☐☐☐☐☐☐☐☐
- Ausgeglichenheit ☐☐☐☐☐☐☐☐☐
- Ausgeglichenheit ☐☐☐☐☐☐☐☐☐

zwischen Ventilen **Problemtöne:**

Fragebogen Spieltest Bassposaune

Spielbarkeit/Ergonomie	**sehr schlecht ⇒ sehr gut**
Anblasdruckbereich	☐☐☐☐☐☐☐☐☐
Zuggefühl	☐☐☐☐☐☐☐☐☐
akust. Ventilfunktion	☐☐☐☐☐☐☐☐☐
mechan. Ventilfunktion	☐☐☐☐☐☐☐☐☐
Lösung für linke Hand	☐☐☐☐☐☐☐☐☐
Funktion Stimmzüge	☐☐☐☐☐☐☐☐☐
Gewichtsverteilung	☐☐☐☐☐☐☐☐☐

Fragebogen Spieltest Bassklarinette

		sehr schlecht ⇒ sehr gut
Globalurteile	allg. Klangeindruck	☐ ☐ ☐ ☐ ☐ ☐ ☐ ☐ ☐
	Spielbarkeit	☐ ☐ ☐ ☐ ☐ ☐ ☐ ☐ ☐
Klangfarbe		
Merkmal 1...............................		☐ ☐ ☐ ☐ ☐ ☐ ☐ ☐ ☐
Merkmal 2...............................		☐ ☐ ☐ ☐ ☐ ☐ ☐ ☐ ☐
	tiefe Lage	☐ ☐ ☐ ☐ ☐ ☐ ☐ ☐ ☐
	Mittellage	☐ ☐ ☐ ☐ ☐ ☐ ☐ ☐ ☐
	hohe Lage	☐ ☐ ☐ ☐ ☐ ☐ ☐ ☐ ☐
	Ausgeglichenheit	☐ ☐ ☐ ☐ ☐ ☐ ☐ ☐ ☐
	Variabilität	☐ ☐ ☐ ☐ ☐ ☐ ☐ ☐ ☐
	störende Nebengeräusche	☐ ☐
Klangvolumen (Lautstärke, Klangfülle)		
	tiefe Lage	☐ ☐ ☐ ☐ ☐ ☐ ☐ ☐ ☐
	Mittellage	☐ ☐ ☐ ☐ ☐ ☐ ☐ ☐ ☐
	hohe Lage	☐ ☐ ☐ ☐ ☐ ☐ ☐ ☐ ☐
	Ausgeglichenheit	☐ ☐ ☐ ☐ ☐ ☐ ☐ ☐ ☐
Dynamik	Möglichkeiten	☐ ☐ ☐ ☐ ☐ ☐ ☐ ☐ ☐
	Klangstabilität	☐ ☐ ☐ ☐ ☐ ☐ ☐ ☐ ☐
Ansprache	tiefe Lage	☐ ☐ ☐ ☐ ☐ ☐ ☐ ☐ ☐
	Mittellage	☐ ☐ ☐ ☐ ☐ ☐ ☐ ☐ ☐
	hohe Lage	☐ ☐ ☐ ☐ ☐ ☐ ☐ ☐ ☐
	Ausgeglichenheit	☐ ☐ ☐ ☐ ☐ ☐ ☐ ☐ ☐
		Problemtöne:
Stimmung	Gesamteindruck	☐ ☐ ☐ ☐ ☐ ☐ ☐ ☐ ☐
	tiefe Lage	☐ ☐ ☐ ☐ ☐ ☐ ☐ ☐ ☐
	Mittellage	☐ ☐ ☐ ☐ ☐ ☐ ☐ ☐ ☐
	hohe Lage	☐ ☐ ☐ ☐ ☐ ☐ ☐ ☐ ☐
	Ausgeglichenheit	☐ ☐ ☐ ☐ ☐ ☐ ☐ ☐ ☐
		Problemtöne:
Spielbarkeit/Handhabung		
	Luftbedarf	☐ ☐ ☐ ☐ ☐ ☐ ☐ ☐ ☐
	Klappenmechanik	☐ ☐ ☐ ☐ ☐ ☐ ☐ ☐ ☐
	Ergonomie	☐ ☐ ☐ ☐ ☐ ☐ ☐ ☐ ☐

Fragebogen handwerklicher Test Violine

		sehr schlecht		⇒		**sehr gut**
Handwerkliche Arbeit	Schnecke	☐	☐	☐	☐	☐
	Wirbel/Mechanik	☐	☐	☐	☐	☐
	Obersattel	☐	☐	☐	☐	☐
	Hals	☐	☐	☐	☐	☐
	Griffbrett	☐	☐	☐	☐	☐
	Steg	☐	☐	☐	☐	☐
	Zargenkranz	☐	☐	☐	☐	☐
	Wölbung	☐	☐	☐	☐	☐
	Einlage	☐	☐	☐	☐	☐
	Rand und Ecken	☐	☐	☐	☐	☐
	F-Löcher	☐	☐	☐	☐	☐
	Untersattel	☐	☐	☐	☐	☐
	Knopf (Stachel)	☐	☐	☐	☐	☐
	Hängesaite	☐	☐	☐	☐	☐
	Lackierung	☐	☐	☐	☐	☐
Konstruktive Lösung	Mensur	☐	☐	☐	☐	☐
	Wirbelkasten	☐	☐	☐	☐	☐
	Wirbel/Mechanik	☐	☐	☐	☐	☐
	Obersattel	☐	☐	☐	☐	☐
	Hals	☐	☐	☐	☐	☐
	Griffbrett	☐	☐	☐	☐	☐
	Steg	☐	☐	☐	☐	☐
	Umriss	☐	☐	☐	☐	☐
Gestalterische Lösung	Schnecke	☐	☐	☐	☐	☐
	Umriss	☐	☐	☐	☐	☐
	Wölbung	☐	☐	☐	☐	☐
	Einlage	☐	☐	☐	☐	☐
	Rand und Ecken	☐	☐	☐	☐	☐
	F-Löcher	☐	☐	☐	☐	☐
	Untersattel	☐	☐	☐	☐	☐
	Lackierung	☐	☐	☐	☐	☐
	Holzauswahl	☐	☐	☐	☐	☐

Formelzeichen und Abkürzungen

A_i	Bezeichnung der Töne der Kontra- und Subkontraoktave (i = 1, 2)
A	Bezeichnung der Töne der großen Oktave
A	Bezeichnung der Töne der kleinen Oktave
a^i	Bezeichnung der Töne ab eingestrichner Oktave
$\boldsymbol{A_n}$	Amplitude der n-ten Resonanz
AK	Eingangsadmittanzkurve, auch im Sinne einer Funktion verwendet
$\boldsymbol{B_{i,j}}$	Urteil für Merkmale i des Objektes j, verwendet für kontinuierliche Bewertung
$\boldsymbol{b}$	Halbwertsbreite
d	Als Alternative zu Δ verwendet, falls es Zeichensatz erfordert
EW	Erwartungswert
$\boldsymbol{F_i}$	Fehler für Merkmale i
$\boldsymbol{F}$	Kraft
$\boldsymbol{F}$	Normierungsfaktor bei der Stimmungsberechnung von Blasinstrumenten
$\boldsymbol{f}$	Frequenz
$\boldsymbol{f_G}$	Grenzfrequenz; Es treten, je nach Art der Grenzfrequenz, verschiedene Indizes auf.
$\boldsymbol{f_c}$	Grenzfrequenz, verursacht durch die offenen Tonlöcher bei Holzblasinstrumenten
FFT	Fast Fourier Transformation, auch im Sinne einer Funktion verwendet
FK	Frequenzkurve, auch im Sinne einer Funktion verwendet
G	Anzahl der Elemente einer Grundgesamtheit
$\boldsymbol{g_n}$	diskrete Gewichtsfunktionen
$\boldsymbol{g_X(f)}$	Gewichtsfunktion für Größe X
H	als Index zur Kennzeichnung von Größen der so genannten Helmholtzresonanz
HL	Hohe Lage, instrumentenabhängig
HR	Testperson (Hörer), die jeweils bewertetes Instrument selbst nicht spielt
HT	Hörtest
IAS	Institut für Akustik und Sprachkommunikation der TU Dresden
IfM	Institut für Musikinstrumentenbau
$\boldsymbol{L_p}$	Schalldruckpegel
$\boldsymbol{L}$	Pegelgröße nach jeweiliger Definition
$\boldsymbol{A_{n,r}}$	Ansprachefehler zwischen den Resonanzen n und r
$\boldsymbol{M_{i,j}}$	Merkmalswert für Merkmale i des Objektes (Instrumentes) j
ML	Mittellage, instrumentenabhängig
MW	Mittelwert, auch im Sinne einer Funktion MW(von Größe X) verwendet
N	Anzahl der Merkmale
$\boldsymbol{N}$	Lautheit
$\boldsymbol{O}$	Offenheit
$\boldsymbol{p}$	Schalldruck
$\boldsymbol{R}$	frequenzunabhängiger Widerstand
$\boldsymbol{R}$	psychoakustische Rauigkeit
$\boldsymbol{Q}$	Resonanzgüte
PTB	Physikalisch Technische Bundesanstalt
$\boldsymbol{r}$	Korrelationskoeffizient
S	Anzahl der Elemente einer Stichprobe
$\boldsymbol{S}$	Schärfe
SA	Standardabweichung, auch im Sinne einer Funktion SA(von Größe X) verwendet
ST	Spieltest
$\boldsymbol{T}$	Nachhallzeit
TL	tiefe Lage, instrumentenabhängig
TP	Testperson, die jeweils bewertetes Instrument selbst spielt
$\boldsymbol{U_{i,j}}$	Urteil für Merkmale i des Objektes j, verwendet für diskrete Bewertung
$\boldsymbol{V}$	Volumen (psychoakustische Größe)
$\boldsymbol{Z}$	Impedanz